数据结构项目化教程

主　编　姚　瑶　孙丽红　逄　靓
副主编　徐　多　李国栋　张新宇
主　审　杨玉强

北京理工大学出版社
BEIJING INSTITUTE OF TECHNOLOGY PRESS

内 容 简 介

本书以项目任务式全面系统地介绍了各种类型的数据结构，并从逻辑结构、存储结构和基本操作几个方面进行了详细阐述。本书共 8 个项目，分别介绍了线性表、栈、队列、串、数组、广义表、树、二叉树、图等基本类型的数据结构，以及查找、排序技术。本书采用 C 语言作为数据结构和算法的描述语言。

本书每个项目都配有思维导图，便于读者能够清晰了解本项目的学习内容。同时，本书融入了课程思政的内容，每个项目都配有"立德铸魂"栏目，强化教材在坚定理想信念、厚植爱国主义情怀、提升职业素养等方面的铸魂育人功能。本书还配有习题册，以指导读者深入地进行学习。

本书既可作为普通高等本科院校或职业本科院校电子信息大类专业"数据结构"课程的教材，也可作为从事计算机工程与应用工作的科技工作者的技术参考书。

图书在版编目（CIP）数据

数据结构项目化教程 / 姚瑶，孙丽红，逄靓主编
.--北京：北京理工大学出版社，2024.3
　ISBN 978-7-5763-3698-6

　Ⅰ.①数⋯　Ⅱ.①姚⋯　②孙⋯　③逄⋯　Ⅲ.①数据结构　Ⅳ.①TP311.12

　中国国家版本馆 CIP 数据核字（2024）第 057307 号

责任编辑：李　薇　　　**文案编辑**：李　硕
责任校对：刘亚男　　　**责任印制**：李志强

出版发行 / 北京理工大学出版社有限责任公司
社　　址 / 北京市丰台区四合庄路 6 号
邮　　编 / 100070
电　　话 / （010）68914026（教材售后服务热线）
　　　　　　　（010）68944437（课件资源服务热线）
网　　址 / http://www.bitpress.com.cn

版 印 次 / 2024 年 3 月第 1 版第 1 次印刷
印　　刷 / 三河市天利华印刷装订有限公司
开　　本 / 787 mm×1092 mm　1/16
印　　张 / 16.5
字　　数 / 387 千字
定　　价 / 89.00 元

　　信息社会中，计算机技术已经渗透到人类生活的各个领域，整个社会对具有计算机专业技能和实用技术的应用型人才的需求更加迫切。如何培养符合时代要求、适应就业市场需要的优秀人才是全社会尤其是高等院校面临的一项紧迫任务。

　　数据结构是高等院校计算机和信息技术类专业的一门重要专业基础课，其主要研究如何存储和组织数据，以及如何处理数据的问题。读者在初步掌握了计算机的基础知识和一种程序设计语言之后（本书主要使用 C 语言），通过学习本课程可以明显提高编程水平和解决实际问题的能力。因此，对于软件开发人员来说，仅懂得开发工具的语言规则和使用方法是远远不够的，还应该具备数据抽象能力和算法设计能力，而这些正是"数据结构"课程所要求掌握的。为此，作者按照学生的认知规律，本着求实、创新的精神编写了这本应用型教材《数据结构项目化教程》，以满足高等院校学生和社会各界的迫切需要。

【本书特点】

1. 春风化雨，立德树人

　　党的二十大报告指出："育人的根本在于立德。"本书有机融入党的二十大精神，积极探索"价值塑造、能力培养、知识传授"三位一体的立德树人新路径，尽可能选取既对应相关知识点，又能够体现核心素养并与实际应用紧密相关的案例，同时在正文的每个项目中安排了"立德铸魂"栏目，将能够体现文化素养、道德修养等的内容潜移默化地融入知识和技能教育，努力做到既育才又育人，让学生自觉将人生追求同国家发展进步紧密结合起来。

2. 全新形态，全新理念

　　为了适应目前的教学改革要求，本书按照新型项目教学法的要求，每个项目都以一个引导案例入手，从而增强学生的学习兴趣，让学生带着问题学习。为了培养读者的动手实践能力，书中给出了许多典型的算法，并用 C 语言对其进行描述。每个项目都提供了完整的代码，给出了注释详尽的源代码和测试结果。本书通过对算法思路的分析，还可培养读者的算法设计能力和创造性思维方式，让其能够举一反三、触类旁通。

3. 图文并茂，栏目丰富

　　本书在理论知识的讲解上力求语言简明扼要、通俗易懂。同时，对于不易理解的内容均配以图示说明，以帮助读者理解抽象的概念和算法。例如，在介绍单链表、栈和队列等的基本操作，以及串的模式匹配、查找和排序算法等时，均穿插了大量插图来直观地展示所讲内容，让读者一目了然。

此外，本书还设置了"思维导图""知识解析"等栏目，将繁杂的知识点体系化，从而帮助读者更好地理解和记忆知识。

4. 习题资源，丰富多彩

本书还配套了一本习题册。每个项目都给出了精心设计的习题和上机操作题，基本覆盖了读者学习本项目应掌握的重点内容，是对本项目内容的强化和教学成果的检验，对读者巩固所学知识很有帮助。

同时，习题册中还配有任务评价表，针对学生完成项目的情况，从知识、技能、综合素养3个方面进行教师评价、小组互评、企业评价，多元化、多维度地检验学生的学习效果。

【本书作者】

本书由杨玉强担任主审，姚瑶、孙丽红、逢靓担任主编，徐多、李国栋、张新宇担任副主编。在本书的编写过程中，编者参考了大量文献资料，在此向相关作者表示诚挚的谢意。

由于编者水平有限，书中难免存在疏漏和不足之处，恳请读者批评指正，以便于本书的修改和完善。

目　录

项目 1
绪　论

 项目导读 ▶▶ ▶

  计算机早期主要用来处理科学计算中的数值型数据，而现在的计算机主要用来处理非数值型数据，如字符、表格和图像等具有一定结构的数据，这些数据之间存在一定的关系，只有清楚了解数据的内在联系，合理地组织数据，才能高效地处理数据。数据结构研究的就是数据的逻辑结构、存储方式以及相关操作。算法是指解决问题的策略，只要有符合一定规范的输入，就可以在有限的时间内得到所需的输出。虽然数据结构与算法属于不同的研究课题，但优秀的程序设计离不开二者的相辅相成。因此，本项目首先介绍数据结构的基本概念及相关术语，然后介绍数据结构、数据类型和抽象数据类型之间的联系，最后阐述算法的特点及算法分析的一般方法。

  数据结构是计算机及相关专业较为重要的基础课程之一，学习并掌握这一课程中涉及的知识是非常有必要的，对后续学习和理解计算机专业的其他课程也有所帮助。

 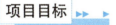 **项目目标** ▶▶ ▶

知识目标	（1）了解数据结构的意义、数据结构在计算机领域的地位和作用。 （2）掌握数据结构相关的基本概念，包括数据、数据元素、数据项、数据对象、数据结构等，明确数据元素和数据项的关系。 （3）掌握数据结构所含两个层次（逻辑结构和存储结构）的具体含义及其相互关系。 （4）算法是为了解决某类问题而规定的一个有限长的操作序列。理解算法的 5 个特性的含义和明确算法优劣的 4 个评价标准。 （5）衡量算法效率的两个主要方面是分析算法的时间复杂度和空间复杂度，以考查算法的时间和空间效率。掌握算法的时间复杂度和空间复杂度的分析方法，能够对算法进行基本的时间复杂度与空间复杂度的分析

续表

技能目标	(1)培养数据抽象能力和复杂程序设计的能力。 (2)培养使用计算机处理问题的思维方法，以及阅读和编写程序的能力。 (3)培养分析问题、解决实际问题的能力。 (4)培养算法分析和设计能力
素养目标	(1)具有良好的思想品德和诚实、敬业、负责等职业道德。 (2)具有良好的团结协作精神、团队意识、组织协调能力。 (3)具有自主探究和团队合作的学习能力，提高信息素养

思维导图 ▶▶ ▶

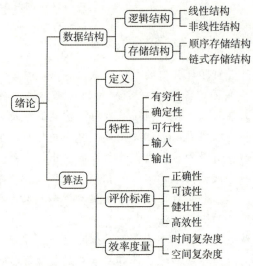

知识解析 ▶▶ ▶

　　"数据结构"这一概念始于 1968 年，由美国计算机科学家唐纳德·克努特（Donald Ervin Knuth）教授提出。第一台电子通用计算机在 1946 年由美国宾夕法尼亚大学埃克特等人研制，从此计算机的应用慢慢进入所有领域。如今，人类也已跨入信息化时代。与飞速发展的计算机硬件相比，计算机软件的发展相对缓慢。因为软件的核心是算法，所以对算法的深入研究必将促进计算机软件的发展。算法实际上是加工数据的过程，因此，研究数据结构对设计高性能算法及高性能软件来说至关重要。同时，软件应用于各个领域，所以说数据结构是连接各个领域的桥梁。

任务 1.1　数据结构的概念和数据类型

　　任务描述：掌握数据结构的概念、逻辑结构、存储结构和数据类型。

任务实施： 知识解析。

计算机用于数值计算时，一般要经过以下几个步骤：首先从具体问题抽象出数学模型，然后设计一个解此数学模型的算法，最后编写程序，进行测试、调试，直到解决问题。在此过程中寻求数学模型的实质是分析问题，从中提取操作的对象，并找出这些操作对象之间的关系，然后用数学语言加以描述，即建立相应的数学方程。

某学校的学生学籍管理系统中的学生基本信息，如表1-1所示。每一行是一个学生的有关信息，它由学号、姓名、性别、籍贯、专业等项组成。每个学生的基本情况按照学号顺序，依次存放在表中，根据需要对这张表进行查找、插入和删除等。每个学生的基本信息记录按学号排列，形成了学生基本信息记录的线性序列。类似的线性表结构还有教务管理系统等。计算机处理的对象是各种表，元素之间是一对一的关系，因此这类问题的数学模型就是各种线性表，这类数学模型称为"线性"的数据结构。

表1-1　学生基本信息表

学号	姓名	性别	籍贯	专业
02213101	薛洋	男	辽宁	软件工程
02213102	王涵	男	安徽	软件工程
02213103	杨梦	女	贵州	软件工程
02213104	李梓	女	吉林	软件工程

【例1-1】 最短路径问题。从城市A到城市B有多条线路，哪一条最短？

解： 可以把这类问题抽象为图的最短路径问题。如图1-1所示，图中的顶点代表城市，有向边代表两个城市之间的通路，边上的权值代表两个城市之间的距离。求解城市A到城市B的最短距离，就是要在有向图A点到达B点的多条路径中，寻找一条各边权值之和最小的路径，即最短路径。

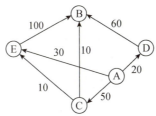

图1-1　最短路径问题

最短路径问题的数学模型就是图结构，算法是求解两点之间的最短路径。类似的图结构还有网络工程图和网络通信图等，在这类问题中，元素之间是多对多的网状关系，施加于对象上的操作依然有查找、插入和删除等。

有关"数据结构"的研究仍在不断发展，一方面，面向各专门领域中特殊问题的数据结构正在研究和发展；另一方面，从抽象数据类型的观点来讨论数据结构，已成为一种新的趋势，越来越被人们所重视。

下列概念和术语将在后续各项目中多次出现，本任务先对这些概念和术语赋予确定的含义。

▶▶▶ 1.1.1　数据、数据元素、数据项和数据对象 ▶▶▶▶

数据(Data)在计算机科学中指的是计算机操作的对象，即能够输入计算机并由计算机程序处理的所有符号的总称，是计算机能够识别、存储和处理的信息介质。数值计算中使用的整数和实数、文本编辑中使用的字符串，以及多媒体程序中处理的图形、图像、声音和动画，都是通过特殊编码定义的数据。数据可以是整数、字符等数值类型，也可以是音频、图像、视频等非数值类型。

数据元素(Data Element)是数据的基本单位，用于完整地描述一个对象，在计算机处理和程序设计中通常作为一个独立的个体使用。例如，可以将学校看作一个数据元素，也可以将学生视为一个数据元素。在某些情况下，数据元素也被称为元素、记录、结点等。

数据项(Data Item)是构成数据元素的、不可分割的最小单位，一个数据元素由一个或多个数据项组成。数据项也被称为域、字段、属性、表目、顶点。若将学生看作一个数据元素，则专业、学号、姓名、性别等都可以视为该数据元素的数据项。

数据对象(Data Object)是具有相同性质的数据元素的集合，是数据的子集。相同性质指的是数据项的数量与类型相同。例如，每个人都有姓名、性别、年龄、出生地址等数据项。无论一组数据元素是无限集还是有限集，只要集合内元素的性质均相同，都可称为一个数据对象。

▶▶▶ 1.1.2　数据结构 ▶▶▶

结构(Structure)通常指的是元素之间的特定关系。数据结构是带"结构"的数据元素的集合。也就是说，数据结构(Data Structure)指的是有限个类型相同且相互之间具有一定关系的、由数据元素组成的集合。数据结构包括逻辑结构和存储结构两个层次。

数据结构简称 DS，是数据及数据元素的组织形式。数据结构主要研究的是相同类型的一组元素之间的关系和关系操作、元素和关系在内存中的存储、在各种存储方式下关系操作的实现，以及每种数据结构在现实生活中的典型应用。

1. 逻辑结构

数据元素之间的逻辑关系被称为数据的逻辑结构。数据的逻辑结构是从逻辑关系上描述数据，与数据的存储结构无关，是独立于计算机的。数据的逻辑结构可以看作从具体问题抽象出来的数学模型。从逻辑上可以把数据结构分成线性结构和非线性结构。数据的逻辑结构仅考虑数据之间的内在关系，是面向应用问题的。

按照数据元素之间存在的逻辑关系的不同特性，通常可以将逻辑结构分为 4 种类型，即集合结构、线性结构、树结构和图结构，如图 1-2 所示。其中，集合结构、树结构和图结构都属于非线性结构。

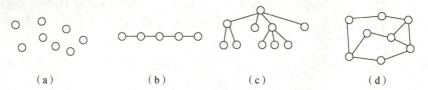

(a)　　　　　　　(b)　　　　　　　(c)　　　　　　　(d)

图 1-2　4 种逻辑结构
(a)集合结构；(b)线性结构；(c)树结构；(d)图结构

1）集合结构

集合结构中的数据元素之间除属于同一集合的关系外，无任何其他关系。例如，学生存在于某个班级中，若不考虑其他关系，则可以将班级看作一个集合结构。

2）线性结构

线性结构中的数据元素之间存在一对一的关系。例如，将学生信息数据看作一个线性结构，按照其入学报到的时间先后顺序进行排列。

3）树结构

树结构中的数据元素之间存在一对多的关系。例如，一所学校有多个学院，一个学院有多个专业，从而构成树结构。

4）图结构

图结构中的数据元素之间存在多对多的关系。例如，"我"的朋友们彼此之间可能都是相识关系，也可能是不相识关系，他们之间存在多对多的朋友关系，从而构成图结构。

线性结构包括线性表、栈、队列、字符串、数组、广义表。非线性结构包括树（具有多个分支的层次结构）和二叉树（具有两个分支的层次结构）、有向图（一种图结构，边是顶点的有序对）和无向图（另一种图结构，边是顶点的无序对）、集合结构。这几种逻辑结构可以用一个层次图描述，如图1-3所示。

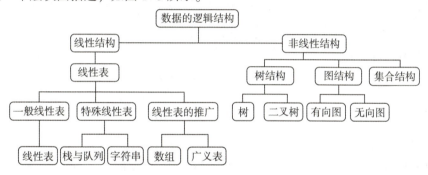

图1-3　几种逻辑结构的层次图

2. 存储结构

数据对象在计算机中的存储表示被称为数据的存储结构，也称为物理结构。它的实现依赖于具体的计算机语言，在计算机中存储数据对象时，通常需要同时存储每个数据元素的数据以及数据元素之间的逻辑关系。数据的存储结构中，常见的两种基本存储结构是顺序存储结构和链式存储结构。

1）顺序存储结构

顺序存储结构是将逻辑上相关的数据元素依次存储在地址连续的存储空间中。这种存储结构借助数据元素在存储空间中的相对位置来表示它们之间的逻辑关系，如图1-4所示。顺序存储结构并不仅限于存储线性结构的数据。例如，树结构的数据对象有时也可采用顺序存储的方法表示。

图1-4　顺序存储结构示例

顺序存储结构就是在计算机中找了一段连续的空间，用来存放数据，数组的第一个元素放在该内存空间的第一个位置，数组的第二个元素放在该内存空间的第二个位置，以此类推。

2）链式存储结构

顺序存储结构要求所有的元素依次存放在一个连续的存储空间中，而链式存储结构是通过一组任意的存储单元来存储数据元素的，这组存储单元可以是连续的，也可以是不连续的。但为了表示结点之间的关系，需要给每个结点附加指针字段，用于存放后继元素的存储地址。因此，链式存储结构通常需要用指针存放数据元素的地址，通过地址就可以找到相关联数据元素的位置，其示例如图 1-5 所示。

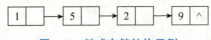

图 1-5　链式存储结构示例

为了更清楚地反映链式存储结构，可采用更直观的图示来表示，例如，"学生基本信息表"的链式存储结构可用图 1-6 所示的方式表示。

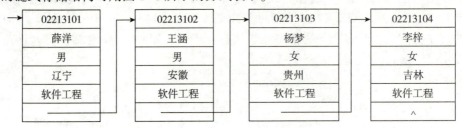

图 1-6　链式存储结构示意

▶▶▶ 1.1.3　数据类型和抽象数据类型 ▶▶▶ ▶

了解一个数据对象在计算机内的表示形式是有一定用处的，但如果每次使用数据时都要考虑基本数据类型的实现细节，那么将给数据使用者增加一项繁重的工作，并且一旦随意更改数据，很容易产生不可预知的错误。抽象数据类型的概念与面向对象方法的思想是一致的。抽象数据类型独立于具体实现，它将数据和操作封装在一起，使用户程序只能通过抽象数据类型定义的某些操作来访问其中的数据，从而实现信息的隐藏。目前普遍认为对数据类型进行抽象，对使用者隐藏一个数据类型的实现是一个好的设计策略。运用抽象数据类型设计一个软件系统时，不必首先考虑其中包含的数据对象，以及操作在不同处理器中的表示和实现细节，而是在构成软件系统的每个相对独立的模块上定义一组数据和相应的操作，把这些数据的表示和操作细节留在模块内部解决，在更高的层次上进行软件的分析和设计，从而提高软件的整体性能和利用率。

将一种数据结构视为一个抽象数据类型，从规范和实现两方面来讨论数据结构。规范定义了数据结构的数据元素、它们之间的关系和操作，即逻辑结构和运算的定义组成了数据结构的规范。规范指明了一个数据结构可以"做什么"。数据结构的使用者不必了解具体的实现细节，按照规范中的说明使用一个数据结构即可。数据的存储表示和运算算法的描述构成数据结构的实现，它解决了"怎样做"的问题。

1. 数据类型

数据类型（Data Type）是指性质相同的值的集合以及定义在该值集上的运算集合，是高级语言中的一个基本概念。C 语言常用的基本数据类型有整型、字符型、指针类型等。在程序设计语言中，每一个数据都属于某种数据类型。数据类型明显或隐含地规定了数据的取值范围、存储方式以及允许进行的运算。C 语言中的整型变量，其值集为某个区间上的整数，可以进行加、减、乘、除和取模等算术运算；而实型变量也有自己的取值范围和相应运算，如取模运算是不能用于实型变量的。例如，若在 C 语言中声明 int a，b，则可以给变量 a 和 b 赋值 0，但不可以赋值 1.5，因为整型变量的取值需要是整数；a 和 b 之间可以执行加法运算，但不可以执行求交集运算，因为这超出了整型变量所允许的运算范围。程序设计语言允许用户直接使用的数据类型由具体语言决定，数据类型反映了程序设计语言的数据描述和处理能力。数据类型规定了数据的取值范围和允许执行的运算。

2. 抽象数据类型

抽象数据类型（Abstract Data Type，ADT）是一个数学模型以及在其上定义的运算集合，一般指由用户定义的、表示应用问题的数学模型，以及定义在这个模型上的一组操作的总称，具体包括数据对象、数据对象关系的集合、数据对象基本操作的集合。其最主要的两个特征是数据封装和信息隐蔽。数据封装是把数据和操纵数据的运算组合在一起的机制。信息隐蔽是指数据的使用者只需知道这些运算的定义便可访问数据，无须了解数据的存储以及运算算法的实现细节。通过实行数据封装和信息隐蔽，数据的使用和实现相分离。在计算机中使用二进制数来表示数据，在汇编语言中则可给出各种数据的十进制表示，它们是二进制数的抽象，使用者在编程时可以直接使用。在高级语言中，则给出更高级的数据抽象，出现了数据类型，如整型、实型、字符型等，可以进一步利用这些类型构造出线性表、栈、队列、树、图等复杂的抽象数据类型。

描述抽象数据类型的标准格式：

```
ADT 抽象数据类型名{
    数据对象:<数据对象的定义>
    数据关系:<数据关系的定义>
    基本操作:<基本操作的定义>
}ADT 抽象数据类型名
```

任务 1.2 算法和算法分析

任务描述：了解算法的评价标准和复杂度。

任务实施：知识解析。

算法（Algorithm）是指在有限的时间范围内，为解决某一问题而采取的方法和步骤的准确完整的描述，它是一个有穷的规则序列，这些规则决定了解决某一特定问题的一系列运算。数据结构和算法是程序设计很重要的两个内容，二者之间存在着本质联系。简单来说，数据结构是数据的组织、存储和运算的总和。著名的瑞士计算机科学家尼古拉斯·沃斯（Niklaus Wirth）提出公式：算法+数据结构=程序。例如，厨师做菜，原材料即数据，菜谱即算法。同样的菜，用不同的菜谱做出来的味道是不一样的，于是就有了川菜、湘菜、粤菜等菜系。在"数据结构"中，将遇到大量的算法问题，算法联系着数据在计算过程中的组织方式，为了描述实现的某种操作，常常需要设计算法，因而算法是研究数据结构的重

要途径。

▶▶▶ 1.2.1 算法的定义及特性 ▶▶▶ ▶

算法是为了解决一个具体问题而采取的方法和步骤。算法可以用自然语言、程序设计语言或其他语言来描述,唯一的要求是必须精确地描述计算过程。一个算法必须满足以下5个重要特性。

(1)有穷性:一个算法必须总是在执行有穷步后结束,且每一步都必须在合理时间内完成。

(2)确定性:对于每种情况下所应执行的操作,在算法中都有确切的规定,不会产生二义性,算法的执行者或阅读者都能明确其含义及如何执行。

(3)可行性:算法中的每一步都可以通过已经实现的基本操作(运算)执行有限次来实现。

(4)输入:在算法执行时,从外界取得的必要数据。一个算法可以有零个或多个输入。当用函数描述算法时,输入往往是通过形参表示的,在它们被调用时,从主调函数获得输入值。

(5)输出:算法对输入数据处理后的结果。一个算法有一个或多个输出,它们是算法进行信息加工后得到的结果,无输出的算法没有任何意义。当用函数描述算法时,输出多用返回值或引用类型的形参表示。

算法的含义与程序非常相似,但二者又有区别。一个程序不一定满足有穷性。同时,程序中的指令必须是机器可执行的,而算法中的指令则无此限制。算法代表了对问题的解,而程序则是算法在计算机上的特定实现。一个算法若用程序设计语言来描述,就成为一个程序。

▶▶▶ 1.2.2 评价算法优劣的基本标准 ▶▶▶ ▶

对于一个特定的问题,采用的数据结构不同,其设计的算法一般也不同,即使在同一种数据结构下,也可以采用不同的算法。那么,对于解决同一问题的不同算法,选择哪一种算法比较合适,以及如何对现有的算法进行改进,从而设计出更适合数据结构的算法,这就是算法效率的度量问题。一个算法的优劣应该从以下4个方面来评价。

(1)正确性:在合理的数据输入下,能够在有限的运行时间内得到正确的结果。算法的正确性还包括对于输入、输出处理的明确而无歧义的描述。

(2)可读性:一个好的算法,首先应便于人们阅读、理解和交流,其次才是机器可执行性。因此,一个算法应当思路清晰,层次分明,易读易懂。可读性强的算法有助于人们对算法的理解,而难懂的算法易于隐藏错误,不易调试和修改。

(3)健壮性:一个算法应该具有很强的容错能力,当输入的数据为非法数据时,好的算法能适当地做出正确反应或进行相应处理,而不会产生一些莫名其妙的输出结果。健壮性要求算法要全面、细致地考虑所有可能出现的边界情况和异常情况,并对这些边界情况和异常情况做出妥善的处理,尽可能使算法不会产生意外的情况。

(4)高效性:包括时间和空间两个方面。时间高效是指算法设计合理,执行效率高,可以用时间复杂度来度量;空间高效是指算法占用存储容量合理,可以用空间复杂度来度量。时间复杂度和空间复杂度是衡量算法效率的两个主要指标。

▶▶▶ 1.2.3 算法的时间复杂度 ▶▶▶▶

算法的执行时间是根据算法编制的程序运行时所消耗的时间，通过估计语句的执行次数得到的算法执行时间。在忽略机器性能的基础上，我们用算法的时间复杂度来衡量算法执行的时间。

衡量算法效率的方法主要有两类：事后统计法和事前分析估算法。事后统计法，是指通过事先设计好的程序和测试数据，借助计算机计时器的功能，记录针对不同算法编制的程序的运行时间并进行比较，从而确定算法效率的高低。事前分析估算法，是指在算法设计后，运行程序前，根据几个方面的影响因素对算法的执行时间进行分析。事后统计法必须事先设计好程序，通常需要花费大量的时间和精力，同时，测算时间的方法依赖于计算机的软硬件等环境因素，可见，这种方法存在明显缺陷，所以我们通常采用事前分析估算法，通过计算算法的渐近复杂度来衡量算法的效率。

1. 问题规模和语句频度

不考虑计算机的软硬件等因素，影响算法效率的最主要因素是问题规模。问题规模通常指算法的输入量，一般用整数 n 表示。不同的问题，n 的含义不同。例如，采用相同的排序算法对 10 个元素进行排序所需的时间与对 1 000 个元素进行排序所需的时间显然是不同的。一个算法的时间开销与算法中语句的执行次数成正比。算法中语句的执行次数多，它的时间开销就大。

一个算法的执行时间大致等于其所有语句执行时间的总和，而语句的执行时间则为该条语句的重复执行次数和执行一次所需时间的乘积。一个算法中的语句的重复执行次数被称为语句频度（Frequency Count）。设每条语句执行一次所需的时间均是单位时间，则一个算法的执行时间可用该算法中所有语句频度之和来度量。

算法效率分析的目的是看算法实际是否可执行，并在同一问题中存在多个算法时，可进行时间和空间性能上的比较，以便从中挑选出较优算法。

【例1-2】求两个 n 阶矩阵的乘积算法。

(1) for(i=0; i<=n; i++)　　　　　　　　　　/*语句频度为 n+1*/
(2) for(j=0; j<=n; j++)　　　　　　　　　　/*语句频度为 n*(n+1)*/
(3) c[i][j]=0;　　　　　　　　　　　　　　　/*语句频度为 n^2*/
(4) for(k=0; k<=n; k++)　　　　　　　　　　/*语句频度为 n^2*(n+1)*/
(5) c[i][j]=c[i][j]+a[i][k]*b[k][j];　　/*语句频度为 n^3*/

解：该算法中所有语句频度之和，是矩阵阶数 n 的函数，用 f(n) 来表示。换句话说，上例算法的执行时间与 f(n) 成正比。

$$f(n) = 2n^3 + 3n^2 + 2n + 1$$

2. 算法的时间复杂度定义

对于例1-2这种算法，可以直接计算出所有语句频度，但直接计算复杂的算法，是比较困难的。因此，为了客观地反映一个算法的执行时间，可以只用算法中的"基本语句"的执行次数来度量算法的工作量。所谓基本语句，指的是算法中重复执行次数和执行时间成正比的语句。例如，例1-2的 n 阶矩阵的乘积算法，当 n 趋向无穷大时，显然有

$$\lim_{n \to \infty} f(n)/n^3 = \lim_{n \to \infty} (2n^3 + 3n^2 + 2n + 1)/n^3 = 2$$

也就是说，当 n 充分大时，f(n)和 n^3 的比值是一个不等于零的常数，即 f(n)和 n^3 是同阶的，或者说 f(n)和 n^3 的数量级相同。在这里，我们用"O"来表示数量级，记作 $T(n)=O(f(n))=O(n^3)$。由此我们可以给出算法时间复杂度的定义。

一般情况下，算法中基本运算的执行次数用 T(n)表示，T(n)和 f(n)是定义在正整数集上的两个函数，存在正的常数 c 和 n_0，当 $n \geqslant n_0$ 时，满足 $0 \leqslant T(n) \leqslant cf(n)$，则称 f(n)是 T(n)的渐近上界，记为

$$T(n)=O(f(n))$$

它表示函数 T(n)和 f(n)具有相同的增长率，并且 T(n)的增长至多趋向于 f(n)的增长，称作算法的渐近时间复杂度，也常简称为时间复杂度(Time Complexity)。时间复杂度用以表达一个算法执行时间的上界，是估计算法的执行时间的数量级。符号"O"用来描述增长率的上限，表示算法的一种渐近时间复杂度，当问题规模 $n>n_0$ 时，算法的执行时间不会超过 f(n)。

3. 算法的时间复杂度分析举例

分析算法的时间复杂度的基本方法为：找出所有语句中语句频度最大的那条语句作为基本语句，计算基本语句的频度得到问题规模 n 的某个函数 f(n)，取其数量级用符号"O"表示即可。具体计算数量级时，可以遵循以下定理。

定理 1.1 若 $f(n)=a_m n^m+a_{m-1}n^{m-1}+\cdots+a_1n+a_0$ 是一个 m 次多项式，则 $T(n)=O(n^m)$。

通常情况下，将 O(1)、O(n)、$O(n^2)$ 分别称为常量阶、线性阶、平方阶。除此之外，还有对数阶、指数阶等其他阶。

【例 1-3】 常量阶示例。

(1) int i=10;	/*执行1次*/
(2) int j=100;	/*执行1次*/
(3) int sum=0;	/*执行1次*/
(4) sum=i+j;	/*执行1次*/
(5) printf("4d", sum);	/*执行1次*/

解： 例 1-3 的程序共执行 5 次，语句频度均为 1，算法的执行时间是一个与问题规模 n 无关的常数，所以算法的时间复杂度为 $T(n)=O(1)$，为常量阶，如图 1-7 所示。

实际上，如果算法的执行时间不随问题规模 n 的增加而增长，算法中的语句频度就是某个常数。即使这个常数再大，算法的时间复杂度都是 O(1)。

【例 1-4】 线性阶示例。

(1) int i, sum=0;	/*执行1次*/
(2) for(i=0; i<n; i++)	/*执行 n+1 次*/
(3) sum=sum+i;	/*执行 n 次*/

解： 例 1-4 程序的执行次数为 2n+2，语句频度最大的语句是(3)，为 f(n)=n，所以算法的时间复杂度为 $T(n)=O(n)$，为线性阶，如图 1-8 所示。

【例 1-5】 平方阶示例。

(1) int i, j, s=0;	/*执行1次*/
(2) for(i=0; i<n; i++)	/*执行 n+1 次*/
(3) for(j=0; j<n; j++)	/*执行 n(n+1)次*/

(4)s=s+1;　　　　　　　　　　　　　　　　/*执行 n^2 次*/

解：例1-5程序的执行次数为 $2n^2+2n+2$，语句频度最大的语句是(4)，为 $f(n)=n^2$，对循环语句只需考虑循环体中语句的执行次数，所以该算法的时间复杂度为 $T(n)=O(n^2)$，为平方阶，如图1-9所示。

多数情况下，当有若干条循环语句时，算法的时间复杂度是由最深层循环内的基本语句的语句频度 $f(n)$ 决定的。

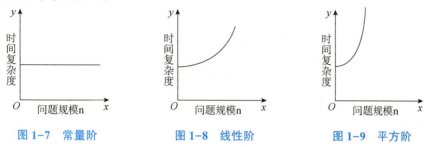

图1-7 常量阶　　　　　　图1-8 线性阶　　　　　　图1-9 平方阶

常见的时间复杂度按所对应的时间从短到长排列依次为：常量阶 $O(1)$、对数阶 $O(\log_2 n)$、线性阶 $O(n)$、线性对数阶 $O(n\log_2 n)$、平方阶 $O(n^2)$、立方阶 $O(n^3)$、…、k 次方阶 $O(n^k)$、指数阶 $O(2^n)$ 等。

一般情况下，随着 n 的增大，$T(n)$ 增长较慢的算法为较优的算法。显然，时间复杂度为指数阶 $O(2^n)$ 的算法效率极低，当 n 稍大时就无法应用。因此，应该尽可能选择使用 k 次方阶 $O(n^k)$ 的算法，而避免使用指数阶的算法。

4. 最好、最坏和平均时间复杂度

对于某些问题的算法，其基本语句的语句频度不仅与问题规模相关，还依赖于其他因素。

【例1-6】顺序查找，在数组 arr[i] 中查找值等于 x 的元素，返回其所在位置。

(1)for(i=0; i<n; i++)

(2)if(arr[i] == x)

(3)return i;

(4)return −1;

解：给定一个大小为 n 的数组 arr，我们需要在里面找到 x，若 x 在数组中，则返回 x 所在的位置，否则返回−1。假设在数组 arr[i] 中必定存在值等于 x 的元素，最好的情况是在数组的第一个位置就找到 x，语句频度为 $f(n)=1$，此时时间复杂度为 $O(1)$；最坏的情况是每次待查找的都是数组的最后一个元素，语句频度为 $f(n)=n$，此时时间复杂度为 $O(n)$。将以上两种情况对应的时间复杂度称为最好时间复杂度和最坏时间复杂度。

最好时间复杂度，指的是算法计算量可能达到的最小值；最坏时间复杂度，指的是算法计算量可能达到的最大值；平均时间复杂度是指算法在所有可能情况下，按照输入实例以等概率出现时，算法计算量的加权平均值。通常在衡量算法时间复杂度的时候，人们更关心最坏情况和平均情况下的时间复杂度。然而在很多情况下，很难确定算法的平均时间复杂度。因此，通常只分析算法在最坏情况下的时间复杂度。

▶▶▶ 1.2.4 算法的空间复杂度 ▶▶▶

算法的空间复杂度(Space Complexity)是对一个算法在执行过程中临时占用存储空间大

小的度量，它也是问题规模 n 的函数，记作：

$$S(n) = O(f(n))$$

其中，n 为问题规模，f(n) 为关于 n 所占存储空间的函数。随着问题规模 n 的增大，算法存储量的增长率与 f(n) 的增长率相同。

算法的空间消耗包括 3 个方面，一是程序所占用的空间，其与程序的长度成正比，要压缩这部分存储空间，就需要写出较短的程序；二是待处理数据所占用的空间，此部分由要解决的问题决定，是通过参数表由调用函数传递而来的，不会随着算法的不同而改变；三是处理数据的过程中，临时占用的空间。

只要算法不涉及动态分配的空间以及递归、栈所需的空间，空间复杂度通常为 O(1)。下面举一个简单例子说明如何求算法的空间复杂度。

【例 1-7】算法所占用的存储空间问题。

【算法 1】

（1）int arr[6] = {3, 4, 2, 1, 5, 12}；

（2）int s, i；

（3）for(i=0; i<3; i++)

（4）s = arr[i]；

（5）arr[i] = arr[10-i-1]；

（6）arr[10-i-1] = s；

【算法 2】

（1）int arr[6] = {3, 4, 2, 8, 5, 12}, b[6]；

（2）int s, i；

（3）for(i=0; i<6; i++)

（4）b[i] = arr[6-i-1]；

（5）for(i=0; i<6; i++)

（6）arr[i] = b[i]；

解：算法 1 的例子中为了完成 n=6 个元素的逆置，将 arr[0] 和 arr[5] 交换，再将 arr[1] 和 arr[4] 交换，最后将 arr[2] 和 arr[3] 交换，仅需要另外借助一个变量 s，与问题规模 n 的大小无关，所以其空间复杂度为 O(1)。

算法 2 的例子中为了完成 n 个元素的逆置，需要另外借助一个大小为 n 的辅助数组 b，所以其空间复杂度为 O(n)。

一般来说，在内存足够大的情况下，算法更加注重时间效率，只有在算法的时间复杂度一致的情况下才比较空间复杂度。

项目总结

本项目介绍了数据结构相关的基本概念和术语，明确了数据元素和数据项的关系、逻辑结构和存储结构的具体含义及其相互关系，以及算法和算法的时间复杂度和空间复杂度的分析方法。本项目的主要内容如下。

（1）数据结构相关的基本概念包括数据、数据元素、数据项、数据对象、数据结构、逻辑结构、存储结构等。

（2）数据的逻辑结构和存储结构。同一逻辑结构若采用不同的存储方法，则可以得到不同的存储结构。逻辑结构是从具体问题抽象出来的数学模型，从逻辑关系上描述数据，它与数据的存储无关。根据数据元素之间存在的逻辑关系的不同特性，通常有 4 种类型的逻辑结构：集合结构、线性结构、树结构和图结构。两类存储结构：顺序存储结构和链式存储结构。

（3）抽象数据类型是指由用户定义的、表示应用问题的数学模型，以及定义在这个模型上的一组操作的总称，具体包括 3 部分：数据对象、数据对象关系的集合，以及数据对象基本操作的集合。

（4）算法是为了解决某类问题而规定的一个有限长的操作序列。算法具有 5 个特性：有穷性、确定性、可行性、输入和输出。一个算法的优劣应该从以下 4 个方面来评价：正确性、可读性、健壮性和高效性。

（5）算法分析的两个主要方面是分析算法的时间复杂度和空间复杂度，以考查算法的时间和空间效率。一般情况下，鉴于运算空间较为充足，故将算法的时间复杂度作为分析的重点。算法执行时间的数量级被称为算法的渐近时间复杂度，记为 $T(n)=O(f(n))$，它表示随着问题规模 n 的增大，算法执行时间的增长率和 $f(n)$ 的增长率相同，简称时间复杂度。

立德铸魂

计算机的发明者是一位名叫康拉德·楚泽（Konrad Zuse）的德国人。一般而言，计算机的发明者理应精通数学，但楚泽的情况却恰好相反。他喜欢的是画画，对数学没有兴趣。在柏林工业大学读书时，他的专业是土木工程。该专业的大量力学计算经常使他疲惫不堪。

有一天，楚泽突然发现，教科书里的力学公式是固定不变的，人们要做的只是往这些公式中填充数据，他认为这种单调的工作可以交给机器来完成！这一发现，使楚泽走上了发明计算机的艰难历程。

1935 年，楚泽以自己的家为工作场地，独自一人开始探索计算机的发明和制作。

1938 年，楚泽完成了一台纯机械计算机 Z-1。该计算机最大的贡献是第一次采用了二进制。在薄钢板组装的存储器中，楚泽用一根在细孔中移动的针，指明数字"0"或"1"。

1939 年，楚泽对 Z-1 进行了改进。在大量使用继电器的基础上，他组装了第二台电磁式计算机 Z-2。

1941 年，第三台电磁式计算机 Z-3 完成。它使用了 2 600 个继电器，用穿孔纸带输入，实现了二进制程序控制。程序控制思想虽然过去也有人提倡，但楚泽是把它付诸实施的第一人。

早在 1938 年就发明了计算机的楚泽，几乎被人遗忘了几十年。直到 1962 年，他才被确认为计算机的发明人之一，并被称为"计算机之父"。

项目 2
线性表

项目导读 ▶▶ ▶

线性表是最简单、最基本、最常用的一种线性结构，也是其他数据结构的基础，尤其是单链表，它是贯穿整个"数据结构"课程的基本技术。线性结构的基本特点是除第一个元素无直接前驱、最后一个元素无直接后继之外，其他每个数据元素都有一个直接前驱和直接后继。

本项目将使用线性表，完成图书信息管理系统的设计，包括图书信息的增、删、改、查等操作的实现，具体要求如下。

出版社有一些图书数据保存在一个文本文件 book.txt 中，为简单起见，在此假设每种图书只包括 3 部分信息：ISBN(书号)、书名和价格。现要求实现一个图书信息管理系统，包括以下 6 个具体功能。

(1)查找：根据指定的 ISBN 或书名查找相应图书的有关信息，并返回该图书在表中的位置序号。

(2)插入：插入一本新的图书信息。

(3)删除：删除一本图书信息。

(4)修改：根据指定的 ISBN，修改该图书的价格。

(5)排序：将图书按照价格由低到高进行排序。

(6)计数：统计图书表中的图书数。

项目目标 ▶▶ ▶

知识目标	(1)了解线性表的顺序存储结构和链式存储结构，掌握两种存储结构的描述方法。 (2)熟练掌握顺序表和链表中基本操作的实现，能在实际应用中选用适当的存储结构。 (3)能够从时间复杂度和空间复杂度的角度比较线性表两种存储结构的不同特点及使用场合

续表

技能目标	(1)熟练掌握用顺序表和单链表实现的各种基本算法及相关的时间性能分析。 (2)使用本项目所学到的基本知识，设计有效算法，解决与线性表相关的应用问题
素养目标	(1)认识和遵循自然科学规律。 (2)通过完成任务，学生增强对学习顺序表和链表算法设计的兴趣，同时提高做事认真细心的意识

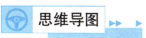

思维导图

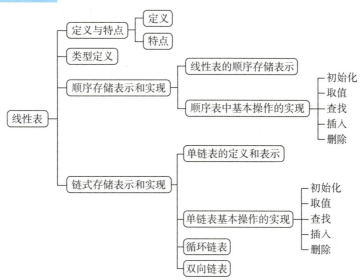

知识解析

现实生活中，许多应用问题都会涉及图书信息管理中用到的增、删、改、查等基本操作。这些问题中都包含 n 个数据特性相同的元素，即可以表示为线性表。不同的问题所涉及的元素的数据类型不尽相同，可以为简单数据类型，也可以为复杂数据类型，但这些问题所涉及的基本操作都具有很大的相似性，为每个具体应用都编写一个程序显然不是一种很好的方法。解决这类问题的最好方法就是从具体应用中抽象出共性的逻辑结构和基本操作(即抽象数据类型)，然后采用程序设计语言实现相应的存储结构和基本操作。

本项目后续任务将依次给出线性表的抽象数据类型定义、线性表的顺序和链式存储结构的表示及实现、线性表应用实例的实现。

任务2.1　线性表的顺序存储

任务描述：掌握线性表的初始化、取值、查找、插入、删除。

任务实施：知识解析。

▶▶▶ 2.1.1　线性表的定义和特点 ▶▶▶▶

线性表是由 $n(n \geqslant 0)$ 个具有相同数据类型的数据元素组成的有限序列，通常记为

$$(a_1, a_2, \cdots, a_{i-1}, a_i, a_{i+1}, \cdots, a_n)$$

线性表中相邻元素之间存在着序偶关系，即 $<a_{i-1}, a_i>$，其中 a_{i-1} 被称为 a_i 的前驱，a_i 被称为 a_{i-1} 的后继，$2 \leqslant i \leqslant n$。线性表中数据元素的个数 $n(n \geqslant 0)$ 被称为线性表的长度，长度为 0 的线性表被称为空表。在非空的线性表中，每个数据元素都有一个确定的位置，例如，a_1 是第一个元素，a_n 是最后一个元素，a_i 是第 i 个元素，称 i 为数据元素 a_i 在线性表中的位序。

线性表中的元素可以是任意类型，但必须是相同类型。它可以是一个整数或字符，也可以是其他更复杂的类型。例如，"学生基本信息表"是一个线性表，表中数据元素的类型为结构体类型。

从线性表的定义可以看出它的逻辑特征：对于非空的线性表，有且仅有一个开始结点，该结点没有前驱，仅有一个后继；有且仅有一个终端结点，该结点没有后继，仅有一个前驱；其余结点都有且仅有一个前驱和一个后继。

线性表的基本操作有以下几种。

(1)初始化 Init_List(SqList &L)。

初始条件：线性表 L 不存在。

操作结果：创建一个空的线性表 L。

(2)求表的长度 Length_List(L)。

初始条件：线性表 L 已经存在。

操作结果：返回线性表 L 所含元素的个数，即线性表 L 的长度。

(3)取表的元素 Get_Elem(SqList L, int i, ElemType &e)。

初始条件：线性表 L 已经存在且 $1 \leqslant i \leqslant$ Length_List(L)。

操作结果：用 e 返回线性表 L 中的第 i 个元素的值。

(4)查找 Locate_List(SqList L, ElemType e)。

初始条件：线性表 L 已经存在。

操作结果：在线性表 L 中查找值为 e 的数据元素，若该元素存在，则返回线性表 L 中第一个值为 e 的元素的位序；否则，返回-1。

(5)插入 Insert_List(SqList &L, int i, ElemType x)。

初始条件：线性表 L 已经存在且 $1 \leqslant i \leqslant$ Length_List(L)+1。

操作结果：在线性表 L 的第 i 个位置上插入一个值为 x 的新元素，线性表的长度加 1。

(6)删除 Delete_List(SqList &L, int i)。

初始条件：线性表 L 已经存在且 $1 \leqslant i \leqslant$ Length_List(L)。

操作结果：删除线性表 L 中序号为 i 的数据元素，删除后，线性表的长度减 1。

▶▶▶ 2.1.2　线性表的顺序存储表示 ▶▶▶ ▶

顺序表是线性表的顺序存储结构，是指用一组连续的存储单元依次存储线性表的数据元素。在顺序表中，逻辑关系相邻的两个元素在物理位置上也相邻，元素之间的逻辑关系是通过下标反映出来的。在这种存储方式下，线性表逻辑关系的表达式不占用另外的存储空间。

假设顺序表的每个数据元素均需占用 L 个存储单元，并以所占用的第一个存储单元的存储地址作为数据元素的存储地址，表中第一个数据元素 a_1 的存储地址为 $Loc(a_1)$，则表中第 i 个数据元素的存储地址为

$$Loc(a_i) = Loc(a_1) + (i-1)L \qquad (1 \leqslant i \leqslant n)$$

式中，$Loc(a_1)$ 是线性表的第一个数据元素 a_1 的存储地址，通常称作线性表的起始位置或基地址。表中相邻的元素 a_i 和 a_{i+1} 的存储地址 $Loc(a_i)$ 和 $Loc(a_{i+1})$ 是相邻的。每一个数据元素的存储地址都和线性表的起始位置相差一个常数，这个常数和数据元素在线性表中的位序成正比，如图 2-1 所示。因此，只要确定了存储线性表的起始位置，线性表中任一数据元素都可随机存取，即线性表的顺序存储结构是一种随机存取的存储结构。

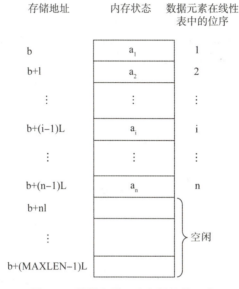

图 2-1 线性表的顺序存储结构示意

由于高级语言中的数组类型也有随机存取的特性，所以通常都用数组来描述数据结构中的顺序存储结构。在此，由于线性表的长度可变，且所需最大存储空间随问题规模而变化，所以在 C 语言中可用动态分配的一维数组表示线性表，描述如下：

```
/*-----顺序表的存储结构-----*/
#define MAXSIZE 100                /*顺序表的最大长度*/
typedef struct{
    ElemType *elem;                /*存储空间的基地址*/
    int length;                    /*顺序表的实际长度*/
}SqList;                           /*顺序表的结构体类型为 SqList */
```

▶▶▶ 2.1.3 顺序表基本操作的实现 ▶▶▶ ▶

1. 初始化 Init_List(SqList &L)

顺序表的初始化操作就是创建一个空的顺序表。

【算法步骤】

(1) 为顺序表 L 动态分配一个预定义大小的数组空间，使指针变量 elem 指向这段空间的基地址。

（2）将表的长度设为0。

【算法代码】

```
Status Init_List(SqList &L)
{                                        /*创建一个空的顺序表L*/
    L. elem=new ElemType[MAXSIZE];       /*为顺序表分配一个大小为 MAXSIZE 的数组空间*/
    if(!L. elem)
        exit(OVERFLOW);                  /*存储分配失败退出*/
    L. length=0;                         /*空表长度为0*/
    return OK;          }
```

2. 取值 Get_Elem(SqList L, int i, ElemType &e)

取值操作是指根据指定的位序i，获取顺序表中第i个数据元素的值。由于顺序存储结构具有随机存取的特点，故可以直接通过数组下标定位得到，elem[i-1]单元存储第i个数据元素。

【算法步骤】

（1）判断指定的位序i的值是否合理（$1 \leqslant i \leqslant L. length$），若不合理，则返回 ERROR。

（2）若i值合理，则将第i个数据元素 L. elem[i-1]赋给参数e，通过e返回第i个数据元素的值。

【算法代码】

```
Status Get_Elem(SqList L,int i,ElemType &e)
{
    if {i<1||i>L. length)
        return ERROR;                    /*判断i值是否合理,若不合理,则返回 ERROR*/
    e=L. elem[i-1];                       /*elem[i-1] 单元存储第i个数据元素*/
    return OK;
}
```

3. 查找 Locate_List(SqList L, ElemType e)

查找操作是指根据指定的数据元素值e，查找顺序表中第一个与e相等的数据元素。若查找成功，则返回该数据元素在表中的位序；若查找失败，则返回0。

【算法步骤】

（1）从第一个数据元素开始，依次和e相比较，若找到与e相等的数据元素 L. elem[i]，则查找成功，返回该元素的位序i+1。

（2）若查遍整个顺序表都没有找到与e相等的数据元素，则查找失败，返回-1。

【算法代码】

```
int Locate_List(SqList L,ElemType e)
{                                        /*在顺序表 L 中查找值为 e 的数据元素,返回其位序*/
    for(i=0;i<L. length;i++)
        if(L. elem[i])==e)
            return i+1;                  /*查找成功,返回位序i+1*/
    return -1;                           /*查找失败,返回-1*/
}
```

当在顺序表中查找一个数据元素时，其时间主要耗费在数据的比较上，而比较的次数取决于被查元素在顺序表中的位置。

在查找时，为确定数据元素在顺序表中的位置，需和给定值进行比较的数据元素个数的期望值被称为查找算法在查找成功时的平均查找长度（Average Search Length，ASL）。

假设 p_i 是查找第 i 个数据元素的概率；C_i 为找到顺序表中其关键字与给定值相等的第 i 个数据元素时，和给定值已进行过比较的关键字个数；则在长度为 n 的线性表中，查找成功时的平均查找长度为

$$ASL = \sum_{i=1}^{n} p_i C_i$$

从顺序表查找的过程可见，C_i 取决于所查元素在表中的位置。例如，查找顺序表中第一个数据元素时，仅需比较一次；而查找顺序表中最后一个数据元素时，则需比较 n 次。一般情况下，C_i 等于 i。假设每个数据元素的查找概率相等，即 $p_i = 1/n$，则有

$$ASL = \frac{1}{n}\sum_{i=1}^{n} i = \frac{n+1}{2}$$

由此可见，顺序表按值查找算法的平均时间复杂度为 O(n)。

4. 插入 Insert_List(SqList &L, int i, ElemType x)

插入操作是指在顺序表第 i 个位置上插入一个值为 x 的新元素，使原来长度为 n 的线性表$(a_1, a_2, \cdots, a_{i-1}, a_i, a_{i+1}, \cdots, a_n)$变成长度为 n+1 的线性表$(a_1, a_2, \cdots, a_{i-1}, x, a_i, a_{i+1}, \cdots, a_n)$。其中，i 的取值范围为 $1 \leq i \leq n+1$。

在顺序表中，由于逻辑上相邻的数据元素在物理位置上也是相邻的，因此，除非在表尾插入，否则必须移动数据元素才能反映这个逻辑关系的变化。一般情况下，当 $1 \leq i \leq n$ 时，首先将顺序表中原来的数据元素 $a_i, a_{i+1}, \cdots, a_n$ 从 a_n 起依次向后移动一个位置，然后在位置 i 上插入新元素 x。在实现插入操作时，还要注意对插入位置的合理性、表是否已满等情况的处理。顺序表的插入过程如图 2-2 所示。

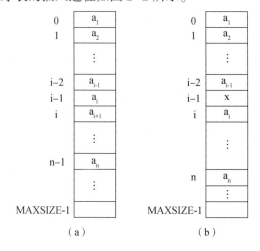

图 2-2 顺序表的插入过程

(a) 插入 x 前；(b) 插入 x 后

【算法步骤】

(1)判断插入位置 i 是否合法(i 值的合法范围是 1≤i≤n+1），若不合法，则返回 ER-ROR。

(2)判断顺序表的存储空间是否已满，若满，则返回 ERROR。

(3)将第 i~n 个位置的数据元素依次向后移动一个位置，空出第 i 个位置，i＝n+1 时无须移动。

(4)将要插入的新元素 x 放入第 i 个位置。

(5)表长加 1。

【算法代码】

```
Status Insert_List(SqList &L,int i,ElemType x)
{/*在顺序表 L 中的第 i 个位置之前插入新的元素 x,i 值的合法范围是 1≤i≤L. length+l*/
    if((i<l)||(i>L. length+l))
        return ERROR;                    /*i 值不合法*/
    if(L. length= =MAXSIZE)
        return ERROR;                    /*当前存储空间已满*/
    for(j=L. length- 1;j>=i- 1;j- - )
        L. elem[j+l]=L. elem[j];         /*插入位置所在的数据元素及之后的数据元素后移*/
    L. elem[i- l]=x;                      /*将新元素 x 放入第 i 个位置*/
    L. length++;                          /*表长加 1*/
    return OK;
}
```

顺序表的插入操作，其时间主要耗费在表中数据元素的移动上，而移动数据元素的个数取决于插入数据元素的位置。最好的情况是在表尾插入，即当 i＝n+1 时，无须移动数据元素；最坏的情况是在表头插入，即当 i＝1 时，a_1~a_n 都要向后移动一个位置，共需要移动 n 个元素。一般情况下，设在第 i(1≤i≤n+1)个位置上插入 x，a_i~a_n 都要依次向后移动一个位置，共需要移动 n−i+1 个元素。设在顺序表的第 i 个位置上插入一个数据元素的概率为 p_i，则平均移动元素的次数为

$$E_{in} = \sum_{i=1}^{n+1} p_i(n - i + 1)$$

在等概率情况下，即 $p_i = 1/(n+1)$，则

$$E_{in} = \sum_{i=1}^{n+1} p_i(n - i + 1) = \frac{1}{n+1}\sum_{i=1}^{n+1}(n - i + 1) = \frac{n}{2}$$

在顺序表中进行插入操作时，需要移动表中一半的数据元素，其时间复杂度为 O(n)。

5. 删除 Delete_List(SqList &L，int i)

顺序表的删除操作是指删除表中的第 i 个数据元素，这时只需将 a_{i+1}，…，a_n 依次向前移动一个位置，这样 a_i 即被删除。原来长度为 n 的线性表(a_1，a_2，…，a_{i-1}，a_i，a_{i+1}，…，a_n)变成长度为 n−1 的线性表(a_1，a_2，…，a_{i-1}，a_{i+1}，…，a_n)。在实现删除操作时，还要注意对删除位置的合理性、表是否已空等情况的处理。顺序表的删除过程如图 2-3 所示。

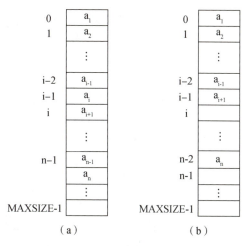

图 2-3 顺序表的删除过程
(a)删除 a_i 前；(b)删除 a_i 后

【算法步骤】

(1)判断删除位置 i 是否合法(i 值的合法范围为 $1 \leq i \leq n$)，若不合法，则返回 ER-ROR。

(2)将第 i+1~n 个位置的数据元素依次向前移动一个位置(i=n 时无须移动)。

(3)表长减 1。

【算法代码】

```
Status Delete_List(SqList &L,int i)
{/*在顺序表 L 中删除第 i 个元素,i 值的合法范围是 1≤i≤L. length*/
    if((i<l||i>L. length))
        return ERROR;                    /*i 值不合法*/
    for(j=i;j<=L. length- 1;j++)
        L. elem[j- 1]=L. elem[j];        /*被删除元素之后的元素前移*/
    - - L. length;                        /*表长减 1*/
    return OK;
}
```

与插入操作相同，删除操作的时间也主要消耗在表中数据元素的移动上，而移动数据元素的个数取决于删除数据元素的位置。删除顺序表中第 i 个数据元素时，其后面的元素 a_{i+1}~a_n 都要依次向前移动一个位置，共移动 n-i 个元素，所以平均移动元素的次数为

$$E_{de} = \sum_{i=1}^{n} p_i(n - i)$$

在等概率情况下，$p_i = 1/n$，则

$$E_{de} = \sum_{i=1}^{n} p_i(n - i) = \frac{1}{n} \sum_{i=1}^{n+1} (n - i) = \frac{n - 1}{2}$$

在顺序表上进行删除操作时，大约需要移动表中一半的数据元素，其时间复杂度为 $O(n)$。

【实战演练】

要实现图书信息管理系统中图书信息的增、删、改、查等功能，我们首先根据图书表的特点将其抽象成一个线性表，每本图书作为线性表中的一个数据元素，然后可以采用适

当的存储结构来表示该线性表，在此基础上设计完成有关的功能算法。通过任务 2.1 的学习，我们用顺序表来存放图书信息，进而完成图书信息管理系统中图书信息的增、删、改、查等功能的实现。

【完整的代码】

```
typedef int Status;//Status 是函数返回值类型,其值是函数结果状态代码
typedef int ElemType;//ElemType 为可定义的数据类型,此设为 int 型
#define MAXSIZE 100//顺序表可能达到的最大长度
struct Book {
    string id;                          //ISBN
    string name;                        //书名
    double price;                       //价格
};
typedef struct {
    Book *elem;                         //存储空间的基地址
    int length;                         //当前长度
} SqList;
Status Init_List_Sq(SqList &L){         //算法 2-1 顺序表的初始化
                                        //创建一个空的顺序表 L
    L. elem=new Book[MAXSIZE];          //为顺序表分配一个大小为 MAXSIZE 的数组空间
    if(!L. elem)
        exit(OVERFLOW);                 //存储分配失败退出
    L. length=0;                        //空表长度为 0
    return OK;
}
Status Get_Elem(SqList L,int i,Book &e){  //算法 2-2 顺序表的取值
    if(i<1 || i > L. length)
        return ERROR;                   //判断 i 值是否合理,若不合理,则返回 ERROR
    e=L. elem[i- 1];                     //elem[i- 1]单元存储第 i 个数据元素
    return OK;
}
int Locate_Elem_Sq(SqList L,double e){  //算法 2-3 顺序表的查找
                                        //顺序表的查找
    for(int i=0;i<L. length;i++)
        if(L. elem[i]. price==e)
            return i+1;                 //查找成功,返回位序 i+1
    return 0;                           //查找失败,返回 0
}
Status List_Insert_Sq(SqList &L,int i,Book e){  //算法 2-4 顺序表的插入
                                        //在顺序表 L 中第 i 个位置之前插入新元素 e
                                        //i 值的合法范围是 1≤i≤L. length+1
    if((i<1)||(i > L. length+1))
        return ERROR;                   //i 值不合法
```

```
        if(L. length==MAXSIZE)
            return ERROR;                   //当前存储空间已满
        for(int j=L. length-1;j >=i-1;j--)
            L. elem[j+1]=L. elem[j];        //插入位置所在的数据元素及之后的数据元素后移
        L. elem[i-1]=e;                     //将新元素 e 放入第 i 个位置
        ++L. length;                        //表长加 1
        return OK;
    }
    Status List_Delete_Sq(SqList &L,int i){  //算法 2-5 顺序表的删除
                                             //在顺序表 L 中删除第 i 个元素,并用 e 返回其值
                                             //i 值的合法范围是 1≤i≤L. length

        if((i<1)||(i > L. length))
            return ERROR;                    //i 值不合法
        for(int j=i;j<=L. length;j++)
            L. elem[j-1]=L. elem[j];         //被删除元素之后的元素前移
        --L. length;                         //表长减 1
        return OK;
    }
```

任务 2.2　线性表的链式存储

任务描述：掌握链表的初始化、取值、查找、插入、删除。

任务实施：知识解析。

▶▶ 2.2.1　线性表的链式存储表示 ▶▶ ▶

线性表的链式存储结构不要求逻辑上相邻的两个数据元素在物理位置上也相邻，它是通过"链"建立起数据元素之间的逻辑关系的。由于链式存储结构不要求逻辑上相邻的两个数据元素在物理位置上也相邻，所以它没有顺序存储结构所存在的缺点，但同时失去了随机存取的优点，链式存储结构是一种非随机存取结构。

以链式存储表示的线性表被称为链表，链表用一组任意的存储单元来存放线性表中的数据元素，这组存储单元既可以是连续的，也可以是不连续的。因此，链表中数据元素的逻辑次序和物理次序不一定相同。为了能正确表示数据元素间的逻辑关系，每个数据元素除存储本身的信息之外，还需要一个指示其直接前驱或直接后继存储位置的信息，这个信息被称为指针或链。这两部分信息组成数据元素的存储表示，称为结点。

链表有带头结点和不带头结点、循环和非循环、单向和双向之分。

▶▶ 2.2.2　单链表的定义和表示 ▶▶ ▶

单链表是线性表的一种最简单的链式存储结构。在单链表中，每一个结点都包含两部分：存放每一个数据元素本身信息的数据域和存放其直接后继存储位置的指针域（链域）。单链表的结点结构如图 2-4 所示。

图 2-4　单链表的结点结构

其中，data 是数据域，用来存放数据元素本身的信息；next 是指针域，又称链域，用来存放结点的直接后继的存储地址。显然，单链表中每个结点的存储地址存放在其前驱结点的指针域中，而开始结点无前驱，故应设头指针 head 指向开始结点。同时，由于终端结点无后继，故终端结点的指针域为空，即 NULL。

例如，图 2-5 所示为单链表的存储结构，整个链表的存取必须从头指针开始进行，头指针指示链表中第一个结点(即第一个数据元素的存储映像，也称首元结点)的存储地址。同时，由于最后一个数据元素没有直接后继，则单链表中最后一个结点的指针为空(NULL)。

(ZHAO,QIAN,SUN,LI,ZHOU,WU,ZHENG,WANG)

存储地址	数据域	指针域
1	LI	85
13	QIAN	25
25	SUN	1
37	WANG	NULL
49	WU	73
61	ZHAO	13
73	ZHENG	37
85	ZHOU	49

头指针L

61

图 2-5　单链表的存储结构

用单链表表示线性表时，数据元素之间的逻辑关系是由结点中的指针指示的。换句话说，指针为数据元素之间的逻辑关系的映像，则逻辑上相邻的两个数据元素，其存储的物理位置不要求紧邻，这种存储结构为非顺序映像或链式映像。

通常将链表用箭头画成相连接的结点的序列，结点之间的箭头表示指针域中的指针。图 2-5 所示的单链表可画成图 2-6 所示的形式，这是因为在使用链表时，关心的只是它所表示的线性表中数据元素之间的逻辑顺序，而不是每个数据元素在存储器中的实际位置。

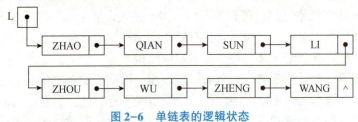

图 2-6　单链表的逻辑状态

由此可见，单链表可由头指针唯一确定，在 C 语言中可用"结构指针"来描述：

```
/*-----单链表的存储结构-----*/
typedef struct LNode
{
    ElemType data;              /*结点的数据域*/
    struct LNode *next;         /*结点的指针域*/
}LNode, *LinkList;              /*LinkList 为指向结构体 LNode 的指针类型*/
```

一般情况下，为了处理方便，在单链表的第一个结点之前附设一个结点，称为头结点。为图 2-6 所示的单链表增加头结点，增加头结点后单链表的逻辑状态如图 2-7 所示。

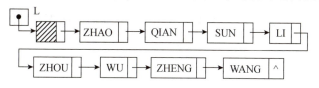

图 2-7 增加头结点后单链表的逻辑状态

单链表的存取必须从头指针开始进行，因此通常用头指针来标识一个单链表。若头指针为空，则表示空链表。有时，在单链表的第一个结点（开始结点）之前附设一个头结点。头结点的数据域可以不存储任何信息，也可存储线性表的长度等附加信息。头结点的指针域存储第一个结点的地址，即首元结点的存储地址。若线性表为空表，则头结点的指针域为 NULL。

在链表中加入头结点有以下几个好处。

（1）由于首元结点的地址被存放在头结点的指针域中，所以在链表的首元结点上的操作和表中其他结点上的操作一致，无须进行特殊处理，使各种操作方便统一。

（2）即使是空表，头指针也不为空，使"空表"和"非空表"的处理一致。

由于头结点的重要性，若不加特殊说明，书中涉及的链表均是指带头结点的链表。带头结点的单链表示意如图 2-8 所示。

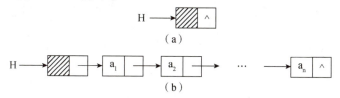

图 2-8 带头结点的单链表示意
（a）空表；（b）非空表

▶▶▶ 2.2.3 单链表基本操作的实现 ▶▶▶

1. 初始化 Init_List(LinkList &L)

单链表的初始化就是创建一个空的单链表。

【算法步骤】

（1）生成新结点作为头结点，用头指针 L 指向头结点。

（2）头结点的指针域置空。

【算法代码】

```
Status Init_List(LinkList &L)
{                                    /*创建一个空的单链表 L*/
    L=new LNode;                     /*生成新结点作为头结点,用头指针 L 指向头结点*/
    L->next=NULL;                    /*头结点的指针域置空*/
    return OK;
}
```

2. 取值 Get_Elem(LinkList L, int i, ElemType &e)

与顺序表不同，单链表中逻辑相邻的结点并没有存储在物理相邻的单元中，这样，根据给定的结点位序 i，在单链表中获取该结点的值不能像在顺序表中那样随机访问，而只能从单链表的首元结点出发，顺着指针域 next 逐个结点向后访问。

【算法步骤】

（1）用指针 p 指向首元结点，用 j 作计数器，初值赋为 1。

（2）从首元结点开始依次顺着指针域 next 向后访问，只要指向当前结点的指针 p 不为空（NULL），并且没有到达位序为 i 的结点，就循环执行以下操作：指针 p 指向下一个结点，计数器 j 相应加 1。

（3）退出循环时，如果指针 p 为空，或者计数器 j 大于 i，说明指定的位序 i 的值不合法（i 大于表长 n，或者小于或等于 0），取值失败返回 ERROR；否则取值成功，当 j=i 时，指针 p 所指的结点就是要找的第 i 个结点，用参数 e 保存当前结点的数据域，返回 OK。

【算法代码】

```
Status Get_Elem(LinkList L,int i,ElemType &e)
{/*在带头结点的单链表 L 中根据位序 i 获取数据元素的值,用 e 返回第 i 个数据元素的值*/
    p=L->next;
    j=l;                        /*初始化,p 指向首元结点,计数器 j 的初值赋为 1*/
    while(p&&j<i)               /*顺着指针域向后扫描,直到 p 为空或 p 指向第 i 个元素*/
    {
        p=p->next;             /*p 指向下一个结点*/
        ++j;                    /*计数器 j 相应加 1*/
    }
    if(!p||j>i)
        return ERROR;          /*i 值不合法,i>n 或 i≤0*/
    e=p->data;                 /*取第 i 个结点的数据域*/
    return OK;
}
```

该算法的基本操作是比较 j 和 i 并后移指针 p，while 循环体中的语句频度与位序 i 有关。若 $1 \leqslant i \leqslant n$，则语句频度为 $i-1$，一定能取值成功；若 $i > n$，则语句频度为 n，取值失败。因此，本算法的最坏时间复杂度为 $O(n)$。

假设每个位置上数据元素的取值概率相等，即

$$p_i = 1/n$$

则

$$ASL = \frac{1}{n} \sum_{i=1}^{n} (i-1) = \frac{n-1}{2}$$

由此可见，单链表取值算法的平均时间复杂度为 $O(n)$。

3. 查找 Locate_ELem(LinkList L, ElemType e)

从单链表的第一个结点开始，顺序扫描单链表，将结点的数据域和 e 进行比较，直到找到一个和 e 相等的结点为止，返回该结点的指针；若查遍整个链表都找不到这样的结点，则返回空指针。

【算法步骤】

（1）用指针 p 指向首元结点。

（2）从首元结点开始依次顺着指针域向后查找，只要指向当前结点的指针 p 不为空，并且 p 所指结点的数据域不等于给定值 e，则循环执行以下操作：p 指向下一个结点。

（3）返回指针 p。若查找成功，此时指针 p 即结点的地址值；若查找失败，指针 p 的值为 NULL。

【算法代码】

```
LNode*Locate_ELem(LinkList L,Elemtype e)
{/*在带头结点的单链表 L 中查找值为 e 的元素*/
    p=L->next;                    /*初始化,p 指向首元结点
    while(p&&p->data!=e)          /*顺指针域向后扫描,直到 p 为空,或者 p 所指结点的数据域等于 e*/
        p=p->next;                /*p 指向下一个结点*/
    return p;                     /*查找成功,返回值为 p;查找失败,p 为 NULL*/
}
```

该算法的执行时间与待查找的值 e 相关，其平均时间复杂度为 $O(n)$。

4. 插入 Insert_List(LinkList &L, int i, ElemType x)

在单链表中插入新结点，首先应确定插入的位置，然后只需修改相应结点的指针，而无须移动表中的其他结点。注意：修改新结点及其前驱结点的 next 的值。

单链表的插入操作虽然不像顺序表的插入操作那样需要移动元素，但平均时间复杂度仍为 $O(n)$。这是因为，为了在第 i 个结点之前插入一个新结点，必须首先找到第 i-1 个结点，其时间复杂度与查找算法相同，为 $O(n)$，如图 2-9 所示。

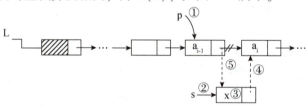

图 2-9 在单链表第 i 个位置上插入新结点的过程

【算法步骤】

（1）查找结点 a_{i-1} 并由指针 p 指向该结点。

（2）生成一个新结点 *s。

（3）将新结点 *s 的数据域置为 x。

（4）将新结点 *s 的指针域指向结点 a_i。

（5）将结点 *p 的指针域指向新结点 *s。

【算法代码】

```
Status Insert_List(LinkList &L,int i,ElemType x)
{/*在带头结点的单链表 L 中的第 i 个位置上插入值为 x 的新结点*/
    p=L;
    j=0;
    while(p &&(j<i-1))
    {p=p->next;++j;}                /*查找第 i-1 个结点,p 指向该结点*/
```

```
if(!p||j>i- 1)
    return ERROR;              /* i>n+l 或 i<1*/
s=new LNode;                   /*生成新结点*s*/
s- >data=x;                    /*将新结点*s 的数据域置为 x*/
s- >next=p- >next;             /*将新结点*s 的指针域指向第 i 个结点*/
p- >next=s;                    /*将结点*p 的指针域指向新结点*s*/
return OK;                     
}
```

5. 删除 Delete_List（LinkList &L，int i）

从单链表中删除一个结点，首先应找到被删结点的直接前驱结点，然后修改该结点的指针域，并释放被删结点的存储空间，如图 2-10 所示。

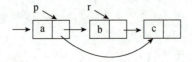

图 2-10　删除 *p 的直接后继结点

【算法步骤】

(1)查找结点 a_{i-1} 并由指针 p 指向该结点。

(2)临时保存被删结点 a_i 的地址在 q 中，以备释放。

(3)将结点 *p 的指针域指向 a_i 的直接后继结点。

(4)释放结点 a_i 的存储空间。

【算法代码】

```
Status Delete_List(LinkList &L,int i)
{/*在带头结点的单链表 L 中,删除第 i 个结点
    p=L;
    j=0;
    while((p- >next)&&(j<i- 1))          /*查找第 i- 1 个结点,p 指向该结点*/
    {
        p=p- >next;
        ++j;
    }
    if(!(p- >next)||(j>i- 1))
        return ERROR;                    /*当 i>n 或 i<1 时,删除位置不合理*/
    q=p- >next;                          /*临时保存被删结点的地址以备释放*/
    p- >next=q- >next;                   /*改变被删结点直接前驱结点的指针域*/
    delete q;                            /*释放被删结点的存储空间*/
    return OK;
}
```

6. 头插法建立单链表

头插法建立单链表是从一个空表开始，依次读入数据，生成新结点，然后将新结点插

入头结点和第二个结点之间，直到数据输入结束为止。

　　例如，设输入序列为（49，38，65，97），头插法建立单链表的过程如图2-11所示。因为在链表的头部插入，所以生成的单链表中数据元素之间的逻辑顺序与输入顺序相反。

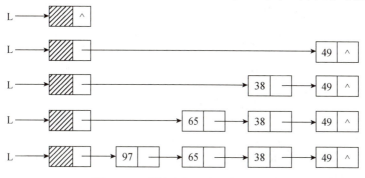

图2-11　头插法建立单链表的过程

【算法步骤】

（1）创建一个只有头结点的空链表。

（2）根据待创建单链表包括的数据元素个数n，循环执行n次以下操作：

①生成一个新结点 *p；

②输入元素值赋给新结点 *p 的数据域；

③将新结点 *p 插入头结点之后。

【算法代码】

```
void Create_List_H(LinkList &L,int n)
{/*逆位序输入 n 个数据元素的值,建立带头结点的单链表 L*/
    L=new LNode;
    L- >next=NULL;                    /*先建立一个带头结点的空链表*/
    for(i=0;i<n;++i)
    {
        p=new LNode;                  /*生成新结点*p*/
        cin>>p- >data;                /*输入元素值赋给新结点*p的数据域*/
        p- >next=L- >next;
        L- >next=p;                   /*将新结点*p插入头结点之后*/
    }
}
```

7. 尾插法建立单链表

　　头插法建立单链表虽然简单，但数据元素的输入顺序与在链表中的逻辑顺序是相反的。若希望次序一致，则可以采用尾插法建立单链表。尾插法建立单链表是将新结点插入链表的尾部，所以需要设一个指针 r 用来指向链表的尾结点，以便能够将新结点插入链表的尾部。

　　例如，设输入序列为（49，38，65，97），尾插法建立单链表的过程如图2-12所示。

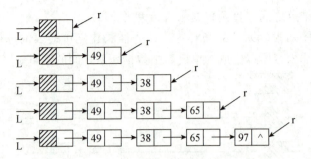

图 2-12   尾插法建立单链表的过程

【算法步骤】

（1）创建一个只有头结点的空链表。

（2）尾指针 r 初始化，并指向头结点。

（3）根据待创建单链表包括的数据元素个数 n，循环执行 n 次以下操作：

①生成一个新结点 *p；

②输入元素值赋给新结点 *p 的数据域；

③将新结点 *p 插入尾结点 *r 之后；

④尾指针 r 指向新的尾结点 *p。

【算法代码】

```
void Create_List_R(LinkList &L,int n)
{/*正位序输入 n 个数据元素的值,建立带头结点的单链表 L*/
    L=new LNode;
    L->next=NULL;                    /*先建立一个带头结点的空链表*/
    r=L;                             /*尾指针 r 指向头结点*/
    for(i=0;i<n;++i)
    {
        p=new LNode;                 /*生成新结点*/
        cin>>p->data;                /*输入元素值并赋给新结点*p 的数据域*/
        p->next=NULL;
        r->next=p;                   /*将新结点*p 插入尾结点*r 之后*/
        r=p;                         /*r 指向新的尾结点*p*/
    }
}
```

▶▶▶ 2.2.4   循环链表 ▶▶▶

循环链表是另一种形式的链表，它的特点是将链表中的最后一个结点和头结点连接起来，整个链表形成一个环。因此，从循环链表中的任一结点出发均可找到链表中的其他结点。

在单链表中，可以将头指针赋给最后一个结点的指针域，使链表的头尾相连，形成循环单链表，如图 2-13 所示。

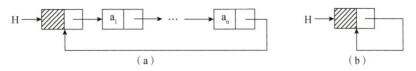

图2-13 带头结点的循环单链表示意
（a）非空表；（b）空表

循环单链表的操作与单链表基本相同，区别在于算法中的循环条件不再是 p 或 p->next 是否为空，而是它们是否等于头指针。

如果在循环链表中设一个尾指针而不设头指针，那么无论是访问第一个结点还是访问最后一个结点都很方便，这样尾指针就起到了既指头又指尾的作用，所以在实际应用中，往往使用尾指针代替头指针进行某些操作。例如，将两个循环单链表头尾相连时采用尾指针标识循环链表可以简化操作，整个操作过程只修改两个指针，其时间复杂度为 O（1）。这一过程如图 2-14 所示。

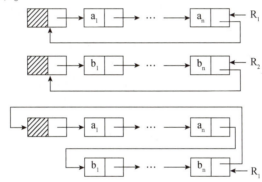

图2-14 两个循环单链表头尾相连

【算法代码】

```
LinkList connect(LinkList R1,LinkList R2)
{  /*R1 和 R2 为尾指针,将 R2 链到 R1 之后,返回新链表尾指针*/
    LinkList q=R2->next;              /*头尾连接,组成循环链表*/
    R2->next=R1->next;
    R1->next=q->next;
    free(q);                         /*释放第二个表的头结点*/
    R1=R2;
    return R1;
}
```

▶▶▶ 2.2.5 双向链表 ▶▶▶

在我们讨论过的链式存储结构中，结点只有一个指示直接后继的指针域，因此从某个结点出发只能顺着指针域向后查找其他结点。若要查找结点的直接前驱，则必须从头指针出发。换句话说，在单链表中，查找直接后继结点的执行时间为 O（1），而查找直接前驱结点的执行时间为 O（n）。为克服单链表这种单向性的缺点，可利用双向链表。顾名思义，在双向链表中，结点有两个指针域，一个指向直接后继，另一个指向直接前驱，其结点结构如图 2-15 所示。

图 2-15　双向链表的结点结构

双向链表的存储结构描述如下：

```
/*双向链表的存储结构*/
typedef struct DuLNode{
    ElemType data;                    /*数据域*/
    struct DuLNode *prior, *next;     /*直接前驱和直接后继*/
}DuLNode, *DuLinkList;
```

其中，prior 存放的是其前驱结点的存储地址，next 存放的是其后继结点的存储地址。例如，指向结点 *p 的后继结点的指针是 p->next，指向结点 *p 的前驱结点的指针是 p->prior。和单链表类似，双向链表通常也是用头指针标识的，也可以有循环双链表。图 2-16 所示是带头结点的循环双链表示意。

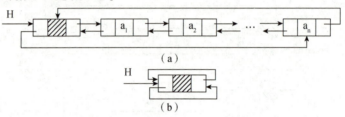

图 2-16　带头结点的循环双链表示意
(a)非空表；(b)空表

在双向链表中，有些操作(如 List_Length、Get_Elem 和 Locate_Elem 等)仅需涉及一个方向的指针，则它们的算法描述和线性表的操作相同，但在插入、删除时有很大的不同，在双向链表中需同时修改两个方向的指针，图 2-17 和图 2-18 分别显示了插入和删除结点时指针修改的情况。在插入结点时需要修改 4 个指针，在删除结点时需要修改两个指针。它们的实现分别如下面算法代码所示，两者的时间复杂度均为 O(n)。

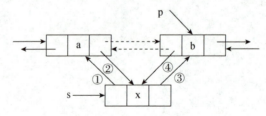

图 2-17　双向链表的结点插入

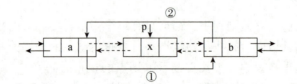

图 2-18　双向链表的结点删除

1. 插入新结点 Insert_DLink(p，x)

【算法代码】

```
void Insert_DLink(DuLinkList p,int x)
{  /*在带头结点的双向链表中,将值为 x 的结点插入结点*p 之前*/
    DuLinkList s;
    s=(DuLinkList)malloc(sizeof(DuLNode));
    s->data=x;
    s->prior=p->prior;
    p->prior->next=s;
    s->next=p;
    p->prior=s;
}
```

2. 删除结点 Delete_DLink(p)

【算法代码】

```
void Delete_DLink(DuLinkList p)
{  /*在带头结点的双向链表中删除结点*p*/
    p->prior->next=p->next;
    p->next->prior=p->prior;
    free(p);
}
```

【实战演练】

要实现图书信息管理系统中图书信息的增、删、改、查等功能,我们首先根据图书表的特点将其抽象成一个线性表,每本图书作为线性表中的一个数据元素,然后可以采用适当的存储结构来表示该线性表,在此基础上设计完成有关的功能算法。通过任务 2.2 的学习,我们用链表来存放图书信息,进而完成图书信息管理系统中图书信息的增、删、改、查等功能的实现。

【完整的代码】

```
typedef int Status;//Status 是函数返回值类型,其值是函数结果状态代码
typedef int ElemType;//ElemType 为可定义的数据类型,此设为 int 型
struct Book {
    string id;//ISBN
    string name;//书名
    double price;//价格
};
typedef struct LNode {
    Book data;//结点的数据域
    struct LNode *next;//结点的指针域
} LNode, *LinkList;//LinkList 为指向结构体 LNode 的指针类型
string head_1,head_2,head_3;
int length;
```

```
Status Init_List(LinkList &L){ // 单链表的初始化
    //创建一个空的单链表 L
    L=new LNode;//生成新结点作为头结点,用头指针 L 指向头结点
    L->next=NULL;//头结点的指针域置空
    return OK;
}
Status Get_Elem(LinkList L,int i,Book &e){ // 单链表的取值
    //在带头结点的单链表 L 中查找第 i 个数据元素
    //用 e 返回 L 中第 i 个数据元素的值
    int j;
    LinkList p;
    p=L->next;
    j=1;//初始化,p 指向第一个结点,j 为计数器
    while(j<i && p){ //顺指针域向后扫描,直到 p 指向第 i 个数据元素或 p 为空
        p=p->next;//p 指向下一个结点
        ++j;//计数器 j 相应加 1
    }
    if(!p || j > i)
        return ERROR;//i 值不合法,i>n 或 i≤0
    e=p->data;//取第 i 个结点的数据域
    return OK;
}
LNode *Locate_ELem(LinkList L,int e){ //按值查找
    //在带头结点的单链表 L 中查找值为 e 的数据元素
    LinkList p;
    p=L->next;
    while(p && p->data. price!=e)//顺指针域向后扫描,直到 p 为空或 p 所指结点的数据域等于 e
        p=p->next;//p 指向下一个结点
    return p;//查找成功,返回值为 e 的结点地址 p;查找失败,p 为 NULL
}
Status Insert_List(LinkList &L,int i,Book &e){ //单链表的插入
    //在带头结点的单链表 L 中的第 i 个位置上插入值为 e 的新结点
    int j;
    LinkList p,s;
    p=L;
    j=0;
    while(p && j<i-1){
        p=p->next;
        ++j;
    }//查找第 i-1 个结点,p 指向该结点
    if(!p || j > i-1)
        return ERROR;//i>n+1 或 i<1
```

```
        s=new LNode;//生成新结点*s
        s- >data=e;//将新结点*s 的数据域置为 e
        s- >next=p- >next;//将新结点*s 的指针域指向第 i 个结点
        p- >next=s;//将结点*p 的指针域指向新结点*s
        ++length;
        return OK;
    }
    Status Delete_List(LinkList &L,int i){ //单链表的删除
        //在带头结点的单链表 L 中,删除第 i 个结点
        LinkList p,q;
        int j;
        p=L;
        j=0;
        while((p- >next)&&(j<i- 1))//查找第 i- 1 个结点,p 指向该结点
        {
            p=p- >next;
            ++j;
        }
        if(!(p- >next)||(j > i- 1))
            return ERROR;//当 i>n 或 i<1 时,删除位置不合理
        q=p- >next;//临时保存被删结点的地址以备释放
        p- >next=q- >next;//改变被删结点直接前驱结点的指针域
        delete q;//释放被删结点的存储空间
        - - length;
        return OK;
    }
    void Create_List_H(LinkList &L,int n){ //头插法创建单链表
        //逆位序输入 n 个数据元素的值,建立带头结点的单链表 L
        LinkList p;
        L=new LNode;
        L- >next=NULL;//先建立一个带头结点的空链表
        length=0;
        fstream file;
        file. open("book. txt");
        if(!file){
            cout<<"未找到相关文件,无法打开!"<<endl;
            exit(ERROR);
        }
        file >> head_1 >> head_2 >> head_3;
        while(!file. eof()){
            p=new LNode;//生成新结点*p
            file >> p- >data. id >> p- >data. name >> p- >data. price;//输入元素值赋给新结点*p 的数据
域
```

```
            p- >next=L- >next;
            L- >next=p;//将新结点*p插入头结点之后
            length++;//同时对链表长度进行统计
        }
        file. close();
    }
    void Create_List_R(LinkList &L,int n){ //尾插法创建单链表
        //正位序输入 n 个数据元素的值,建立带头结点的单链表 L
        LinkList p,r;
        L=new LNode;
        L- >next=NULL;//先建立一个带头结点的空链表
        r=L;//尾指针 r 指向头结点
        length=0;
        fstream file;//打开文件进行读写操作
        file. open("book. txt");
        if(!file){
            cout<<"未找到相关文件,无法打开!"<<endl;
            exit(ERROR);
        }
        file >> head_1 >> head_2 >> head_3;
        while(!file. eof()){ //将文件中的信息运用尾插法插入链表中
            p=new LNode;//生成新结点
            file >> p- >data. id >> p- >data. name >> p- >data. price;//输入元素值赋给新结点*p 的数
据域
            p- >next=NULL;
            r- >next=p;//将新结点*p插入尾结点*r 之后
            r=p;//r 指向新的尾结点*p
            length++;//同时对链表长度进行统计
        }
        file. close();
    }
```

![项目总结] 项目总结 ▶▶ ▶

　　线性表是一种最基本、最常用的数据结构。本项目介绍了线性表的定义、基本操作和线性表的两种存储结构——顺序存储结构和链式存储结构,以及各种基本操作在这两种存储结构上的实现方法。用顺序存储结构存储的线性表被称为顺序表,顺序表是用数组实现的;用链式存储结构存储的线性表被称为链表,链表是用指针实现的。链表又可按连接形式的不同区分为单链表、双向链表和循环链表。

　　在实际应用中,对线性表采用哪种存储结构,要视实际问题的要求而定,主要考虑求解算法的时间复杂度和空间复杂度。因此,建议读者熟练掌握在顺序表和链表上实现的各种基本操作及其时间和空间特性。例如,在实现图书信息管理系统时,若图书数据较多,

需要频繁地进行插入和删除操作，则宜采取链表表示；反之，若图书数据变化不大，很少进行插入和删除操作，则宜采取顺序表表示。

立德铸魂

链表起源于1955—1956年，由当时所属兰德公司(RAND Corporation)的艾伦·纽维尔(Allen Newell)、克里夫·肖(Cliff Shaw)和赫伯特·西蒙(Herbert Simon)在他们编写的信息处理语言(Information Processing Language，IPL)中作为原始数据类型所编写。IPL被他们用来开发几种早期的人工智能程序，包括逻辑推理机、通用问题解算器和一个计算机象棋程序。

链表是一种常见的基础数据结构，是一种线性表，也是一种物理存储单元上非连续、非顺序的存储结构。数据元素的逻辑顺序是通过链表中的指针链接次序实现的，链表并不会按线性的顺序存储数据。链表通常由一连串结点组成，每个结点包含任意的实例数据和一个或两个用来指向上一个或下一个结点位置的链接(Links)。在计算机科学中，链表作为一种基础的数据结构可以用来生成其他类型的数据结构。

链表最基本的结构是在每个结点存储数据信息和到下一个结点的地址信息，在最后一个结点存储数据信息和一个特殊的结束标记；另外在一个固定的位置存储指向第一个结点的指针，有时也会同时存储指向最后一个结点的指针，但是也可以提前把一个结点的位置存储起来，然后对其直接访问。当然如果只是访问数据就没必要了，不如在链表上存储指向实际数据的指针。这样一般是为了访问链表中的下一个或前一个结点。

链表的优势是可以克服数组需要预先知道数据大小的缺点，链表结构可以充分利用计算机内存空间，实现灵活的内存动态管理。常规数组排列关联项目的方式可能不同于这些数据项目在记忆体或磁盘上的顺序，数据的存取往往要在不同的排列顺序中转换。链表最明显的优点就是，它包含指向另一个相同类型的数据的指针(链接)，是一种自我指示数据类型，允许插入和移除表中任意位置上的结点。

链表的劣势：链表由于增加了结点的指针域，所以空间开销比较大；另外，链表失去了数组随机读取的优点，一般查找一个结点的时候需要从第一个结点开始每次访问下一个结点，一直访问到需要的位置。

项目 3
栈和队列

▶▶ ▶

🚗 项目导读 ▶▶ ▶

栈和队列是两种特殊的线性表，其特殊性在于它们的插入和删除操作的位置受到限制，若插入和删除操作只允许在线性表的一端进行，则该线性表为栈；若插入和删除操作分别在线性表的两端进行，则该线性表为队列。因此，栈的特点是后进先出，队列的特点是先进先出。

本项目将基于栈和队列的特点，讨论栈和队列的定义、表示方法和实现，并将栈和队列结构分别应用于表达式中括号匹配和学生舞会舞伴配对系统设计项目中。

(1) 设计算法，实现栈的基本操作。

(2) 输入"5 * [b-(c+d)]#"待匹配括号的算术表达式，利用链栈判断匹配结果。

(3) 设计算法，实现队列的基本操作。

(4) 设计算法，实现学生舞会舞伴配对系统设计。

🚗 项目目标 ▶▶ ▶

知识目标	(1) 掌握栈和队列的定义。 (2) 掌握栈和队列的基本操作
技能目标	(1) 掌握栈的定义以及在两种存储结构上实现栈的基本操作的方法。 (2) 掌握队列的定义以及在两种存储结构上实现队列的基本操作的方法。 (3) 理解栈在递归算法执行过程中的作用。 (4) 掌握栈和队列的特点，并能在实际应用中正确选用合适的结构
素养目标	树立规章意识、纪律意识，维护公共秩序，尊重社会公德，树立正确的思想观念

思维导图 ▶▶ ▶

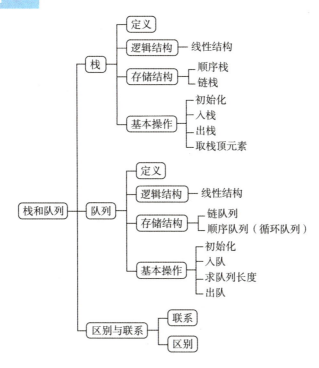

 知识解析 ▶▶ ▶

　　检验括号是否匹配问题中，对左括号来说，后出现的比先出现的优先等待检验；对右括号来说，每个出现的右括号要去找在它之前最后出现的那个左括号去匹配。显然，必须将先后出现的左括号依次保存，为了反映这个优先程度，保存左括号的结构用栈来表示最合适。

　　在学生舞会舞伴配对系统设计中，男生和女生需分成两组，按照先进入舞池先配对的原则依次进行舞伴配对，这符合队列的存储结构及操作实现。

任务3.1　栈

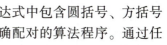

　　任务描述：解决表达式中括号匹配问题。假设一个算术表达式中包含圆括号、方括号和花括号3种类型的括号，编写一个判别表达式中括号是否正确配对的算法程序。通过任务3.1的学习，掌握栈的存储结构及基本操作的实现，完成表达式中括号匹配问题的设计实现。

　　任务实施：知识解析。

▶▶| 3.1.1　栈的定义和特点 ▶▶▶

　　栈(Stack)是限定仅在表的一端进行插入或删除操作的线性表。通常称允许插入、删除的这一端为栈顶(top)，相应地，另一端被称为栈底(buttom)。不含元素的栈被称为空栈。向栈中插入新元素的过程被称为进栈、入栈或压栈，即将该元素放到栈顶元素的上面，使其成为新的栈顶元素；从栈中删除元素的过程被称为出栈、退栈或弹栈，即将栈顶元素删除，其下面的相邻元素成为新的栈顶元素。

假设栈 $S = (a_1, a_2, \cdots, a_n)$，则称 a_1 为栈底元素，a_n 为栈顶元素，如图 3-1 所示。栈中元素按照 $a_1, a_2, \cdots, a_n$ 的顺序进栈，即后进栈的元素先出栈。因此，栈又称后进先出(Last In First Out，LIFO)的线性表。

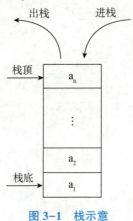

图 3-1　栈示意

▶▶▶| 3.1.2　顺序栈的表示和操作实现 ▶▶ ▶

由于栈是运算受限的线性表，所以线性表的顺序存储结构和链式存储结构对栈都是适用的，只是二者的运算不同。采用顺序存储结构的栈被称为顺序栈，采用链式存储结构的栈被称为链栈。

顺序栈，即栈的顺序存储结构。它是指利用一组地址连续的存储单元依次存放自栈底到栈顶的数据元素。在高级语言中，通常以一个固定大小的一维数组来表示顺序栈，其优点是用任何语言处理都相当方便；但缺点是数组的大小一般是固定的，而栈本身是变化的，如果进、出栈的数据元素个数无法预知，就很难声明数组的大小，若数组声明得太大易造成内存资源的浪费，声明得太小易造成栈不够用。

顺序栈的存储结构描述如下：

```
/*-----顺序栈的存储结构-----*/
#define MAXSIZE 100
typedef struct
{
    ElemType *base;
    ElemType *top;
    int stacksize;
}SqStack;
```

在顺序栈中，通常将数组下标为 0 的一端设为栈底，base 为栈底指针，初始化完成后，栈底指针 base 始终指向栈底的位置，若 base 的值为 NULL，则表明栈结构不存在。top 为栈顶指针，其初值指向栈底。每当插入新的栈顶元素时，指针 top 加 1；删除栈顶元素时，指针 top 减 1。因此，栈空时，top 和 base 的值相等，都指向栈底；栈非空时，top 始终指向栈顶元素的上一个位置。stacksize 指示栈可使用的最大容量，下面算法的初始化操作为顺序栈动态分配一个 MAXSIZE 大小的数组空间，将 stacksize 置为 MAXSIZE。

顺序栈的部分操作实现如下。

1. 初始化 Init_Stack（SqStack &S）

顺序栈的初始化操作就是为顺序栈动态分配一个预定义大小的数组空间。

【算法步骤】

（1）为顺序栈动态分配一个最大容量为 MAXSIZE 的数组空间，使栈底指针 base 指向这个空间的基地址，即栈底。

（2）栈顶指针 top 初始化为 base，表示栈为空。

（3）stacksize 置为栈的最大容量 MAXSIZE。

【算法代码】

```
Status Init_Stack(SqStack &S)
{  /*创建一个空栈 S*/
    S. base=new ElemType[MAXSIZE];      /*为顺序栈动态分配一个数组空间*/
    if(!S. base)
        exit(OVERFLOW));                /*存储分配失败*/
    S. top=S. base;                     /*top 初始化为 base,表示空栈*/
    S. stacksize=MAXSIZE;               /* stacksize 置为栈的最大容量 MAXSIZE */
    return OK;
}
```

2. 入栈 Push_Stack（SqStack &S，ElemType e）

顺序栈的入栈操作是指在栈顶插入一个新的元素。

【算法步骤】

（1）判断栈是否满，若满则返回 ERROR。

（2）将新元素压入栈顶，栈顶指针加 1。

【算法代码】

```
Status Push_Stack(SqStack &S,ElemType e)
{  /*插入元素 e 为新的栈顶元素*/
    if(S. top- S. base==S. stacksize)
        return ERROR;                   /*栈满*/
    *S. top++=e;                        /*元素 e 入栈,栈顶指针加 1*/
    return OK;
}
```

3. 出栈 Pop_Stack（SqStack &S，ElemType &e）

顺序栈的出栈操作是指将栈顶元素删除。

【算法步骤】

（1）判断栈是否为空，若为空则返回 ERROR。

（2）栈顶指针减 1，栈顶元素出栈。

【算法代码】

```
Status Pop_Stack(SqStack &S,ElemType &e)
{   /*删除 S 的栈顶元素,用 e 返回其值*/
    if(S. top= =S. base)
        return ERROR;                  /*栈空*/
    e=*- - S. top;                     /*栈顶指针减1,将栈顶元素赋值给 e*/
    return OK;
}
```

4. 取栈顶元素 GetTop_Stack(SqStack S)

当栈非空时，返回当前栈顶元素的值，栈顶指针保持不变。

【算法代码】

```
ElemType GetTop_Stack(SqStack S)
{   /*返回 S 的栈顶元素*/
    if(S. top! =S. base)               /*栈非空*/
        return *(S. top- 1);           /*返回栈顶元素的值,栈顶指针不变*/
}
```

▶▶▶ 3.1.3 链栈的表示和操作实现 ▶▶▶

链栈，即栈的链式存储结构，如图 3-2 所示。链栈通常使用不带头结点的单链表来表示，因此其结点结构与单链表的结点结构相同。

在一个链栈中，栈底就是链表的最后一个结点，而栈顶总是链表的第一个结点。因此，新入栈的元素即链表中新的第一个结点。一个链栈可由栈顶指针唯一确定，当栈顶指针为 NULL 时，其是一个空栈。

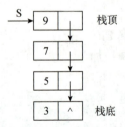

图 3-2 链栈示意

链栈的存储结构描述如下：

```
/*- - - - -链栈的存储结构- - - - -*/
typedef struct StackNode
{
    ElemType data;
    struct StackNode *next;
}StackNode, *LinkStack;
```

由于栈的主要操作是在栈顶插入和删除，显然以链表的头部作为栈顶是最方便的，而且没有必要像单链表那样为了操作方便附加一个头结点。

1. 初始化 Init_LinkStack(LinkStack &S)

链栈的初始化操作就是构造一个没有头结点的空栈，即将栈顶指针置空。

【算法步骤】

(1)将栈顶指针置空。

(2)返回 OK。

【算法代码】

```
Status Init_LinkStack(LinkStack &S)
{   /*创建一个空栈 S,栈顶指针置空*/
    S=NULL;
    return OK;
}
```

2. 入栈 Push_LinkStack(LinkStack &S，ElemType e)

与顺序栈的入栈操作不同，链栈在入栈前不需要判断栈是否满，只需要为入栈元素动态分配一个结点空间。

【算法步骤】

(1)为入栈元素 e 分配结点空间，指针 p 指向元素 e。

(2)将新结点数据域置为 e。

(3)将新结点插入栈顶。

(4)修改栈顶指针为 p。

【算法代码】

```
Status Push_LinkStack(LinkStack &S,ElemType e)
{   /*在栈顶插入元素 e*/
    p=new StackNode;              /*生成新结点 p*/
    p->data=e;                    /*将新结点数据域置为 e */
    p->next=S;                    /*将新结点插入栈顶 */
    S=p;                          /*修改栈顶指针为 p */
    return OK;
}
```

3. 出栈 Pop_LinkStack(LinkStack &S，ElemType &e)

与顺序栈相同，链栈在出栈前也需要判断栈是否为空，不同的是链栈在出栈后需要释放栈元素的存储空间。

【算法步骤】

(1)判断栈是否为空，若为空则返回 ERROR。

(2)将栈顶元素赋给 e。

(3)临时保存栈顶元素的存储空间，以备释放。

(4)修改栈顶指针，指向新的栈顶元素。

(5)释放原栈顶元素的存储空间。

【算法代码】

```
Status Pop_LinkStack(LinkStack &S,ElemType &e)
{   /*删除 S 的栈顶元素,用 e 返回其值*/
    if(S==NULL)
        return ERROR;              /*栈空*/
    e=S->data;                     /*将栈顶元素赋给 e*/
    p=S;                           /*将栈顶元素保持在 p 中*/
    S=S->next;                     /*修改栈顶指针*/
    delete p;                      /*释放原栈顶元素的存储空间*/
    return OK;
}
```

4. 取栈顶元素 GetTop_LinkStack(LinkStack S)

与顺序栈一样,当栈非空时,返回当前栈顶元素的值,栈顶指针保持不变。

【算法步骤】

(1)判断栈是否为空。

(2)若栈非空,返回栈顶元素的值。

【算法代码】

```
ElemTypeGetTop_LinkStack(LinkStack S)
{   /*返回栈 S 的栈顶元素,不修改栈顶指针*/
    if(S!=NULL)                    /*判断栈是否为空*/
        return S->data;            /*返回栈顶元素的值*/
}
```

▶▶▶ 3.1.4 栈与递归 ▶▶▶

递归是程序设计中一种非常重要的方法。它的优点是逻辑性强、结构清晰且算法的正确性易于证明。递归设计先要确定求解问题的递归模型,了解递归算法的执行过程,然后在此基础上进行递归程序设计,同时要掌握从递归算法到非递归算法的转换过程。

计算机在执行递归算法时,是通过栈来实现的。在一层层的递归调用时,系统自动将其返回地址和处在每一调用层的变量数据一一记下并入栈。返回时,它们一一出栈并且被使用。

虽然递归算法简明精练,但运行效率较低,时空开销较大,并且有些高级语言没有提供递归调用的语句及功能。因此,在实际应用中往往会使用非递归算法。为了提高程序设计的能力,有必要进行由递归算法到非递归算法的基本训练。

递归算法是借助栈来实现的,设计非递归算法也时常需要人为地设置一个栈来实现。

例如,阶乘函数定义为

$$n! = \begin{cases} 1, & n=0 \\ n(n-1)!, & n \geq 1 \end{cases}$$

对于要解决这种本身属于递归定义的问题,使用递归算法比较合适。当主调函数的调用参数 n=3 时,递归算法的执行过程如图 3-3 所示。

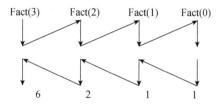

图 3-3 n=3 时,递归算法的执行过程

在图 3-3 中,依次调用函数 Fact(3)、Fact(2)、Fact(1)、Fact(0),最后被调用的函数 Fact(0)最先返回,最先被调用的函数 Fact(3)最后返回,并且依次调用的都是同一个函数 Fact(),这样的执行次序和栈的特点相同。高级语言的编译系统就是利用栈来实现图 3-3 的执行过程的。具体方法是:设置一个被称为工作栈的栈,用来存放各递归函数调用的参数、临时变量和返回地址等。每次递归调用时,系统都自动把新的函数调用的参数、临时变量和返回地址保存在栈的当前栈顶位置。每次函数返回时,系统都自动执行一次出栈,按栈顶指示返回。这样,这个栈的当前栈顶位置存放的总是当前正在计算的函数的参数和临时变量,从而保证了递归函数的正确执行。图 3-4 表示了递归调用时工作栈的状态变化情况,其中 r 为每次调用后的返回地址。

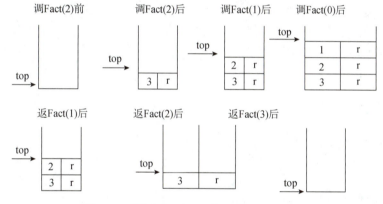

图 3-4 递归调用时工作栈的状态变化情况

【算法代码】

```
long Fact(int n)
{
    if(n==0)
        return 1;                    /*递归终止的条件*/
    else
        n*Fact(n-1);                 /*递归步骤*/
}
```

【实战演练】

检验算法借助一个栈,每当读入一个左括号,则直接入栈,等待相匹配的同类右括号;每当读入一个右括号,若与当前栈顶的左括号类型相同,则二者匹配,将栈顶的左括号出栈,直到表达式扫描完毕。

在处理过程中,还要考虑括号不匹配出错的情况。例如,当出现(( )[ ]))这种情况时,由于前面入栈的左括号均已和后面出现的右括号相匹配,栈已空,所以最后扫描的右括号不能得到匹配；出现［（［］）这种错误，当表达式扫描结束时，栈中还有一个左括号没有匹配；出现（（）］这种错误显然是栈顶的左括号和最后的右括号不匹配。

【完整的代码】

```
/***链栈实现括号匹配***/
#include<iostream>
using namespace std;
#define OK 1
#define ERROR 0
#define OVERFLOW - 2
typedef char SElemType;
typedef int Status;
typedef struct SNode {
    int data;
    struct SNode *next;
} SNode, *LinkStack;
Status Init_ LinkStack(LinkStack &S){
    S=NULL;
    return OK;
}
bool StackEmpty(LinkStack S){
    if(!S)
        return true;
    return false;
}
Status Push_ LinkStack(LinkStack &S,SElemType e){
    SNode *p=new SNode;
    if(!p){
        return OVERFLOW;
    }
    p- >data=e;
    p- >next=S;
    S=p;
    return OK;
}
Status Pop_ LinkStack(LinkStack &S,SElemType &e){
    SNode *p;
    if(!S)
        return ERROR;
    e=S- >data;
    p=S;
    S=S- >next;
    delete p;
    return OK;
}
```

```
Status GetTop_LinkStack(LinkStack S){
    if(!S)
        return ERROR;
    return S->data;
}
//算法3-1  括号的匹配
Status Matching(){//检验表达式中所含括号是否匹配正确,若匹配正确,则返回true,否则返回false
    //表达式以"#"结束
    char ch;
    SElemType x;
    LinkStack S;
    InitStack(S);//初始化
    int flag=1;//标记匹配结果以控制循环及返回结果
    cin >> ch;//读入第一个字符
    while(ch!='#'&& flag)//假设表达式以"#"结尾
    {
        switch(ch){
            case '[':
            case '(://若是"("则将其压入栈
            Push(S,ch);
            break;
            case ')'://若是")",则根据当前栈顶元素的值分情况考虑
            if(!StackEmpty(S)&& GetTop(S)=='(')
                Pop(S,x);//若栈非空且栈顶元素是"(",则匹配正确
            else
                flag=0;//若栈空或栈顶元素不是"(",则匹配错误
            break;
            case ']'://若是"]",则根据当前栈顶元素的值分情况考虑
            if(!StackEmpty(S)&& GetTop(S)=='[')
                Pop(S,x);//若栈非空且栈顶元素是"[",则匹配正确
            else
                flag=0;//若栈空或栈顶元素不是"[",则匹配错误
            break;
        } //switch
        cin >> ch;//继续读入下一个字符
    } //while
    if(StackEmpty(S)&& flag)
        return true;//匹配成功
    else
        return false;//匹配失败
}
int main(){
    LinkStack S;
    cout<<"请输入待匹配的表达式,以"#"结束:"<<endl;
```

```
        int flag=(int)Matching();
        if(flag)
                cout<<"括号匹配成功!"<<endl;
        else
                cout<<"括号匹配失败!"<<endl;
        return 0;
    }
```

 # 任务 3.2　队　列

任务描述：完成学生舞会舞伴配对系统设计。假设在学生舞会上，男生和女生进入现场时，各自排成一队。跳舞开始时，依次从男队和女队的队头各出一人配成舞伴。若两队初始人数不相同，则较长的那一队中未配对者等待下一轮舞曲。

通过任务 3.2 的学习，掌握队列的存储结构及基本操作的实现，设计算法模拟上述学生舞会舞伴配对系统。

任务实施：知识解析。

▶▶▶ 3.2.1　队列的定义和特点 ▶▶▶

队列（Queue）和栈一样，也是一种操作受限制的线性表。其所有的插入操作均限定在表的一端进行，该端被称为队尾（rear）；所有的删除操作则限定在表的另一端进行，该端被称为队头（front）。队列的插入和删除操作分别被称为入队和出队。

图 3-5 所示是队列 Q=(a_1，a_2，…，a_n)的示意图，其中 a_1 是队头元素，a_n 是队尾元素。队列中的元素是按照 a_1，a_2，…，a_n 的顺序入队的，出队时也只能按照这个顺序出队。也就是说，只有在 a_1，a_2，…，a_{n-1} 都离开队列之后 a_n 才能出队，所以队列具有先进先出（First In First Out，FIFO）的特性。队列中元素的个数 n 被称为队列的长度。当队列中没有元素时称该队列为空队列。举一个日常生活中的例子，队列就好比正在排队买票的队伍，要买票的人都依序排在队伍的后面，此即队尾；而最先到的人排在队伍的前面，可以先买到票，买完后就从前面离开队伍，此即队头。队列在程序设计中也经常出现。一个最典型的例子就是操作系统中的作业排队。在允许多道程序运行的计算机系统中，同时有几个作业正在运行。如果运行的结果都需要通过通道输出，那么就要按请求输出的先后次序排队。每当通道传输完毕可以接受新的输出任务时，队头的作业先从队列中退出进行输出操作。凡是申请输入的作业都从队尾进入队列，故队列可用图 3-5 来表示。

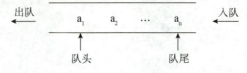

图 3-5　队列示意

▶▶▶ 3.2.2　顺序队列和循环队列 ▶▶▶

利用一组连续的存储单元（一维数组）依次存放从队头到队尾的各个元素，称为顺序队列。由于随着入队和出队操作的变化，队列的队头和队尾的位置是变动的，所以设置两个整型变量 front 和 rear 分别指示队头和队尾在数组空间中的位置，它们的初值在队列初始化时均应置为 0。通常称 front 为头指针，rear 为尾指针。其类型描述如下：

```
//- - - - - 顺序队列的存储结构- - - - -
#define MAXSIZE 100//顺序队列的最大容量
typedef struct
{
    QElemType *base;
    int front,rear;//队头、队尾指针
}SqQueue;
```

为了描述方便，我们约定：初始化队列时，令 front＝rear＝0；插入一个元素时，尾指针加 1；删除一个元素时，头指针加 1。因此，头指针始终指向队头元素，而尾指针始终指向队尾元素的下一个位置。当然，也可以约定：头指针始终指向队头元素，而尾指针始终指向队尾元素。下面的例子均采用第一种约定。

设队列的大小为 7（即 MAXSIZE＝7），且一开始为空队列，如图 3-6 所示，front 和 rear 均为 0。也就是说，当 front＝rear 时队列为空队列。

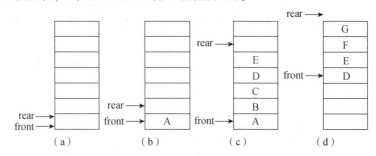

图3-6　队列指针和队中元素的关系

（a）front＝rear＝0；（b）front＝0，rear＝1；（c）front＝0，rear＝5；（d）front＝3，rear＝7

当 rear＝MAXSIZE 时，队列已经无法再插入元素了，但是实际上前面还有空的位置可供元素插入。由于尾指针已超出数组空间的上界而不能进行入队操作，但队列的可用空间并未占满，通常将该现象称为假溢出。这种现象致使被删除元素的空间无法重新利用。

为充分利用数组空间，克服上述"假溢出"现象，可以将队列空间看作一个首尾相接的圆环，并称这种队列为循环队列（Circular Queue）。

在循环队列中进行出队、入队操作时，头、尾指针仍要加 1。只不过当头、尾指针指向数组上界（MAXSIZE-1）时，其加 1 操作的结果是指向下界 0。这种循环意义下的加 1 操作可以利用取模运算实现：

```
front＝(front+1)% MAXSIZE;
rear＝(rear+1)% MAXSIZE;
```

如图 3-7（a）所示，若相继插入数据元素 H 和 I，则队列已满，此时 front＝rear，所以只凭等式"front＝＝rear"无法判断队列是空还是满。可以有以下两种处理这一问题的方法。

第一种方法是允许队列最多只能存放 MAXSIZE-1 个元素，也就是牺牲数组的最后一个空间来避免无法分辨空队列或满队列的问题，如图 3-7（b）所示。因此，当指针 rear 的

下一个位置是 front 时，就认定队列已满，无法再让元素插入。下面即使用这种方式，此时队空的条件是"front==rear"，队满的条件是"（rear+1）%MAXSIZE==front"。

第二种方法是另设一标志变量 flag 以区别队列的空和满。例如，当等式"front==rear"成立，且 flag 为 0 时表示队列空，而 flag 为 1 时表示队列满。当发生了 front=rear 时，就去看 flag 标记变量是 0 还是 1，这样就可以知道队列目前是空的还是满的。

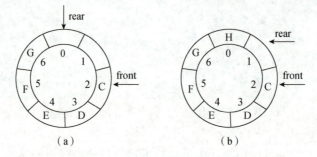

图 3-7 循环队列基本操作实现
（a）已插入 5 个元素；（b）插入第 6 个元素

1. 循环队列的初始化 Init_Queue（SqQueue &Q）

循环队列的初始化操作是指动态分配一个预定义大小为 MAXQSIZE 的数组空间。

【算法步骤】

（1）为队列分配一个最大容量为 MAXQSIZE 的数组空间，base 指向数组的首地址。

（2）头、尾指针置为 0，表示队列为空。

【算法代码】

```
Status Init_Queue(SqQueue &Q)
{
    Q. base=new QElemType[MAXQSIZE];      /*为队列分配一个最大容量为 MAXQSIZE 的数组空间*/
    if(!Q. base)
        exit(OVERFLOW);                    /*存储空间分配失败*/
    Q. front=Q. rear=0;                    /*头指针和尾指针置为零,队列为空*/
    return OK;
}
```

2. 求循环队列的长度 Length_Queue（SqQueue Q）

对于非循环队列，尾指针和头指针的差值便是队列的长度，而对于循环队列，二者的差值可能为负数，所以需要将差值加上 MAXQSIZE，然后与 MAXQSIZE 求余。

【算法步骤】

返回队列的长度。

【算法代码】

```
int Length_Queue(SqQueue Q)
{
    return(Q. rear- Q. front+MAXQSIZE)% MAXQSIZE;   /*返回 Q 的元素个数,即队列的长度*/
}
```

3. 循环队列的入队 EnQueue(SqQueue &Q，QElemType e)

循环队列的入队操作是指在队尾插入一个新元素。

【算法步骤】

(1)判断队列是否满，若满则返回 ERROR。

(2)将新元素插入队尾。

(3)队尾指针加1。

【算法代码】

```
Status EnQueue(SqQueue &Q,QElemType e)
{
    if((Q. rear+1)% MAXQSIZE==Q. front)    /*尾指针在循环意义上加1后等于头指针,表明队满*/
        return ERROR;
    Q. base[Q. rear]=e;                     /*将新元素插入队尾*/
    Q. rear=(Q. rear+1)% MAXQSIZE;          /*尾指针加 1*/
    return OK;

}
```

4. 循环队列的出队 DeQueue(SqQueue &Q，QElemType &e)

循环队列的出队操作是指在队头删除一个元素，并保存在 e 中。

【算法步骤】

(1)判断队列是否为空，若为空则返回 ERROR。

(2)保存队头元素。

(3)队头指针加1。

【算法代码】

```
Status DeQueue(SqQueue &Q,QElemType &e)
{
    if(Q. front==Q. rear)
        return ERROR;                       /*队空*/
    e=Q. base[Q. front];                    /*保存队头元素*/
    Q. front=(Q. front+1)% MAXQSIZE;        /*头指针加 1*/
    return OK;

}
```

▶▶▶ 3.2.3 链队列 ▶▶ ▶

链队列，即队列的链式存储结构。它是仅在表头删除和表尾插入的单链表，因此，一个链队列需要设置两个分别指示队头元素和队尾元素的指针。为了操作方便，给链队列添加一个头结点，并令头指针指向头结点。因此，空的链队列的判决条件为头指针和尾指针均指向头结点，如图 3-8 所示。

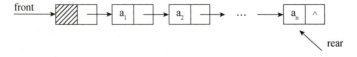

图 3-8　链队列示意

链队列的存储结构描述如下：

```
/*-----链队列的存储结构-----*/
typedef struct QNode
{
    QElemType data;
    struct QNode *next;
}QNode, *QueuePtr;
typedef struct
{
    QueuePtr front,rear;
)LinkQueue;
```

链队列的插入和删除为单链表插入和删除的特殊情况，只需修改尾指针或头指针。链队列基本操作的实现如下。

1. 链队列的初始化 Init_LinkQueue（LinkQueue &Q）

链队列的初始化操作是指构造一个只有一个头结点的空队列。

【算法步骤】

（1）生成新结点作为头结点，头、尾指针均指向此结点。

（2）头结点的指针域置空。

【算法代码】

```
Status Init_LinkQueue(LinkQueue &Q)
{
    Q. front=Q. rear=new QNode;     /*生成新结点作为头结点,头、尾指针均指向此结点*/
    Q. front- >next=NULL;           /*头结点的指针域置空*/
    return OK;
}
```

2. 链队列的入队 EnQueue（LinkQueue &Q，QElemType e）

链队列的入队操作是指在队尾插入新的元素。

【算法步骤】

（1）为入队元素分配结点空间，用指针 p 指向。

（2）将新结点数据域置为 e。

（3）将新结点插入队尾。

（4）修改队尾指针为 p。

【算法代码】

```
Status EnQueue(LinkQueue &Q,QElemType e)
{
    p=new QNode;                    /*为入队元素分配结点空间,用指针 p 指向*/
    p- >data=e;                     /*将新结点数据域置为 e*/
    p- >next=NULL;
    Q. rear- >next=p;               /*将新结点插入队尾*/
```

```
        Q. rear=p;                          /*修改队尾指针*/
        return OK;
    }
```

3. 链队列的出队 DeQueue(LinkQueue &Q，QElemType &e)

和循环队列一样，链队列在出队前也需要判断队列是否为空，不同的是，链队列在出队后需要释放队头元素所占的存储空间。

【算法步骤】

（1）判断队列是否为空，若为空则返回 ERROR。

（2）临时保存队头元素的存储空间，以备释放。

（3）修改头指针，指向下一个结点。

（4）判断出队元素是否为最后一个元素，若是，则将尾指针重新赋值，指向头结点。

（5）释放原队头元素的存储空间。

【算法代码】

```
Status DeQueue(LinkQueue &Q,QElemType &e)
{
    if(Q. front==Q. rear)
    return ERROR;                           /*队列为空*/
    p=Q. front->next;                       /*p 指向队头元素*/
    e=p->data;                              /*e 保存队头元素的值*/
    Q. front->next=p->next;                 /*修改头指针*/
    if(Q. rear==p)
        Q. rear=Q. front;                   /*最后一个元素被删除,尾指针指向头结点*/
    delete p;                               /*释放原队头元素的存储空间*/
    return OK;
}
```

需要注意的是，在链队列进行出队操作时还要考虑当队列中最后一个元素被删除后，尾指针也丢失了，因此需对尾指针重新赋值（指向头结点）。

【实战演练】

先入队的男生或女生亦先出队配成舞伴。该问题具有典型的先进先出特性，可用队列解决此问题。利用循环队列的顺序存储结构实现学生舞会舞伴配对系统设计，将男生和女生信息存放在一个数组中，然后按照性别分别入男队和女队，通过分别将队头元素出队来进行舞伴配对，剩余的舞者下一轮再跳，保证了时间上的均衡。

【完整的代码】

```
#include"stdio. h"
#include<iostream>
#include<fstream>
#include<string>
#define MAXQSIZE 100//队列可能达到的最大长度
#define OK 1
#define ERROR 0
#define OVERFLOW - 2
```

```
using namespace std;
typedef struct {
    char name[20];                              //姓名
    char sex;                                   //性别,'F'表示女性,'M'表示男性
} Person;
//-----队列的顺序存储结构-----
typedef struct {
    Person *base;                               //队列中数据元素类型为 Person
    int front;                                  //头指针
    int rear;                                   //尾指针
} SqQueue;
SqQueue Mdancers,Fdancers;                      //分别存放男生和女生入队者队列
int Init_Queue(SqQueue &Q){                     //创建一个空队列 Q
    Q. base=new Person[MAXQSIZE];               //为队列分配一个最大容量为 MAXQSIZE 的数组空间
    if(!Q. base)
        exit(OVERFLOW);                         //存储分配失败
    Q. front=Q. rear=0;                         //头指针和尾指针置为零,队列为空
    return OK;
}
int EnQueue(SqQueue &Q,Person e){               //插入元素 e 为 Q 的新的队尾元素
    if((Q. rear+1)% MAXQSIZE==Q. front)        //尾指针在循环意义上加1后等于头指针,表明队满
        return ERROR;
    Q. base[Q. rear]=e;                         //新元素插入队尾
    Q. rear=(Q. rear+1)% MAXQSIZE;             //尾指针加 1
    return OK;
}
int QueueEmpty(SqQueue &Q){
    if(Q. front==Q. rear)                       //队空
        return OK;
    else
        return ERROR;
}
int DeQueue(SqQueue &Q,Person &e)               //删除 Q 的队头元素,用 e 返回其值
{
    if(Q. front==Q. rear)
        return ERROR;                           //队空
    e=Q. base[Q. front];                        //保存队头元素
    Q. front=(Q. front+1)% MAXQSIZE;           //头指针加 1
    return OK;
}
Person GetHead(SqQueue Q){                      //返回 Q 的队头元素,不修改头指针
    if(Q. front!=Q. rear)                       //队列非空
        return Q. base[Q. front];               //返回队头元素的值,头指针不变
```

```
        }
        void DancePartner(Person dancer[],int num){      //结构数组 dancer 中存放跳舞的男女,num 是跳舞的
人数
            Init_ Queue(Mdancers);                //男生队列初始化
            Init_ Queue(Fdancers);                //女生队列初始化
            Person p;
            for(int i=0;i<num;i++)                //依次将跳舞者根据其性别入队
            {
                p=dancer[i];
                if(p. sex=='F')
                    EnQueue(Fdancers,p);          //插入女队
                else
                    EnQueue(Mdancers,p);          //插入男队
            }
            cout<<"The dancing partners are:"<<endl;
            while(!QueueEmpty(Fdancers)&&!QueueEmpty(Mdancers)){//依次输出男女舞伴的姓名
                DeQueue(Fdancers,p);              //女生出队
                cout<<p. name<<"   ";             //输出出队女生姓名
                DeQueue(Mdancers,p);              //男生出队
                cout<<p. name<<endl;              //输出出队男生姓名
            }
            if(!QueueEmpty(Fdancers)){            //女生队列非空,输出队头女生的姓名
                p=GetHead(Fdancers);              //取女生队头
                cout<<"The first man to get a partner is:"<<endl;
                cout<<p. name<<endl;
            } else if(!QueueEmpty(Mdancers)){     //男生队列非空,输出队头男生的姓名
                p=GetHead(Mdancers);              //取男生队头
                cout<<"The first woman to get a partner is:"<<p. name<<endl;
            }
        }
        Person dancer[MAXQSIZE];
        int main(){
            int i=0;
            fstream file;
            file. open("DancePartner. txt");
            if(!file){
                cout<<"错误! 未找到文件! \n\n"<<endl;
                exit(ERROR);
            }
            while(!file. eof()){
                file >> dancer[i]. name >> dancer[i]. sex;
                i++;
            }
```

```
            DancePartner(dancer,i+1);
            return 0;
        }
```

项目总结 ▶▶ ▶

本项目主要讨论了两种运算受限的线性表(栈和队列),同时给出了它们的基本概念、存储结构以及基本操作的实现,并通过例子的讨论来加深对栈和队列的理解。

对于栈来说,它的插入和删除都是在线性表的同一端进行的。它的存储结构有两种:顺序存储和链式存储。请注意顺序存储结构时的栈空和栈满的判断条件,出栈之前要判断栈是否为空,入栈之前要判断栈是否满。

对于队列来说,它的插入是在表的一端进行的,而删除却在表的另一端进行。它的存储结构也有两种:顺序存储和链式存储。在使用顺序存储结构时,为了能够重复利用有限的存储空间,提出了循环队列,应注意循环队列队空和队满的判断条件。

本项目通过解决括号匹配的检验及学生舞会舞伴配对问题,加深读者对栈和队列的应用理解,建议读者掌握。

立德铸魂 ▶▶ ▶

艾伦·麦席森·图灵(Alan Mathison Turing,1912年6月23日—1954年6月7日),英国数学家、逻辑学家,被称为计算机科学之父、人工智能之父。1931年,图灵进入剑桥大学国王学院学习,毕业后到美国普林斯顿大学攻读博士学位,第二次世界大战爆发后回到剑桥,后曾协助军方破解德国的著名密码系统Enigma,帮助盟军取得了二战的胜利。

图灵的主要成就有以下几个。

(1)可计算性理论。图灵给计算下了一个完全确定的定义,而且第一次把计算和自动机联系起来,对后世产生了巨大的影响,这种"自动机"后来被人们称为"图灵机"。

(2)判定问题。图灵用他的方法解决了著名的希尔伯特判定问题和"半群的字的问题"。

(3)电子计算机。图灵的自动计算机采用了二进制,以"内存储存程序以运行计算机"打破了那个时代的旧有概念。

(4)人工智能。图灵的机器智能思想是人工智能的直接起源之一,它们如今仍然是人工智能的主要思想之一。

(5)数理生物学。图灵关于数理生物学主要的兴趣是斐波那契序列,即存在于植物结构中的斐波那契数。他应用了反应-扩散公式,该公式如今已经成为图案形成范畴的核心。

(6)图灵试验。图灵在对人工智能的研究中,提出了一个被称为"图灵试验"的实验,尝试制定出一个决定机器是否有感觉的标准。

项目 4
串、数组和广义表

 项目导读 ▶▶ ▶

　　字符串(string，简称串)是由字符组成的有限序列，它是计算机中常用的一种非数值型的数据。从逻辑结构来看，串是一种特殊的线性表，其特殊性表现在每个数据都是一个字符，这种特殊性使其存储结构和运算与线性表存在一定的差异。串的各种操作与线性表不同。

　　数组和广义表可以看作线性表的一种扩充，即线性表的数据元素自身又是一个数据结构。

　　本项目将基于串、数组和广义表的应用，实现信息的加密与解密、数组的应用项目。

　　(1)设计算法，实现串的定义及基本操作。

　　(2)设计算法，实现信息的加密与解密。

　　(3)设计算法，实现数组的定义及基本操作。

　　(4)设计算法，实现数组的转置及基本运算。

 项目目标 ▶▶ ▶

知识目标	(1)了解串的定义、存储结构及基本操作。 (2)了解多维数组、矩阵的概念、存储结构及相应算法。 (3)了解广义表的概念和存储结构以及相应的算法
技能目标	(1)掌握在串的定长顺序存储结构上实现串的各种运算方法。 (2)掌握稀疏矩阵的转置运算，了解相应的算法描述。 (3)掌握广义表的定义及其头尾链式存储结构，以及了解求广义表的长度、深度的方法
素养目标	培养家国情怀和科技报国的社会责任感，通过了解我国古今算法，增强民族自豪感

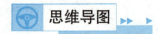思维导图

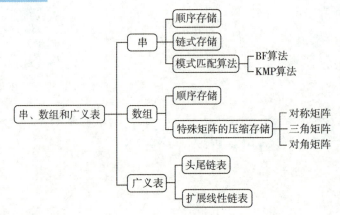

知识解析

在早期的程序设计语言中，串是作为输入和输出常量出现的。随着计算机应用的发展，在越来越多的程序设计语言中，串也可作为一种变量类型出现，并产生了一系列对串的操作。信息检索系统、文字编辑系统、问答系统以及自然语言的翻译系统等，都是以串数据作为处理对象的。

数组和广义表可以看作线性表的一种扩充。高级语言都支持数组，本项目介绍数组的使用，重点介绍数组的内部实现，并介绍对于一些特殊的二维数组如何实现压缩存储；最后介绍广义表的基本概念和存储结构。

任务4.1　串

任务描述：某公司为保证一些重要信息不外泄，需要编写加密/解密程序使信息加密存放。我们可以用事无给定的密码对照表进行加密；等要查看信息时，再按照密码对照表将其解密并输出。编写程序，实现图4-1所示的结果。

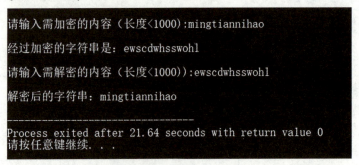

图4-1　信息的加密/解密

任务实施：知识解析。

▶▶▶ 4.1.1　串的定义 ▶▶▶

在计算机的各方面应用中，非数值处理问题的应用越来越多。例如，在汇编程序和编译程序中，源程序和目标程序都是作为一种串数据进行处理的；在事务处理系统中，用户的姓名和地址及货物的名称、规格等也是串数据。

在不同类型的应用中，所处理的串具有不同的特点，要有效地实现串的处理，就必须根据具体情况使用合适的存储结构。

串可以被看作一种特殊的线性表，其特殊性在于线性表的数据元素的类型总是字符型，串的数据对象约束为字符集。在一般线性表的基本运算中，大多以单个元素作为运算对象，而在串中，则是以串的整体或一部分作为运算对象。因此，一般线性表和串的运算有很大的不同。

串是由零个或多个字符组成的有限序列，一般记作

$$s="s_1 s_2 \cdots s_n"$$

其中，s 是串名，用双引号引起来的字符序列"$s_1 s_2 \cdots s_n$"是串的值；$s_i(1 \leq i \leq n)$被称为串的元素，可以是字母、数字或其他字符，是构成串的基本单位；字符个数 $n(n \geq 0)$被称为串的长度。

串中常用的几个术语如下。

（1）空串：由零个字符组成的串。空串中不包含任何字符，其长度为 0。

（2）空格串：由一个或多个空格组成的串。它的长度是串中所包含的空格的个数。

（3）子串：串中任意个连续的字符组成的子序列被称为该串的子串。空串是任何串的子串。

（4）主串：包含子串的串相应地被称为主串。

（5）子串在主串中的位置：通常称字符在序列中的序号为该字符在串中的位置，子串在主串中的位置则以子串的第一个字符在主串中的位置来表示。

（6）两串相等：当且仅当两个串的长度相等，并且各个对应位置的字符都相等时，两个串才相等。例如，假设 a、b、c 和 d 为以下的 4 个串：

```
a="BEI"
b="JING"
c="BEIJING"
d="BEI JING"
```

它们的长度分别为 3、4、7 和 8，并且 a 和 b 都是 c、d 的子串，a 在 c 和 d 中的位置都是 1，而 b 在 c 中的位置是 4、在 d 中的位置则是 5，串 a、b、c 和 d 彼此都不相等。

▶▶▶ 4.1.2　串的存储结构 ▶▶▶

串作为线性表的一个特例，线性表的存储表示方式也适用于串。但是由于组成串的结点是单个字符，所以其存储表示有其特殊之处。

1. 串的顺序存储

串的顺序存储结构简称顺序串，顺序串中的字符序列被顺序地存放在一组地址连续的

存储单元中。按照预定义的大小，为每个定义的串变量分配一个固定长度的存储区，则可用定长字符数组描述：

```
/*- - - - -串的定长顺序存储结构- - - - -*/
#define MAXSTRLEN 255          /*串的存储空间,实际仅能存储最多 255 个字符*/
typedef struct
{
    char ch[MAXSTRLEN];        /*定义可容纳 MAXSTRLEN 的字符空间*/
    int length;                /*标记当前实际串长*/
} SString;
```

这种定义方式是静态的，在编译时刻就确定了串空间的大小。而在多数情况下，串的操作是以串的整体形式参与的，串变量之间的长度相差较大，在操作中串值长度的变化也较大，这样为串变量设定固定大小的存储区不尽合理。因此，最好是根据实际需要，在程序执行过程中动态地分配和释放字符数组空间。在 C 语言中，存在一个被称为"堆"（Heap）的自由存储区，它可以为每个新产生的串动态分配一块实际串长所需的存储空间，若分配成功，则返回一个指向起始地址的指针，作为串的基址，同时为了以后方便处理，约定串长也作为存储结构的一部分。这种字符串的存储方式被称为串的堆式顺序存储结构，定义如下：

```
/*- - - - -串的堆式顺序存储结构- - - - -*/
typedef struct{
    char *ch;                  /*若是非空串,则按串长分配存储区,否则 ch 为 NULL*/
    int length;                /*串的当前长度*/
}HString;
```

2. 串的链式存储

和线性表的链式存储结构类似，也可采用链式存储结构来存储串值。用链式存储结构存储串值时，每个结点包含字符域和指针域两部分，字符域用于存放字符，指针域用于存放指向下一个结点的指针，因此串可用单链表表示。

串的链式存储结构描述如下：

```
typedef struct Node{
    char str;
    struct Node *next;
}CNode, *LinkString;
```

用单链表存放串时，每个结点仅存储一个字符，如图 4-2(a)所示。

串的链式存储结构的优点是运算方便；缺点是存储密度低、空间利用率低。串的存储密度可定义为

$$串的存储密度 = \frac{串值所占的存储单元}{实际分配的存储单元}$$

为了解决这个问题，提高空间的利用率，可以使每个结点存放多个字符，这种存储方式被称为块链结构。当结点大小 1 时，因为串长不一定是结点大小的整数倍，所以链表的最后一个结点不一定全被串值占满，此时通常补上非串值字符，如图 4-2(b)所示，每个

结点存放 3 个字符。

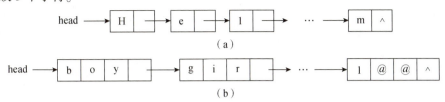

图 4-2 串值的链式存储结构

(a)结点大小为 1 的链表；(b)结点大小为 3 的链表

串的块链结构描述如下：

```
#define NODESIZE 3                    /*可由用户定义的块大小*/
typedef struct node
{
    char ch[NODESIZE];
    struct node *next;
}SNode, *LinkStr;
LinkStr head;
```

串的链式存储结构对于某些串操作(如连接操作等)，有一定方便之处，但总的来说不如串的顺序存储结构灵活，其占用存储量大且操作复杂。

▶▶| 4.1.3 模式匹配算法 ▶▶ ▶

子串的定位运算通常称作串的模式匹配或串匹配。此运算的应用非常广泛，例如，在搜索引擎、拼写检查、语言翻译、数据压缩等应用中，都需要进行串的模式匹配。

串的模式匹配设有两个字符串 s 和 t，设 s 为主串，也称为正文串；t 为子串，也称为模式。在主串 s 中查找与模式 t 相匹配的子串，若匹配成功，则确定相匹配的子串中的第一个字符在主串 s 中出现的位置。

著名的模式匹配算法有简单的模式匹配(BF 算法)和 KMP 算法，下面详细介绍这两种算法。

1. 简单的模式匹配

很多软件，若有"编辑"菜单项，则其中必有"查找"子菜单项；或者在文本编辑程序中，经常要查找某一单词在特定文本中出现的位置，即匹配。

设有两个串 s 和 t，且

$$s="s_1s_2\cdots s_n"$$
$$t="t_1t_2\cdots t_m"$$

其中，$0 \leqslant m \leqslant n$(通常有 m<n)。子串定位是要在主串 s 中找出一个与子串 t 相同的子串。一般把主串 s 称为目标，把子串 t 称为模式，把从目标 s 中查找模式为 t 的子串的过程称为"模式匹配"。匹配的结果有两种：若目标 s 中有模式为 t 的子串，则返回该子串在目标 s 中的位置，若目标 s 中有多个模式为 t 的子串，通常只要找出第一个子串即可，这种情况

即匹配成功，否则匹配失败。

BF 算法的基本思想：从主串 s 的第 pos 个字符起，和模式 t 的第一个字符相比较，若二者相等，则继续逐个比较后续字符，否则从主串 s 的下一个字符起再重新和模式 t 的字符相比较，依次类推，直至模式 t 中的每个字符依次和主串 s 中的一个连续的字符序列相等，则称匹配成功，函数值为和模式 t 中第一个字符相等的字符在主串 s 中的序号，否则称匹配不成功，函数值为 0。

以 s="abbaba"和 t="aba"为例，用上述算法进行模式匹配，过程如图 4-3 所示。

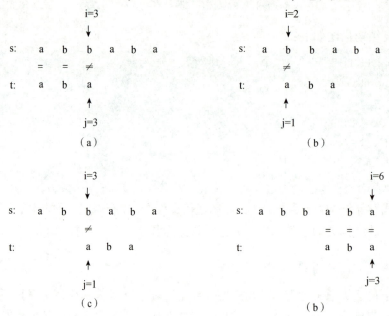

图 4-3　简单的模式匹配过程

(a)第一趟匹配 $s_2 \neq t_2$；(b)第二趟匹配 $s_1 \neq t_0$；(c)第三趟匹配 $s_2 \neq t_0$；(d)第四趟匹配成功

【算法代码】

```
int Index(SString s,SString t,int pos)
{ /*返回子串 t 在主串 s 中第 pos 个字符之后的位置。若不存在,则函数值为 0*/
    int i=pos,j=1;
    while(i<=s. len &&j<=t. len)
    if(s. ch[i- 1]==t. ch[i- 1])          /*第 i 个字符的下标为 i- 1*/
        {++i;++j;}                         /*继续比较后续字符*/
    else
        {i=i- j+2;j=1;}                    /*指针后退重新开始匹配*/
    if(j>t. len)                           /*匹配成功*/
        return(i- t. len);
    else
        return 0;                          /*匹配失败*/
}
```

该算法的特点是匹配过程简单，易于理解，但效率不高，其原因在于回溯。下面以单个字符的比较次数来分析该算法的时间复杂度。

在最好情况下，每趟不成功的匹配都是当模式 t 的第一个字符与主串 s 中相应字符比较时就不相等。设从主串 s 的第 i 个位置开始与模式 t 匹配成功的概率为 p_i，则在前面 i-1 趟匹配中共比较了 i-1 次字符，第 i 趟成功的匹配中字符比较次数为 m，故总的比较次数是 i-1+m。要使匹配有可能成功，主串 s 的开始位置只能是 1~n-m+1。再假设在这 n-m+1 个开始位置上，匹配成功的概率是相等的。因此，最好情况下匹配成功的平均比较次数为

$$\sum_{i=1}^{n-m+1} p_i \times (i-1+m) = \left[1/(n-m+1) \right] \sum_{i=1}^{n-m+1} (i-1+m) = (n+m)/2$$

即最好情况下，该算法的平均时间复杂度是 O(n+m)。

在最坏情况下，每趟不成功的匹配都是在模式 t 的最后一个字符，它与主串 s 中相应的字符比较时才不相等，新的一趟匹配开始前，指针 i 要回溯到 i-m+2 的位置上。

例如：s="aaaaaaaab"，t="aaab"，每趟失败的匹配都要比较 4(m=4) 次。

设在最坏的情况下，第 i 趟匹配成功，前 i-1 趟不成功的匹配中，每趟比较 m 次，第 i 趟成功时也比较了 m 次，所以共比较了 im 次。因此，在最坏情况下的平均比较次数为

$$\sum_{i=1}^{n-m+1} p_i \times (im) = \left[m/(n-m+1) \right] \sum_{i=1}^{n-m+1} i = m(n-m+2)/2$$

由于 n>>m，故上述算法的时间复杂度是 O(mn)。

2. KMP 算法

KMP 算法是由 D. E. Knuth、J. H. Morris 和 V. R. Pratt 等人共同提出的，因此人们称它为 Knuth-Morris Pratt 操作(简称为 KMP 算法)。此算法在子串的定位函数(Index)算法上有较大改进，主要是消除了主串指针的回溯，从而使算法效率有某种程度的提高。

KMP 算法的思想：设 S 为主串，P 为模式，并设指针 i 和指针 j 分别指示主串和模式中正待比较的字符，令 i 和 j 的初值均为 1。若有 $S_i = P_j$，则 i 和 j 分别加 1，否则 i 不变(无须回溯主串指针)，j 退回到 j=next[j] 位置(即将模式向右"滑动"一段距离)，继续比较 S_i 和 P_j。

为了便于理解，本算法中假定存储串 S 和 T 中字符的数组下标从 1 开始，即元素的序号与元素的数组下标一致，下标为 0 的单元不存储串内容或串长度。若主串为"$S_1 S_2 \cdots S_n$"，模式为"$P_1 P_2 \cdots P_n$"，当主串中第 i 个字符与模式中第 j 个字符"失配"(比较不等)时，主串中第 i 个字符(i 指针不回溯)应与模式中哪个字符再比较？如何知道 next[j] 的位置？

我们知道，next[j] 表示当模式中第 j 个字符与主串中相应字符失配时，在模式中需重新和主串中的该字符进行比较的字符的位置。模式的 next[j] 定义如下：

$$next[j] = \begin{cases} 0, & (j=1) \\ Max\{k \mid 1<k<j \text{ 且 } "p_1 p_2 \cdots p_{k-1} = p_{j-k+1} p_2 \cdots p_{j-1}"\} & (\text{此集合不为空}) \\ 1 & (\text{其他}) \end{cases}$$

在求得模式的 next[j] 后，匹配可如下进行：当 S_i 和 P_j 失配时，j 退回到 j=next[j] 位置，依次类推，直至出现下列两种可能。一种是 j 退回到某个 next 值时字符比较相等，则指针各自加 1，继续进行匹配；另一种是 j 退回到值为 0(即模式的第一个字符失配)，则此时需将模式继续向右"滑动"一个位置，即从主串的下一个字符 S_{i+1} 起和模式重新开始匹

配。图 4-4 所示正是上述匹配过程的一个例子。

```
                                    ↓i=2
                  主串  a c a b a a b a a b c a c a a b c
第一趟匹配:        模式  a b
                        ↑j=2   next[2]=1

                                    ↓i=2
                  主串  a c a b a a b a a b c a c a a b c
第二趟匹配:        模式    a
                          ↑j=1  next[1]=0

                            ↓i=3  →        ↓i=8
                  主串  a c a b a a b a a b c a c a a b c
第三趟匹配:        模式      a b a a b c
                            ↑j=1  →        ↑j=6  next[6]=3

                                ↓j=8  →            ↓i=14
                  主串  a c a b a a b a a b c a c a a b c
第四趟匹配:        模式              a b a a b c a c
                                    ↑j=3  →            ↑j=9
```

图 4-4　利用模式的 next 函数进行匹配的过程示例

【算法代码】

```
int IndexKMP(SString S,SString T,int pos)
{/*为了便于理解,算法中假定串 S 和 T 中的字符下标从 1 开始,下标为 0 的单元不存储串内容*/
    int i=pos,j=1;
    while(i<=S. len&&j<=T. len)
    if(j==0|S. ch[i]==T. ch[i])
        {i++;j++;}                      /*继续比较后续字符*/
    else
        j=next[j];                      /*模式向右移动*/
    if(j>T. len)
        return(i- T. len);              /*匹配成功*/
    else
        return 0;                       /*匹配失败*/
}
```

以上算法在形式上和简单的模式匹配极为相似。不同之处仅在于匹配过程中产生失配时，指针 i 不变，指针 j 退回到 j=next[j]位置，所指示位置重新进行比较，并且当指针 j 退至 0 时，指针 i 和 j 同时加 1。即若主串中的第 i 个字符和模式的第 1 个字符不等，应从主串的第 i+1 个字符重新进行匹配。

求 next 函数值的算法如下：

```
void get_next(String T,int *next)
{
    int i=1,j=0;
    next[1]=0;
    while(i<T. len)
    {
```

```
            if(j==0||T. ch[i]==T. ch[j])
                {++i;++j;next[i]=j;}
        else
                j=next[j];
    }
}
```

KMP 算法仅在模式与主串之间存在许多"部分匹配"的情况下才比简单的模式匹配快得多。但是 KMP 算法的最大特点是指示主串的指针无须回溯，整个匹配过程中，对主串仅需从头到尾扫描一遍，这对处理从外设输入的庞大的文件很有效，可以边读入边匹配，且无须回头重读。此算法能将模式匹配的时间控制在 O(n+m) 数量级上。

【实战演练】

要实现图 4-1 所示的结果，我们输入两个串，一个是需要加密的串，另一个是需要解密的串。设置密码对照表，设字母映射表为

```
abcdefghijklmnopqrstuvwxyz
hjmqztcowbuneslkgpxdavfyir
```

然后输入以〈Enter〉键作为结束符的一文本串，对其进行加密；最后输入以〈Enter〉键作为结束的需要解密的串，进行解密。

【完整的代码】

```c
#include "stdio. h"
#include "string. h"
typedef char String[27];
#define Max 1000
//设置加密以及解密映射表
String Original="abcdefghijklmnopqrstuvwxyz";
String Cipher="hjmqztcowbuneslkgpxdavfyir";
int StringMatch(String Str,char c){
    //串匹配
    int i;
    for(i=0;i<strlen(Str);i++){
        if(c==Str[i])
            return i;
    }
    //匹配成功,返回位置*/
    return - 1;
    //映射表中没有相应字符*/
}
void Encrypts(String Original,String Cipher,char *str){ //加密
    int i,m;
    printf("\n");
    for(i=0;i<strlen(str);i++){
        m=StringMatch(Original,str[i]);
        if(m!=- 1)
```

```
                    str[i]=Cipher[m];
            }
        printf("经过加密的字符串是:% s",str);
    }
    void Deciphers(String Original,String Cipher,char *str){//解密
        int i,m;
        printf("\n");
        for(i=0;i<strlen(str);i++){
            m=StringMatch(Cipher,str[i]);
            if(m!=-1)
                    str[i]=Original[m];
        }
        printf("解密后的字符串:% s\n",str);
    }
    int main(){
        char In[Max];
        printf("\n 请输入需加密的内容(长度<% d):",Max);
        scanf("% s",&In);
        Encrypts(Original,Cipher,In);
        printf("\n\n 输入需解密的内容(长度<% d):",Max);
        scanf("% s",&In);
        Deciphers(Original,Cipher,In);
    }
```

任务4.2　数组和广义表

任务描述：应用数组结构实现矩阵的转置和基本运算。

任务实施：知识解析。

▶▶▶ 4.2.1　数组 ▶▶▶ ▶

1. 数组的定义

数组是相同类型的数据的有序组合，数组中的每一个数据通常被称为数组元素，数组元素用下标识别，下标的个数取决于数组的维数。例如，一个形式如图 4-5 所示的 m×n 阶矩阵是一个二维数组，其中的每个元素都可用下标变量 A[i][j] 来表示，一般情况下，数组的每一维的上、下界可以任意设定，其中 i 为元素的行下标（1≤i≤n），j 为元素的列下标（1≤j≤m）。二维数组的每个元素都受到行关系和列关系的约束。行关系和列关系都是线性关系。A[i][j+1] 是 A[i][j] 在行关系中的直接后继，A[i+1][j] 是 A[i][j] 在列关系中的直接后继。

$$A_{m \times n} = \begin{bmatrix} a_{11} & a_{12} & \cdots & a_{1n} \\ a_{21} & a_{22} & \cdots & a_{2n} \\ \vdots & \vdots & & \vdots \\ a_{m1} & a_{m2} & \cdots & a_{mn} \end{bmatrix} \quad (1 \leqslant i \leqslant n, \ 1 \leqslant j \leqslant m)$$

图 4-5　二维数组

因此，数组也是一种线性数据结构，它可以看作线性表的一种扩充。一维数组是元素个数一定（N 个）的线性表，二维数组可定义为它的每个元素是同一类型的一维数组的线性表，以此类推，N 维数组是每个元素都是同类型的 N-1 维数组的线性表。

2. 数组的顺序存储

由于数组一般不进行插入或删除操作，所以一般用顺序存储。数组的顺序存储指的是在计算机中，用一组连续的存储单元来表示数组。以图 4-6 所示的矩阵为例，它是 2 行 3 列的矩阵，共有 6 个元素，在计算机中存放在 6 个连续的存储单元中（假设每个元素占一个存储单元）。

$$A = \begin{bmatrix} a_{11} & a_{12} & a_{13} \\ a_{21} & a_{22} & a_{23} \end{bmatrix}$$

图 4-6　矩阵 A

数组的顺序存储方式给对数组元素的随机存取带来方便。因为数组是同类型数据元素的集合，所以每一个数据元素所占用的内存空间的单元数是相同的，只要给出开始结点的存放地址（即基地址），维数和每维的上、下界，就可以使用统一的地址计算公式，求出数组中任意元素的存储地址。

对于一维数组 a[n]，用 $Loc(a_i)$ 表示元素 a_i 所在的存储地址，t 表示每个元素所占用的内存单元数，则有

$$Loc(a_i) = Loc(a_1) + (i-1)t \qquad (1 \leqslant i \leqslant n)$$

对于 m 行 n 列的二维数组 a[m][n]，若按行优先的顺序存放数组元素，首先存放第一行元素，接着存放第二行，……，最后存放第 m 行元素。用 $Loc(a_{ij})$ 表示元素 a_{ij} 的存储地址，t 表示每个元素所占用的内存单元数，则任意一个元素的存储地址就是基地址 $Loc(a_{11})$ 加上它前面所有行所占用的内存单元数，再加上它所在行前面的所有列元素所占用的内存单元数，计算公式为

$$Loc(a_{ij}) = Loc(a_{11}) + [(i-1)n + (j-1)]t \quad (1 \leqslant i \leqslant m, \ 1 \leqslant j \leqslant n)$$

以此类推，若二维数组 a[m][n] 采用按列优先的顺序存放元素，首先存放第一列元素，接着存放第二列，……，最后存放第 n 列元素，则任意一个元素的地址就是基地址 $Loc(a_{11})$ 加上它前面所有列所占用的内存单元数，再加上它所在列前面的所有行所占用的内存单元数，计算公式为

$$Loc(a_{ij}) = Loc(a_{11}) + [(j-1)m + (i-1)]t \quad (1 \leqslant i \leqslant m, \ 1 \leqslant j \leqslant n)$$

对于三维数组 a[d_1][d_2][d_3]，它是一个 d_1 层、d_2 行、d_3 列的数组。a_{ijk} 中的 3 个下标分别表示层下标、行下标、列下标。在大多数高级语言中，三维数组元素都是先按层优先、在每层内再按行优先的顺序存放元素。因此，数组元素存储地址的计算公式为

$$Loc(a_{ijk}) = Loc(a_{111}) + [d_2 d_3(i-1) + d_3(j-1) + (k-1)]t$$

其中，$1 \leqslant i \leqslant d_1$，$1 \leqslant j \leqslant d_2$，$1 \leqslant k \leqslant d_3$，公式中：

$d_2 d_3(i-1)$ 表示已经存放过 i-1 个整层的元素，每层有 $d_2 d_3$ 个元素；

$d_3(j-1)$表示又存放了当前层 i 上的 j-1 个整行的元素，每行有 d_3 个元素；

k-1 表示又存放了当前层 i、当前行 j 上的 k-1 个元素。

应该注意，以上讨论的前提是数组每维的下标下界均为 1。在实际应用中，C 语言允许下标下界为 0，而 Pascal 允许下标下界为负整数、0 或正整数。在这些情况下，不能直接套用以上存储地址的计算公式，应根据实际的数组下标情况先将数组转化为标准形式，再采用前面所介绍的计算公式进行分析计算。

3. 特殊矩阵的压缩存储

矩阵是很多科学和工程计算领域中研究的数学对象。在此，我们感兴趣的不是矩阵本身，而是如何存储矩阵元素从而使矩阵的各种运算能有效地进行。

通常，用高级语言编制程序时，都是用二维数组存储矩阵的元素。有的程序设计语言中还提供了各种矩阵运算，用户使用起来非常方便。然而，在数值分析中经常出现一些阶数很高的矩阵，同时在矩阵中有许多值相同的元素或零元素。为了节省存储空间，可以对这类矩阵进行压缩存储。所谓压缩存储，是指为多个值相同的元素只分配一个存储空间；对零元素不分配存储空间。

假若值相同的元素或零元素在矩阵中的分布具有一定规律，则称此类矩阵为特殊矩阵，如对称矩阵、三角矩阵、对角矩阵。

1)对称矩阵

若一个 n 阶方阵 $A=(a_{ij})_{n\times n}$ 中的元素满足性质：

$$a_{ij}=a_{ji} \qquad (1\leqslant i,\ j\leqslant n \text{ 且 } i\neq j)$$

则称 A 为对称矩阵，如图 4-7(a)所示。

对称矩阵中的元素关于主对角线对称，因此，可为每一对对称元素 a_{ij} 和 $a_{ji}(i\neq j)$ 分配一个存储空间，则 n^2 个元素压缩存储到 $n(n+1)/2$ 个存储空间，能节约近一半的存储空间。

为不失一般性，假设按“行优先顺序”存储下三角矩阵(包括主对角线)中的元素，如图 4-7(b)所示。

$$A=\begin{bmatrix}1&4&1&3&7\\4&0&9&0&0\\1&9&8&2&6\\3&0&2&5&0\\7&0&6&0&3\end{bmatrix}$$

(a)

$$A=\begin{bmatrix}a_{11}&&&&\\a_{21}&a_{22}&&&\\a_{31}&a_{32}&a_{33}&&\\\cdots&\cdots&\cdots&\cdots&\\a_{n1}&a_{n2}&\cdots&\cdots&a_{nn}\end{bmatrix}$$

(b)

图 4-7　对称矩阵

(a)对称矩阵示例；(b)对称矩阵中的下三角元素

设用一维数组(向量)sa[0⋯n(n+1)/2]存储 n 阶对称矩阵，如图 4-8 所示。为了便于访问，必须找出矩阵 A 中元素的下标值(i，j)和向量 sa[k]的下标值 k 之间的对应关系。

k	0	1	2	3		⋯	n(n-1)/2	⋯	n(n+1)/2-1
A	a_{11}	a_{21}	a_{22}	a_{31}	a_{32}	a_{33}	…	a_{n1}	a_{n2}	…	a_{nn}

图 4-8　对称矩阵的压缩存储示例

若 $i\geqslant j$，则 a_{ij}在下三角矩阵中，直接保存在向量 sa 中。a_{ij}之前的 i-1 行共有元素个数

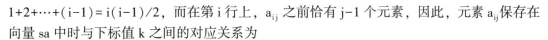

$1+2+\cdots+(i-1)=i(i-1)/2$，而在第 i 行上，$a_{ij}$ 之前恰有 $j-1$ 个元素，因此，元素 a_{ij} 保存在向量 sa 中时与下标值 k 之间的对应关系为

$$k=i(i-1)/2+j-1 \qquad (i \geqslant j)$$

若 $i<j$，则 a_{ij} 在上三角矩阵中。因为 $a_{ij}=a_{ji}$，所以在向量 sa 中保存的是 a_{ji}。依上述分析可得：

$$k=j(j-1)/2+i-1 \qquad (i<j)$$

对称矩阵元素 a_{ij} 保存在向量 sa 中时的下标值 k 与 (i, j) 之间的对应关系为

$$k=\begin{cases} i(i-1)/2+j-1 & (i \geqslant j) \\ j(j-1)/2+i-1 & (i<j) \end{cases} (1 \leqslant i, \ j \leqslant n)$$

根据上述的下标对应关系，对于矩阵中的任意元素 a_{ij}，均可在一维数组 sa 中唯一确定其位置 k；对所有 $k=1, 2, \cdots, n(n+1)/2$，都能确定 $sa[k]$ 在矩阵中的位置 (i, j)。称 $sa[0\cdots n(n+1)/2]$ 为 n 阶对称矩阵 A 的压缩存储。

2）三角矩阵

三角矩阵分上三角矩阵和下三角矩阵两种。上三角矩阵是指矩阵中主对角线以下（不包含主对角线）的所有元素均为 0 或某个常数值 c。下三角矩阵与之相反，指矩阵中主对角线以上（不包含主对角线）的所有元素均为 0 或某个常数值 c。三角矩阵示例如图 4-9 所示。

$$\begin{bmatrix} a_{11} & a_{12} & \cdots & a_{1n} \\ c & a_{22} & \cdots & a_{2n} \\ \vdots & \vdots & & \vdots \\ c & \cdots & c & a_{nn} \end{bmatrix} \qquad \begin{bmatrix} a_{11} & c & \cdots & c \\ a_{21} & a_{22} & \cdots & c \\ \vdots & \vdots & & c \\ a_{n1} & a_{n2} & \cdots & a_{nn} \end{bmatrix}$$

（a）　　　　　　　　　　　（b）

图 4-9　三角矩阵示例

（a）上三角矩阵示例；（b）下三角矩阵示例

三角矩阵中的重复元素 c 可共享一个存储空间，其余的元素正好有 $n(n+1)/2$ 个，因此，三角矩阵可压缩存储到数组 $sa[0\cdots n(n+1)/2]$ 中，其中 c 存放在数组的最后一个元素中。图 4-10 所示为下三角矩阵的压缩存储示例。

sa[k]	a_{11}	a_{20}	a_{21}	a_{22}	$\cdots$	$\cdots$	a_{nn}	c
k	0	1	2	3		n(n+1)/2-1	n(n+1)/2	

图 4-10　下三角矩阵的压缩存储示例

下三角矩阵元素 a_{ij} 保存在数组 sa 中时的下标值 k 与 (i, j) 之间的对应关系为

$$k=\begin{cases} i(i-1)/2+j-1 & (i \leqslant j) \\ n(n+1)/2 & (i>j) \end{cases} (1 \leqslant i, \ j \leqslant n)$$

也就是说，上三角矩阵 $A[i][j](i \leqslant j)$ 或下三角矩阵 $A[i][j](i \geqslant j)$ 的元素存入 $sa[0]$ 到 $B[n(n+1)/2-1]$，而非零的常量元素存入 $sa[n(n+1)/2]$ 位置。

3）对角矩阵

对角矩阵也被称为带状矩阵。这种矩阵仅在主对角线及它的上、下两条对角线上有非零元素，其余元素均为 0。我们可以把其中的非零元素存入 $sa[3(n-2)]$，如图 4-11 所示。观察下标间的关系，很容易得到 $sa[k]$ 和 $A[i][j]$ 的关系为

$$k = 2(i-1)+j-1 \quad (0 \leq i \leq n-1,\ 0 \leq j \leq n-1)$$

$$A = \begin{bmatrix} a_{11} & a_{12} & 0 & \cdots & 0 \\ a_{21} & a_{22} & 0 & \cdots & 0 \\ 0 & 0 & \vdots & & 0 \\ 0 & \cdots & a_{(n-1)(n-2)} & a_{(n-1)(n-1)} & a_{(n-1)n} \\ 0 & \cdots & 0 & a_{n(n-1)} & a_{nn} \end{bmatrix}$$

sa[k]	a_{11}	a_{12}	a_{21}	a_{22}	$\cdots$	$\cdots$	$\cdots$	a_{nn}
k	0	1	2	3			3(n-2)-1	

图 4-11 对角矩阵及其压缩存储

▶▶▶ 4.2.2 广义表 ▶▶▶

1. 广义表的定义

广义表（Lists，又称列表）是由 $n(n \geq 0)$ 个元素组成的有穷序列：$LS = (a_1, a_2, \cdots, a_n)$，其中 a_i 可以是单个元素，也可以是广义表，分别称为广义表 LS 的原子和子表。习惯上，用大写字母表示广义表的名称，用小写字母表示原子。

若广义表 LS 非空：a_1（表中第一个元素）被称为表头；其余元素组成的子表被称为表尾；广义表 $(a_1, a_2, \cdots, a_n)$ 中所包含的元素（包括原子和子表）的个数，称为表的长度。广义表中括号的最大层数被称为表深度。

显然广义表是递归定义的，这是因为在定义广义表时又用到了广义表的概念。广义表的例子如下。

（1）A=（）——A 是一个空表，其长度为 0。

（2）B=（e）——表 B 只有一个原子 e，其长度为 1。

（3）C=（a，(b，c，d)）——表 C 的长度为 2，两个元素分别为原子 a 和子表（b，c，d）。

（4）D=（A，B，C）——表 D 的长度为 3，3 个元素都是广义表。显然，将子表的值代入后，则有 D=((), (e), (a, (b, c, d)))。

（5）E=（E）——E 是一个递归的表，它的长度为 2，表 E 相当于一个无限的广义表，即 E=(a, (a, (a, (a, $\cdots$))))。

从上述定义和例子可推出广义表的 3 个重要结论。

（1）广义表的元素可以是子表，而子表的元素还可以是子表。由此可知，广义表是一个多层次的结构，可以用图形象地表示。

（2）广义表可为其他表所共享。例如，在上述例子中，广义表 A、B、C 为 D 的子表，则在 D 中可以不必列出子表的值，而是通过子表的名称来引用。

（3）广义表的递归性。

综上所述，广义表不仅是线性表的推广，也是树的推广。

2. 广义表的存储

广义表中的数据元素具有不同的结构，通常用链式存储结构表示，每个数据元素用一个结点表示。因此，广义表中有以下两类结点：

（1）一类是表结点，用来表示广义表项，由标志域、表头指针域、表尾指针域组成；

（2）另一类是原子结点，用来表示原子项，由标志域、原子的值域组成，如图4-12所示。只要广义表非空，它都是由表头和表尾组成的，即一个确定的表头和表尾就能唯一确定一个广义表。

标志域tag=0	原子的值域Value

（a）

标志域tag=1	表头指针域hp	表尾指针域tp

（b）

图4-12 广义表的链表结点结构示意
（a）原子结点；（b）表结点

相应的数据结构定义如下：

```
typedef struct GLNode
{
    int tag;/*标志域,为1:表结点;为0:原子结点*/
    union
    {
        elemtype value;                /*原子的值域*/
        struct
        {
            struct GLNode *hp, *tp;
        }ptr;
    }Gdata;
}GLNode;                               /*广义表结点类型*/
```

【实战演练】

对于 m×n 的矩阵 A={a(i, j) | 1≤i≤m, 1≤j≤n} 和 B={b(i, j) | 1≤i≤m, 1≤j≤n}，它们的加减结果为矩阵 C，其元素 c(i, j)=a(i, j)±b(i, j)。

A×B=C（其中 A 为 m×n 矩阵，B 为 n×t 矩阵），其结果矩阵 C 的元素 c(i, j)=∑a(i, k)×b(k, j)（1≤i≤m, 1≤j≤t, 1≤k≤n）。

对于 m×n 的矩阵 A={a(i, j) | 1≤i≤m, 1≤j≤n}，它的转置矩阵 C 是一个 n×m 的矩阵，且 c(i, j)=a(j, i)。

【完整的代码】

```
#include "stdio.h"
#define M 4
//两矩阵相加
void MatrixAdd(int ml[M][M],int m2[M][M],int result [M][M]){
    int i,j;
    for(i=0;i<4;i++){
        for(j=0;j<4;j++)
        result [i][j]=ml[i][j]+m2[i][i];
    }
}
//将矩阵转置
```

```c
void MatrixTrams(int ml[M][M],int result [M][M]){
    int i,j;
    for(i=0;i<4;i++){
        for(j=0;j<4;j++)
            result[i][j]=ml[j][i];
    }
}
//两矩阵相乘
void MatrixPlus(int m1[M][M],int m2[M][M],int result[M][M]){
    int i,j;
    for(i=0;i<4;i++){
        for(j=0;j<4;j++){
            result[i][j]=0;
            for(int k=0;k<4;k++)
                result[i][j]=result[i][j]+m1[i][k]*m2[k][j];
        }
    }
}
/*输出矩阵值*/
void Display(int result [M][M]){
    int i,j;
    printf("the operating result of Marrix:\n");
    for(i=0;i<M;i++){
        for(j=0;j<M;j++)
            printf("% d",result [i][j]);
        printf("\n");
    }
}
int main(){
    int A[M][M],B[M][M];
    int i,j;
    printf("intput the matrix:\n");
    for(i=0;i<M;i++)
        for(j=0;j<M;j++)
            scanf("% d",&A[i][j]);
    printf("input the other matrix:\n");
    for(i=0;i<M;i++)
        for(j=0;j<M;j++)
            scanf("% d",&B[i][j]);
    int result [M][M];
    MatrixAdd(A,B,result);
    Display(result);
    MatrixPlus(A,B,result);
    Display(result);
}
```

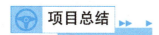 项目总结 ▶▶ ▶

串是内容受限的线性表，它限定了表中的元素为字符。串有两种基本存储结构：顺序存储结构和链式存储结构，但多采用顺序存储结构。串的常用算法是模式匹配算法，简单的模式匹配算法实现简单，但存在回溯，效率低，时间复杂度为 $O(mn)$；KMP 算法消除了回溯，提高了效率，时间复杂度为 $O(m+n)$。

多维数组可以看作线性表的推广，其特点是结构中的元素本身可以是具有某种结构的数据，但属于同一数据类型。一个 N 维数组实质上是 N 个线性表的组合，其每一维都是一个线性表。数组一般采用顺序存储结构，故存储多维数组时，应先将其确定转换为一维结构，有按"行"转换和按"列"转换两种。科学与工程计算中的矩阵通常用二维数组来表示，为了节省存储空间，对于几种常见形式的特殊矩阵，如对称矩阵、三角矩阵和对角矩阵，在存储时可进行压缩存储，即为多个值相同的元素只分配一个存储空间，对零元素不分配空间。

广义表是另外一种线性表的扩充，表中的元素可以是被称为原子的单个元素，也可以是一个子表，所以线性表可以看作广义表的特例。

立德铸魂 ▶▶ ▶

高德纳(Donald Ervin Knuth)是算法和程序设计技术的先驱者，他出生在一个德国移民家庭。受到父亲的影响，高德纳从小就喜欢音乐和书籍。他聪慧过人，是同龄人中有名的天才。

8 年级时，高德纳还是密尔沃基路德中学的一名学生。他参加了当地一家糖果厂举行的比赛，要求用"Ziegler's Giant Bar"(分别是糖果厂名和出产的棒棒糖名)里的字母，通过不同的排列组合来创造出单词。裁判的名单里一共列出了 2 500 个单词。高德纳假装胃痛，在家待了两个礼拜，靠一部英语字典列出了 4 500 个单词。这个数目远远超过了"标准答案"，让高德纳所在的班级顺利夺冠。他们获得了一台电视机，以及每人一袋 Giant Bar 糖果。高德纳本人则获得了一个雪橇。后来他骄傲地说："我还能写出更多"。

高德纳对计算机科学的贡献极大，他是最早提出"算法"和"数据结构"等关键表述的人。此外，他还是开源代码运动最早的倡导者之一。他的字体设计系统 METAFONT 和排版系统 TeX 都属于自由软件，可以无偿提供给用户使用。他说："我写这两个程序是出于对书籍的热爱，也想给这个领域以必要的推动。我不需要为我出于热爱而做的事保留专卖权。"

高德纳获得了无数的荣誉和奖励。他是第一位获得美国计算机协会下属全部三大奖项的人。美国数学会也先后授予高德纳 3 个奖项。此外，他还获得了来自全世界的各种荣誉。面对这些，高德纳都淡然处之。他获得图灵奖的奖杯现在被他用来盛放水果。在自己的自传开头，他曾写下这样一句话："高德纳真的只是一个人吗?"答案或许就在全世界所有计算机界人士的心中。

项目 5

树和二叉树

项目导读 ▶▶ ▶

　　树结构是一类重要的非线性数据结构。直观来看，树是以分支关系定义的层次结构。树结构在客观世界中广泛存在，例如，人类社会的族谱和各种社会组织机构都可用树来形象表示。树在计算机领域中也得到了广泛应用，尤以二叉树最为常用。例如，在操作系统中，用树来表示文件目录的组织结构；在编译系统中，用树来表示源程序的语法结构；在数据库系统中，树结构也是信息的重要组织形式之一。

　　本项目重点讨论二叉树的存储结构及其各种操作，并研究树和森林与二叉树的转换关系，以及介绍树的应用，最终解决根据哈夫曼树求哈夫曼编码的问题。

项目目标 ▶▶ ▶

知识目标	(1)掌握树的定义，树的基本术语的含义和树的一些基本性质。 (2)熟练掌握二叉树的定义、性质，熟悉二叉树的各种存储结构的特点及适用范围。 (3)掌握二叉树的建立、遍历等基本运算的方法和算法描述，以及算法的时间复杂度和空间复杂度。 (4)熟练掌握二叉树的线索化过程，以及在中序线索化树上查找给定结点的前驱和后继的方法。 (5)熟悉树的各种存储结构及其特点，掌握先序遍历、后序遍历和按层次遍历的方法。 (6)掌握树、森林与二叉树的转换方法。 (7)了解哈夫曼树的特点，掌握构造哈夫曼树的方法
技能目标	(1)掌握二叉树的遍历算法及其有关应用。 (2)使用本项目所学到的有关知识设计出有效算法。 (3)解决与树和二叉树相关的应用问题。 (4)具备一个优秀的软件开发人员所应有的基本能力
素养目标	(1)规范意识：学会编写规范代码，熟悉常用程序设计技巧。 (2)团队精神：培养合作精神、协调工作和组织管理的能力。 (3)探究精神：关注学科发展趋势和应用前景，注重培养对新技术的探究精神

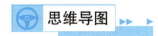

思维导图 ▶▶ ▶

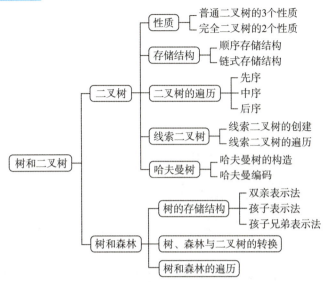

任务 5.1　树的定义和基本术语

任务描述：掌握树的定义和基本术语。

任务实施：知识解析。

 ### 5.1.1　树的定义 ▶▶ ▶

树结构是一类重要的非线性数据结构，树中结点之间具有明确的层次关系，并且结点之间有分支，它非常类似于实际的树。树结构在客观世界中大量存在，例如，行政组织机构和人类社会的家族关系等都可用树结构形象地表示。在计算机应用领域，树结构也被广泛应用。例如，在编译程序中，用树结构来表示源程序的语法结构；在数据库系统中，用树结构来组织信息；在计算机图形学中，用树结构来表示图像关系等。

树(Tree)是具有 n(n≥0)个结点的有限集。在任意一棵非空树中：

(1)有且仅有一个特定的被称为根(Root)的结点；

(2)当 n>1 时，其余结点分成 m(m>0)个互不相交的有限集 T_1，T_2，…，T_m，其中每一个集合本身又是一棵树，并且称为根的子树。

不包括任何结点的树，称为空树。

在树形图中，结点的值通常填在圆圈里，有时还可以在圆圈的外面标上结点的名称。如果树中的结点没有名称，可以用结点的值表示该结点。

例如，在图 5-1 中，图 5-1(a)是空树，图 5-1(b)是只有根结点的树，图 5-1(c)是有 11 个结点的树。树中结点 A 是根，它有 3 棵子树，这 3 棵子树分别以 B、C、D 为根，而以 B 为根的子树又可以分成两棵子树。

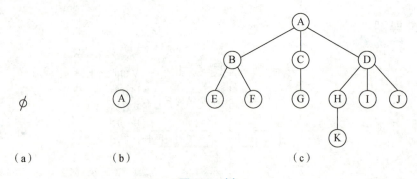

图 5-1 树

(a)空树；(b)只有根结点的树；(c)一般的树

▶▶▶ 5.1.2 树的基本术语 ▶▶▶

(1)结点的度：在树中，一个元素也称作一个结点，结点拥有的子树数被称为结点的度。例如，在图 5-1(c)中，结点 A、B、K 的度分别为 3、2、0。

(2)叶子结点或终端结点：度为 0 的结点被称为叶子结点或终端结点。例如，在图 5-1(c)中，结点 E、F、G、I、J、K 均为叶子结点。

(3)非终端结点或分支结点：度不为 0 的结点被称为非终端结点或分支结点。除根结点外，非终端结点也被称为内部结点。

(4)树的度：树内各结点的度的最大值。例如，在图 5-1(c)中，树的度为 3。

(5)孩子、双亲、兄弟、祖先、子孙：结点的子树的根被称为该结点的孩子，相应地，该结点被称为孩子的双亲。同一个双亲的孩子之间互称兄弟，结点的祖先是从根到该结点所经分支上的所有结点，以某结点为根的子树中的任一结点都被称为该结点的子孙。例如，在图 5-1(c)中，B、C、D 互为兄弟，它们都是 A 的孩子，而 A 是它们的双亲。

(6)结点的层次：从根开始定义，根为第一层，根的孩子为第二层。若某结点在第 i 层，则其子树的根就在第 i+1 层。其双亲在同一层的结点互为堂兄弟。

(7)树的深度或高度：树中结点的最大层次。在图 5-1(c)中，树的深度为 4。

(8)有序树和无序树：若将树中结点的各子树看成从左至右是有次序的(即不能互换)，则称该树为有序树，否则称为无序树。在有序树中，最左边的子树的根被称为第一个孩子，最右边的被称为最后一个孩子。

(9)森林：m(m≥0)棵互不相交的树的集合。对树中每个结点而言，其子树的集合即森林。由此，也可用森林和树相互递归的定义来描述树。

 任务 5.2 二叉树

任务描述：掌握二叉树的定义、性质、存储结构、应用。

任务实施：知识解析。

▶▶▶ 5.2.1　二叉树的定义 ▶▶▶▶

二叉树(Binary Tree)是由 n(n≥0)个结点构成的集合，它或为空树(n=0)；或为非空树，对于非空树 T：

(1)有且仅有一个被称为根的结点；

(2)除根结点以外的其余结点分为两个互不相交的子集 T_1 和 T_2，分别称为 T 的左子树和右子树，且 T_1 和 T_2 本身又都是二叉树。

二叉树与树一样具有递归性质，其与树的区别主要有以下两点：

(1)二叉树每个结点至多只有两棵子树(即二叉树中不存在度大于 2 的结点)；

(2)二叉树的子树有左、右之分，其次序不能任意颠倒。

二叉树的递归定义表明二叉树或为空，或由一个根结点加上两棵分别被称为左子树和右子树的、互不相交的二叉树组成。由于这两棵子树也是二叉树，所以由二叉树的定义可知，它们也可以是空树。因此，二叉树可以有 5 种基本形态，如图 5-2 所示。

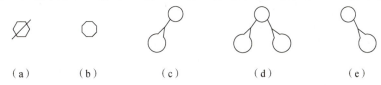

(a)　　　　(b)　　　　(c)　　　　(d)　　　　(e)

图 5-2　二叉树的 5 种基本形态

(a)空二叉树；(b)只有根结点的二叉树；(c)只有左子树的二叉树；
(d)左、右子树均非空的二叉树；(e)只有右子树的二叉树

▶▶▶ 5.2.2　二叉树的性质 ▶▶▶▶

性质1　在二叉树的第 i 层上至多有 2^{i-1} 个结点(i≥1)。

证明：利用归纳法容易证得此性质。

当 i=1 时，只有一个根结点。显然，$2^{i-1}=2^0=1$ 是对的。

现在假定对所有的 j(1≤j<i)，命题成立，即第 j 层上至多有 2^{i-1} 个结点。那么，可以证明 j=i 时命题也成立。

由归纳假设：第 i-1 层上至多有 2^{i-2} 个结点。由于二叉树每个结点的度至多为 2，故在第 i 层上的最大结点数为第 i-1 层上的最大结点数的 2 倍，即 $2\times2^{i-2}=2^{i-1}$。

性质2　深度为 k 的二叉树至多有 2^k-1 个结点(k≥1)。

证明：设第 i 层的结点数为 x_i(1≤i≤k)、深度为 k 的二叉树的结点数为 N，x_i 最大为 2^{i-1}，则有

$$N = \sum_{i=1}^{k} x_i \leqslant \sum_{i=1}^{k} 2^{i-1} = 2^k - 1$$

性质3　对任何一棵二叉树 T，若其叶子结点数为 n_0，度为 2 的结点数为 n_2，则 $n_0=n_2+1$。

证明：设 n_1 为二叉树 T 中度为 1 的结点数。因为二叉树中所有结点的度均小于或等于 2，所以其结点总数为

$$n=n_0+n_1+n_2$$

再看二叉树中的分支数。除根结点外，其余结点都有一个分支进入，设 B 为分支总数，则 $n=B+1$。由于这些分支是由度为 1 或 2 的结点射出的，所以又有 $B=n_1+2n_2$。

于是得

$$n=n_1+2n_2+1$$

由上述两式得出：

$$n_0=n_2+1$$

在介绍二叉树的性质 4 和性质 5 之前，先来介绍两种特殊形态的二叉树，它们是满二叉树和完全二叉树。

满二叉树：深度为 k 且含有 2^{k-1} 个结点的二叉树。图 5-3(a)所示是一棵深度为 4 的满二叉树。

满二叉树的特点：每一层上的结点数都是最大结点数，即每一层 i 的结点数都具有最大值 2^{i-1}。

可以对满二叉树的结点进行连续编号，约定编号从根结点起，自上而下，自左至右。由此可引出完全二叉树的定义。

完全二叉树：深度为 k 的，有 n 个结点的二叉树，当且仅当其每一个结点都与深度为 k 的满二叉树中编号为 1~n 的结点一一对应时，称为完全二叉树。图 5-3(b)所示为一棵深度为 4 的完全二叉树。

完全二叉树的特点：

(1)叶子结点只可能在层次最大、次大的两层上出现；

(2)对任一结点，若其右分支下的子孙的最大层次为 L，则其左分支下的子孙的最大层次必为 L 或 L+1。

完全二叉树在很多场合下出现，下面的性质 4 和性质 5 是完全二叉树的两个重要特性。

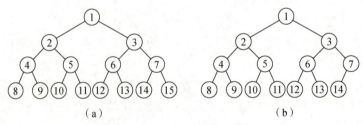

图 5-3　特殊形态的二叉树
(a)满二叉树；(b)完全二叉树

性质 4　具有 n 个结点的完全二叉树的深度为 $\lfloor \log_2 n \rfloor +1$。

证明：假设完全二叉树深度为 k，则根据性质 2 和完全二叉树的定义有

$$2^{k-1}-1<n\leq 2^k-1 \text{ 或 } 2^{k-1}\leq n<2^k$$

于是 $k-1\leq \log_2 n<k$，因为 k 是整数，所以 $k=\lfloor \log_2 n \rfloor +1$。

性质 5　对于具有 n 个结点的完全二叉树，若按照自上而下和自左至右的顺序对二叉树中的所有结点从 1 开始顺序编号，则对于任意的序号为 i($1\leq i\leq n$) 的结点，有如下分析。

（1）若i=1，则序号为i的结点是根结点，无双亲结点。若i>1，则序号为i的结点的双亲结点的序号为i/2。

（2）若2i≤n，则序号为i的结点的左孩子结点的序号为2i；若2i>n，则序号为i的结点无左孩子（该结点i为叶子结点）。

（3）若2i+1≤n，则序号为i的结点的右孩子结点的序号为2i+1；若2i+1>n，则序号为i的结点无右孩子。

▶▶| 5.2.3　二叉树的存储结构 ▶▶▶

类似于线性表，二叉树的存储结构也可采用顺序存储结构和链式存储结构两种方式。

1. 顺序存储结构

顺序存储结构使用一组地址连续的存储单元来存储数据元素，为了能够在存储结构中反映出结点之间的逻辑关系，必须将二叉树中的结点依照一定的规律安排在这组存储单元中。

对于完全二叉树，只要从根起按层序存储即可，依次自上而下、自左至右存储结点元素，即将完全二叉树上编号为i的结点元素存储在如上定义的一维数组且下标为i-1的分量中。例如，图5-4所示为二叉树的顺序存储结构。

1	2	3	4	5	6	7	8	9	10	11	12

（a）

1	2	3	4	5	0	0	0	0	6	7	8

（b）

图5-4　二叉树的顺序存储结构

（a）完全二叉树；（b）一般二叉树

由此可见，这种顺序存储结构仅适用于完全二叉树。因为，在最坏的情况下，一个深度为k且只有k个结点的单支树（树中不存在度为2的结点）却需要长度为2^k-1的一维数组。这造成了存储空间的极大浪费，所以对于一般二叉树，更适合采取下面的链式存储结构。

2. 链式存储结构

设计不同的结点结构可构成不同形式的链式存储结构。由二叉树的定义可知，二叉树的结点由一个数据元素和分别指向其左、右子树的两个分支构成，则表示二叉树的链表中的结点至少包含3个域：数据域（data）、左指针域（lchild）和右指针域（rchild），如图5-5（a）所示。有时，为了便于找到结点的双亲，还可在结点结构中增加一个指向其双亲结点的指针域，如图5-5（b）所示。利用这两种结点结构所得二叉树的存储结构分别被称为二叉链表和三叉链表，如图5-6所示。链表的头指针指向二叉树的根结点。容易证得，在含有n个结点的二叉链表中，有n+1个空链域。

lchild	data	rchild

（a）

lchild	data	rchild	parent

（b）

图5-5　二叉树的结点及其存储结构

（a）含有两个指针域的结点结构；（b）含有3个指针域的结点结构

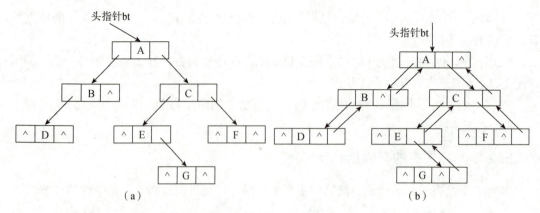

图 5-6　链表的存储结构

(a)二叉链表；(b)三叉链表

【算法代码】

```
//----二叉树的顺序存储表示-----
#define MAXTSIZE 100
typedef TElemType SqBiTree[MAXTSIZE];
SqBiTree bt;
//-----二叉树的二叉链表存储表示-----
typedef struct BiTNode{
    TElemType data;
    struct BiTNode *lchild, *rchild;
} BiTNode, *BiTree;
```

▶▶▶ 5.2.4　遍历二叉树 ▶▶▶

1. 遍历二叉树算法的描述

　　二叉树的遍历是指按照某种顺序访问二叉树中的每个结点，使每个结点都被访问一次且仅被访问一次。所谓访问结点，是对结点做各种处理的简称。

　　遍历是二叉树中经常用到的一种操作。在实际应用中，常常需要按一定顺序对二叉树中的结点逐个进行扫描，查找具有某一特点的结点，再对这些满足条件的结点进行处理。

　　通过一次完整的遍历，可使二叉树中的结点信息由非线性序列变为某种意义上的线性序列。也就是说，遍历操作使非线性结构线性化。

　　由二叉树的递归定义可知，一棵二叉树由根结点、根结点的左子树和根结点的右子树3部分组成。因此，只要依次遍历这3个部分，就可以遍历整棵二叉树。若以 D、L、R 分别表示访问根结点、遍历根结点的左子树、遍历根结点的右子树，则二叉树的遍历方式有6种：DLR、LDR、LRD、DRL、RDL 和 RLD。若限定先左后右，则只有前3种遍历方式，即 DLR（称为先序遍历）、LDR（称为中序遍历）和 LRD（称为后序遍历）。

　　先序遍历二叉树的操作定义如下。

　　若二叉树为空，则进行空操作；否则

（1）访问根结点；

（2）先序遍历左子树；

（3）先序遍历右子树。

中序遍历二叉树的操作定义如下。

若二叉树为空，则进行空操作；否则

（1）中序遍历左子树；

（2）访问根结点；

（3）中序遍历右子树。

后序遍历二叉树的操作定义如下。

若二叉树为空，则进行空操作；否则

（1）后序遍历左子树；

（2）后序遍历右子树；

（3）访问根结点。

2. 二叉树遍历算法的应用

"遍历"是二叉树各种操作的基础，假设访问结点的具体操作不仅局限于输出结点数据域的值，而把"访问"延伸到对结点的判别、计数等其他操作，可以解决一些关于二叉树的其他实际问题。如果在遍历过程中生成结点，这样便可建立二叉树的存储结构。

（1）创建二叉树的存储结构——二叉链表。为简化问题，设二叉树中结点的元素均为一个单字符。假设按先序遍历的顺序建立二叉链表，T 为指向根结点的指针，对于给定的一个字符序列，依次读入字符，从根结点开始，递归创建二叉树。

（2）统计二叉树中结点的个数。若是空树，则结点个数为 0；否则，结点个数为左子树的结点个数加上右子树的结点个数再加上 1。

（3）计算二叉树的深度。二叉树的深度为树中结点的最大层次。二叉树的深度为左、右子树深度的较大者加 1。

【算法代码】

```
//-----二叉树的先序遍历算法-----
void PerOrderTraverse(BiTree T)
{//先序遍历二叉树 T 的递归算法
    if(T)                              //若二叉树非空
    {   cout<<T->data;                 //访问根结点
        PerOrderTraverse(T->lchild);   //先序遍历左子树
        PerOrderTraverse(T->rchild);   //先序遍历右子树
    }
}
//-----二叉树的中序遍历算法-----
void InOrderTraverse(BiTree T)
{//中序遍历二叉树 T 的递归算法
    if(T)                              //若二叉树非空
    {
        InOrderTraverse(T->lchild);    //中序遍历左子树
```

```
        cout<<T- >data;                    //访问根结点
        InOrderTraverse(T- > rchild);      //中序遍历右子树
    }
}
//- - - - -二叉树的后序遍历算法- - - - -
void PosOrderTraverse(BiTree T)
{//后序遍历二叉树 T 的递归算法
    if(T)                                  //若二叉树非空
    {
        PosOrderTraverse(T- > lchild);     //后序遍历左子树
        PosOrderTraverse(T- > rchild);     //后序遍历右子树
        cout<<T- >data;                    //访问根结点
    }
}
//- - - - -二叉树的中序遍历非递归算法- - - - -
void InOrderTraverse(BiTree T)
{//中序遍历二叉树 T 的非递归算法
    InitStack(S);
    p=T;
    q=new BiTNode;
    while(p ||!StackEmpty(S))
    {
        if(p){                             //p 非空
            Push(S,p);                     //根指针进栈
            p=p- >lchild;                  //根指针进栈,遍历左子树
        }
        else                               //p 空
        { Pop(S,q){;                       //退栈
            cout<<q- > data;               //访问根结点
            p=q- > rchild;                 //遍历右子树
        }
    }
}
//- - - - -按先序遍历的顺序建立二叉链表- - - - -
void CreateBiTree(BiTree &T)
{//按先序遍历的顺序输入二叉树中结点的值(一个字符),创建由二叉链表表示的二叉树 T
    cin>>ch;
    if(ch=='#')   T=NULL;                  //递归结束,创建空树
    else                                   //递归创建二叉树
    {
        T=new BiTNode;                     //生成根结点
        T- > data=ch;                      //根结点数据域置为 ch
        CreateBiTree(T- > lchild);         //递归创建左子树
        CreateBiTree(T- > rchild);         //递归创建右子树
```

```
        }
    }
    //- - - - - 统计二叉树中结点的个数- - - - -
    int NodeCount(BiTree T)
    {                                        //统计二叉树 T 中结点的个数
        if(T= =NULL)return 0;                //若是空树,则结点个数为 0,递归结束
        else return NodeCount(T- >lchild)+NodeCount(T- >rchild)+1;
        //否则结点个数为左子树的结点个数+右子树的结点个数+1
    }
    //- - - - - 计算二叉树的深度- - - - -
    int Depth(BiTree T)
    {                                        //计算二叉树 T 的深度
        if(T= =NULL) return 0;               //若是空树,则深度为 0,递归结束
        else
        {
        m=Depth(T- >lchild);                 //递归计算左子树的深度,记为 m
        n=Depth(T- >rchild);                 //递归计算右子树的深度,记为 n
        if(m>n)   return{m+1);               //二叉树的深度为 m 与 n 的较大者加 1
        else return
        }
    }
```

▶▶|5.2.5　线索二叉树 ▶▶ ▶

1. 线索二叉树的定义

按照某种遍历方式对二叉树进行遍历时,可以把该二叉树中所有结点排列为一个线性序列。在该序列中,除第一个结点外,每个结点有且仅有一个直接前驱;除最后一个结点外,每个结点有且仅有一个直接后继。但是,当以二叉链表作为存储结构时,只能得到结点的左、右孩子信息,而不能直接得到结点在某种遍历序列中的前驱结点和后继结点,这种信息只有在对二叉树遍历的动态过程中才能得到。

为了保存结点在某种遍历序列中直接前驱或直接后继的信息,可以利用二叉链表中的空指针域来存放。一个具有 n 个结点的二叉树,若采用二叉链表存储结构,则在 2n 个指针域中只有 n-1 个指针域用来存储结点左、右孩子的地址,而另外 n+1 个指针域存放的都是 NULL。因此,可以利用某结点空的左指针域(lchild)指示该结点在某种遍历序列中的前驱结点,利用结点空的右指针域(rchild)指示该结点在某种遍历序列中的后继结点,对于非空的指针域,则仍然存放指向该结点左、右孩子的指针。

这些指向直接前驱或直接后继的指针被称为线索,加了线索的二叉树被称为线索二叉树。

由于序列可由不同的遍历算法得到,所以线索二叉树有先序线索二叉树、中序线索二叉树和后序线索二叉树 3 种。对二叉树以某种次序遍历使其变为线索二叉树的过程被称为线索化。

图 5-7 所示的中序线索二叉树,图中的实线表示指针,虚线表示线索。结点 D 的左线索为空,表示 D 是中序序列的开始结点,没有直接前驱;结点 F 的右线索为空,表示 F 是中序序列的终端结点,没有直接后继。显然,在线索二叉树中,一个结点是叶子结点的充

要条件是它的左、右线索标志域均为1。

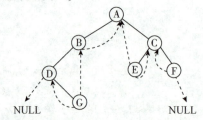

图 5-7　中序线索二叉树

那么，如何区别某结点的指针域内存放的是指针还是线索呢？通常采用下面的方法来实现。为每个结点增设两个标志域 ltag 和 rtag，分别指示左、右指针域内存放的是指针还是线索。令

$$ltag = \begin{cases} 0, & lchild \text{ 指向结点的左孩子} \\ 1, & lchild \text{ 指向结点的前驱结点} \end{cases}$$

$$rtag = \begin{cases} 0, & rchild \text{ 指向结点的右孩子} \\ 1, & rchild \text{ 指向结点的后继结点} \end{cases}$$

线索二叉树结点的存储结构如图 5-8 所示。

ltag	lchild	data	rchild	rtag

图 5-8　线索二叉树结点的存储结构

2. 线索二叉树的基本操作

下面以中序线索二叉树为例，讨论线索二叉树的建立，在线索二叉树上查找前驱结点、后继结点以及线索二叉树的遍历等操作的实现算法。

1) 建立中序线索二叉树

建立线索二叉树，或者说对二叉树线索化，实质上就是在遍历过程中，检查当前结点的左、右指针域是否为空。如果为空，将它们改为指向其前驱结点或后继结点的线索。为实现这一过程，设指针 pre 始终指向刚刚访问过的结点，即若指针 p 指向当前正在访问的结点，则 pre 指向 p 的前驱，p 指向 pre 的后继，这样便于增设线索。

线索化算法中，访问 p 所指向的结点时，所做的处理如下。

建立 p 的前驱线索：若 p->lchild 为空，则将其左标志域置1，并令 p->lchild 指向其中序前驱 pre。

建立 pre 的后继线索：若 pre-> rchild 为空，则将其右标志域置1，并令 pre->rchild 指向其中序后继 p。

将 pre 指向 p 刚刚访问过的结点，即 pre=p。这样，在 p 访问一个新结点时，pre 为其前驱结点。

2) 在中序线索二叉树上查找任意结点的前驱结点

对于中序线索二叉树上的任一结点，寻找其前驱结点，有以下两种情况。

(1) 如果该结点的左标志域为1，那么其左指针所指向的结点便是它的前驱结点。

(2) 如果该结点的左标志域为0，表明该结点有左孩子，根据中序遍历的定义，它的前驱结点应是遍历其左子树时最后访问的一个结点，即左子树中最右下的结点，从该结点的左孩子出发，沿右指针链往下查找，当某结点的右标志域为1时，它就是所要找的前驱结点。

3) 在中序线索二叉树上查找任意结点的后继结点

对于中序线索二叉树上的任一结点，寻找其后继结点，也有以下两种情况。

（1）如果该结点的右标志域为1，那么其右指针所指向的结点便是它的后继结点。

（2）如果该结点的右标志域为0，表明该结点有右孩子，根据中序遍历的定义，它的后继结点应是遍历其右子树时访问的第一个结点，即右子树中最左下的结点，从该结点的右孩子开始，沿左指针链往下查找，当某结点的左标志域为1时，它就是所要找的后继结点。

4）中序线索二叉树的遍历

在线索二叉树上进行遍历，只要先找到序列中的第一个结点，然后依次查找该结点的后继，直至其后继为空。

若中序遍历中序线索二叉树，首先应从根结点出发，沿左指针链往下查找，直到左指针域为空，到达"最左下"结点，即中序遍历序列的第一个结点，然后反复找结点的后继即可。

【算法代码】

```
//- - - - 中序线索二叉树的遍历 - - - -
void InOrderTraverse_Thr(BiThrTree T)
{      //T 指向头结点,头结点的 lchild 指向根结点
    //中序遍历二叉线索树 T 的非递归算法,对每个数据元素直接输出
    p=T- > lchild;                          //p 指向根结点
    while(p!=T)//空树或遍历结束时,p==T
    {
        while(p- >ltag==0) p=p- > lchild;    //沿左查找指针链向下
            cont<<p- >data;                  //访问其左子树为空的结点
        while(p- >rtag==l&&p- > rchild!=T)
        {
            p=p- > rchild;cout<<p- > data;    //沿右线索访问后继结点
        }
        p=p- >rchild                         //转向 p 的右子树
    }
}
```

任务 5.3 树和森林

任务描述：掌握树的表示及其遍历操作，并建立森林与二叉树的对应关系。

任务实施：知识解析。

▶▶▶ 5.3.1 树的存储结构 ▶▶▶

在大量的应用中，人们曾使用多种形式的存储结构来表示树。这里介绍 3 种常用的树的存储结构的表示方法。

1. 双亲表示法

这种表示方法中，以一组连续的存储单元存储树的结点，每个结点除数据域 data 外，还附设一个双亲域 parent 用以指示其双亲结点的位置，其结点结构如图 5-9(a)所示。

例如，图 5-9(b)所示为一棵树及其双亲表示的存储结构。

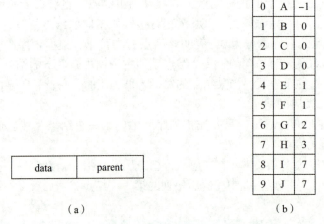

图 5-9 树的双亲表示法

(a)双亲表示法的结点结构;(b)树的双亲表示法示例

2. 孩子表示法

由于树中每个结点可能有多棵子树,所以可用多重链表,即每个结点有多个指针域,其中每个指针指向一棵子树的根结点,此时链表中的结点可以有如图 5-10 所示的两种结点结构。

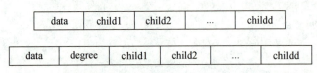

图 5-10 孩子表示法的两种结点结构

若采用第一种结点结构,则多重链表中的结点是同构的,其中 d 为树的度。由于树中很多结点的度小于 d,所以链表中有很多空链域,存储空间较浪费。不难推出,在一棵有 n 个结点的度为 k 的树中必有 $n(k-1)+1$ 个空链域。

把每个结点的孩子结点排列起来,看作一个线性表,且以单链表作为存储结构,则 n 个结点有 n 个孩子链表(叶子结点的孩子链表为空表)。而 n 个头指针又组成一个线性表,为了便于查找,可采用顺序存储结构。图 5-11 所示为树的孩子表示法示例。与双亲表示法相反,孩子表示法便于那些涉及孩子的操作的实现。

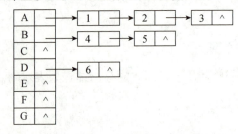

图 5-11 树的孩子表示法示例

3. 孩子兄弟表示法

孩子兄弟表示法又称二叉树表示法,或者二叉链表表示法,即以二叉链表作为树的存储结构。链表中结点的两个指针域分别指向该结点的第一个孩子结点和下一个兄弟结点，分别命名为 firstchild 和 nextsibling，其结点结构如图 5-12 所示。

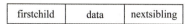

| firstchild | data | nextsibling |

图 5-12　孩子兄弟表示法的结点结构

利用这种存储结构便于实现树的各种操作，首先易于实现找结点孩子的操作。例如，若要访问结点 x 的第 i 个孩子，则只要先从 firstchild 域中找到第一个孩子结点，然后沿着孩子结点的 nextsibling 域连续走 i-1 步，便可找到 x 的第 i 个孩子。当然，若为每个结点增设一个 parent 域，则同样能方便地实现查找双亲的操作。

这种存储结构的优点是它和二叉树的二叉链表表示完全一样，便于将一般的树结构转换为二叉树进行处理，利用二叉树的算法来实现对树的操作。因此，孩子兄弟表示法是应用较为普遍的一种树的存储表示方法。图 5-13 所示是树的二叉链表表示法。

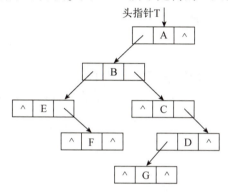

图 5-13　树的二叉链表表示法

▶▶| 5.3.2　树、森林与二叉树的转换 ▶▶ ▶

在树或森林与二叉树之间有一个一一对应的关系。任何森林都与唯一的二叉树相对应；反过来，任何二叉树也都与唯一的森林相对应。

将树转换为二叉树的规则：将树中每一个结点的第一个孩子转换为二叉树中对应结点的左孩子，将第二个孩子转换为其第一个孩子的右孩子，将第三个孩子转换为其第二个孩子的右孩子，依次类推，即在与树对应的二叉树中，一个结点的左孩子是它在原来树中的第一个孩子，右孩子是它在原来树中的下一个兄弟。

由于树的根结点无兄弟结点，所以与树对应的二叉树的右子树为空。例如，图 5-14 所示是树与二叉树的对应关系。

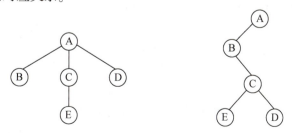

图 5-14　树与二叉树的对应关系

若把森林中的第二棵树的根结点看作第一棵树的根结点的兄弟，则同样可以得到与森林对应的二叉树。将二叉树转换为树或森林的规则：若某结点是其双亲的左孩子，则把该结点的右孩子、右孩子的右孩子……，都与该结点的双亲用线连起来，最后去掉所有双亲与右孩子的连线。例如，图 5-15 所示是二叉树与森林的对应关系。

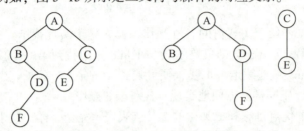

图 5-15 二叉树与森林的对应关系

►►►| 5.3.3 树和森林的遍历 ►►►►

1. 树的遍历

由树结构的定义可引出两种按次序遍历树的方法：一种是先序遍历，即先访问根结点，然后依次先序遍历根的每棵子树；另一种是后序遍历，即先依次后序遍历每棵子树，然后访问根结点。

2. 森林的遍历

1) 先序遍历森林

若森林非空，则可按下述规则遍历：

(1) 访问森林中第一棵树的根结点；

(2) 先序遍历第一棵树的根结点的子树森林；

(3) 先序遍历除去第一棵树之后剩余的树构成的森林。

2) 中序遍历森林

若森林非空，则可按下述规则遍历：

(1) 中序遍历森林中第一棵树的根结点的子树森林；

(2) 访问第一棵树的根结点；

(3) 中序遍历除去第一棵树之后剩余的树构成的森林。

由森林与二叉树之间转换的规则可知，当森林转换成二叉树时，其第一棵树的子树森林转换成左子树，剩余树的森林转换成右子树，则上述森林的先序遍历和中序遍历即其对应的二叉树的先序遍历和中序遍历。当以二叉链表作为树的存储结构时，树的先序遍历和后序遍历可借用二叉树的先序遍历和中序遍历的算法实现。

【算法代码】

```
//-----树的二叉链表(孩子-兄弟)的存储表示-----
typedef struct CSNode{
    ElemType data;
    struct CSNode *firstchild, *ne xtsibling;
)CSNode, *CSTree;
```

任务5.4 哈夫曼树

任务描述：哈夫曼树的定义、构造哈夫曼树、哈夫曼编码。

任务实施：知识解析。

树结构是一种应用非常广泛的结构，在一些特定的应用中，树具有一些特点，利用这些特点可以解决很多工程问题。可以借助一种应用很广的树——哈夫曼树来解决很多实际问题，任务5.4便以哈夫曼树为例，说明二叉树的一个具体应用。

▶▶▶ 5.4.1 哈夫曼树的定义 ▶▶▶ ▶

哈夫曼（Huffman）树又称最优树，是一类带权路径长度最短的树，在实际中有广泛的用途。哈夫曼树的定义，涉及路径、路径长度、树的路径长度、权等概念，下面先给出这些概念的定义，再介绍哈夫曼树。

(1)路径：从树中一个结点到另一个结点之间的分支构成这两个结点之间的路径。

(2)路径长度：路径上的分支数目。

(3)树的路径长度：从树根结点到每一个结点的路径长度之和。

(4)权：赋予某个实体的一个量，是对实体的某个或某些属性的数值化描述。在数据结构中，实体有结点（元素）和边（关系）两大类，所以对应有结点权和边权。结点权或边权具体代表什么含义，由具体情况决定。若在一棵树中的结点上带有权，则对应的就有带权树等概念。

(5)结点的带权路径长度：从该结点到树根结点之间的路径长度与结点上权的乘积。

(6)树的带权路径长度：树中所有叶子结点的带权路径长度（Weighed Path Length，WPL）之和，通常记作

$$WPL = \sum_{k=1} w_k l_k$$

每个叶子结点的权为 w，从根结点到叶子结点的路径长度为 l。

(7)哈夫曼树：假设有 m 个权值 w_1，w_2，$\cdots$，w_m，可以构造一棵含 n 个叶子结点的二叉树，每个叶子结点的权值为 w_i，则其中 WPL 最小的二叉树称作最优二叉树或哈夫曼树。

例如，有 4 个叶子结点 a、b、c、d，分别带权为 2、3、4、5，由它们构造的 3 棵不同的二叉树分别如图 5-16 所示。

它们的带权路径长度分别为

(a) WPL = 2×2+3×2+4×2+5×2 = 28；

(b) WPL = 5×3+4×3+3×2+2×1 = 35；

(c) WPL = 4×2+5×3+2×3+3×1 = 32。

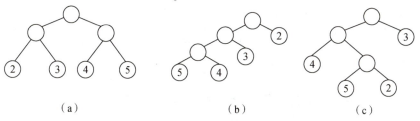

（a） （b） （c）

图 5-16 具有不同带权路径长度的二叉树

其中，图 5-16(a)所示二叉树的 WPL 最小，此树就是一棵哈夫曼树。

▶▶▶ 5.4.2 哈夫曼树的构造 ▶▶▶

1. 哈夫曼树的构造过程

由相同权值的一组叶子结点所构成的二叉树有不同的形态和不同的带权路径长度，那么如何找到带权路径长度最小的二叉树(即哈夫曼树)呢？根据哈夫曼树的定义，一棵二叉树要使其 WPL 最小，必须使权值越大的叶子结点越靠近根结点，而权值越小的叶子结点越远离根结点。哈夫曼依据这一特点提出了一种方法，这种方法的基本思想如下。

(1)由给定的 n 个权值 w_1，w_2，…，w_n 构造 n 棵只有一个叶子结点的二叉树，从而得到一个二叉树的集合 F={T_1，T_2，…，T_n}。

(2)在集合 F 中分别选取根结点的权值最小和次小的两棵二叉树作为左、右子树构造一棵新的二叉树，这棵新的二叉树的根结点的权值为其左、右子树根结点的权值之和。

(3)在集合 F 中删除作为左、右子树的两棵二叉树，并将新建立的二叉树加入集合 F。

(4)重复(2)、(3)两步，当集合 F 中只剩下一棵二叉树时，这棵二叉树便是所要建立的哈夫曼树。图 5-17 给出了前面提到的叶子结点的权值集合为 W={5，4，3，2}的哈夫曼树的构造过程，可以计算出其带权路径长度为 28。由此可见，对于同一组给定叶子结点所构造的哈夫曼树，树的形状可能不同，但带权路径长度是相同的，且一定是最小的。

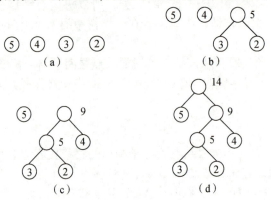

图 5-17　哈夫曼树的构造过程

2. 哈夫曼算法的实现

哈夫曼树是一种二叉树，当然可以采用前面介绍过的通用存储方法，但由于哈夫曼树中没有度为 1 的结点，则一棵有 n 个叶子结点的哈夫曼树共有 2n-1 个结点，可以存储在一个大小为 2n-1 的一维数组中。树中每个结点还要包含其双亲信息和孩子结点的信息，因此，每个结点的存储结构如图 5-18 所示。

weight	parent	lchild	rchild

图 5-18　哈夫曼树结点的存储结构

其中，weight 域保存结点的权值，lchild 和 rchild 域分别保存该结点的左、右孩子结点在数组 ht 中的序号，叶子结点的这两个指针域的值为空(为-1)。为了判定一个结点是否已加入要建立的哈夫曼树，可通过 parent 域的值来确定。初始时 parent 域的值为-1，当结点加入哈夫曼树时，该结点的 parent 域的值为其双亲结点在数组 ht 中的序号。

在上述结点结构上实现的哈夫曼树的构造算法可大致描述如下。

（1）初始化：将 ht[0..2n-2] 中，2n-1 个结点里的 3 个指针域的值均置为空（即置为-1），权值置为 0。

（2）输入 n 个叶子结点的权值：读入 n 个叶子结点的权值并存于数组的前 n 个分量（即 ht[0..n-1]）中，它们是初始森林中 n 个孤立的根结点上的权值。

（3）合并：对森林中的树共进行 n-1 次合并，所产生的新结点依次放入数组 ht 的第 i 个分量中（n≤i<2n-1）。每次合并分为以下两步。

① 在当前森林 ht[0..i-1] 的所有结点中，选取权值最小和次小的两个根结点 ht[p_1] 和 ht[p_2] 作为合并对象，其中，0≤p_1，p_2≤i-1。

② 将根结点为 ht[p_1] 和 ht[p_2] 的两棵树作为左、右子树合并为一棵新的树，新树的根结点是新结点 ht[i]。因此，应将 ht[p_1] 和 ht[p_2] 的 parent 域的值置为 i，将 ht[i] 的 lchild 和 rchild 域的值分别置为 p_1 和 p_2，而新结点 ht[i] 的权值应置为 ht[p_1] 和 ht[p_2] 的权值之和。注意，合并后 ht[p_1] 和 ht[p_2] 在当前森林中已不再是根结点，因为它们的双亲指针均已指向 ht[i]，所以下一次合并时不会被选中作为合并对象。

例如，已知某系统在通信联络中只可能出现字符 A、B、C、D、E、F、G，其权值分别为 3、12、7、4、2、8、11，试构造一棵哈夫曼树，并给出数组 ht 的初始状态和终结状态。

构造的哈夫曼树如图 5-19 所示，数组 ht 的初始状态和终结状态如表 5-1 和表 5-2 所示。

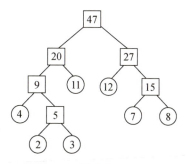

图 5-19 构造的哈夫曼树

表 5-1 数组 ht 的初始状态

序号	字符	weight	parent	lchild	rchild
0	A	3	-1	-1	-1
1	B	12	-1	-1	-1
2	C	7	-1	-1	-1
3	D	4	-1	-1	-1
4	E	2	-1	-1	-1
5	F	8	-1	-1	-1
6	G	11	-1	-1	-1
7			-1	-1	-1

续表

序号	字符	weight	parent	lchild	rchild
8			−1	−1	−1
9			−1	−1	−1
10			−1	−1	−1
11			−1	−1	−1
12			−1	−1	−1

表 5-2　数组 ht 的终结状态

序号	字符	weight	parent	lchild	rchild
0	A	3	7	−1	−1
1	B	12	11	−1	−1
2	C	7	9	−1	−1
3	D	4	8	−1	−1
4	E	2	7	−1	−1
5	F	8	9	−1	−1
6	G	11	10	−1	−1
7		5	8	4	0
8		9	10	3	7
9		15	11	2	5
10		20	12	8	6
11		27	12	1	9
12		47	−1	10	11

【算法代码】

```
//- - - - - 哈夫曼树的存储表示- - - - -
typedef struct{
    int weight;   //结点的权值
    int parent,lchild,rchild;  //结点的双亲、左孩子、右孩子的下标
}HTNode, *HuffmanTree;//动态分配数组存储哈夫曼树
```

//哈夫曼树的各结点存储在由哈夫曼树定义的动态分配的数组中,为了实现方便,数组的 0 号单元不使用,从 1 号单元开始使用,所以数组的大小为 2n。将叶子结点集中存储在前面部分 1~n 个位置,而后面的 n-1 个位置存储其余非叶子结点

```
//- - - - - 构造哈夫曼树 HT- - - - -
void CreateHuffmanTree(HuffmanTree &HT,int n)
{
    if(n<=l) return;
        m=2*n- l;
    HT=new HTNode[m+l];
```

```
        //0 号单元未用,所以需要动态分配 m+1 个单元,HT[m]表示根结点
        for(i=l;i<=m;++i)
        //将 1~m 号单元中的双亲、左孩子、右孩子的下标都初始化为 0
        {HT[i]. parent=0;HT[i]. lchild=0;HT[i]. rchild=0;}
    for(i=l;i<=n;++i)  //输入前 n 个单元中叶子结点的权值
        cin>>HT[i]. weight;
    //- - - - - 初始化工作结束,下面开始创建哈夫曼树- - - - -
    for(i=n+l;i<=m;++i)
    {  //通过 n-1 次的选择、删除、合并来创建哈夫曼树
        Select(HT,i-1,s1,s2);
        //在 HT[k](l≤k≤i-1)中选择两个其双亲域的值为 0 且权值最小的结点,并返回它们在 HT 中的
    序号 sl 和 s2
        HT[s1]. parent=i;HT[s2]. parent=i;
        //得到新结点 i,从森林中删除 s1,s2,将 s1 和 s2 的双亲域的值由 0 改为 i
        HT[i]. lchild=s1;   HT [i]. rchild=s2;   //s1,s2 分别作为 i 的左、右孩子
        HT[i]. weight=HT[s1]. weight+HT[s2]. weight;//i 的权值为左、右孩子的权值之和
    }
}
```

▶▶▶ 5.4.3　哈夫曼编码 ▶▶▶

在数据通信中,经常需要将传送的文字转换成由二进制字符0、1组成的二进制串,这种转换方式被称为编码。例如,假设要传送的电文为 ABACCDA,电文中只含有 A、B、C、D 4 种字符,若这 4 种字符采用表 5-3 所示的编码 1,则电文的代码为000010000100100111000,长度为 21。在传送电文时,我们总是希望传送时间尽可能短,这就要求电文代码尽可能短,显然,这种编码方案产生的电文代码不够短。表 5-3 所示的编码 2 为另一种编码方案,用此编码方案对上述电文进行编码所建立的代码为00010010101100,长度为 14。在这种编码方案中,4 种字符的编码均为两位,是一种等长编码。若在编码时考虑字符出现的频率,让出现频率高的字符采用尽可能短的编码,出现频率低的字符采用稍长的编码,构造一种不等长编码,则电文的代码就可能更短。例如,当字符 A、B、C、D 采用表 5-3 所示的编码 3 时,上述电文的代码为 0110010101110,长度仅为 13。

表 5-3　字符的 3 种不同的编码方案

字符	编码 1	编码 2	编码 3
A	000	00	0
B	010	01	110
C	100	10	10
D	111	11	111

哈夫曼树可用于构造使电文的编码总长最短的编码方案,具体做法如下。

设需要编码的字符集合为{d_1, d_2, …, d_n},它们在电文中出现的次数或频率集合为{w_1, w_2, …, w_n},以 d_1, d_2, …, d_n 作为叶子结点,w_1, w_2, …, w_n 作为它们的权

值，构造一棵哈夫曼树，规定哈夫曼树中的左分支代表 0，右分支代表 1，则从根结点到每个叶子结点所经过的路径分支组成的 0 和 1 的序列便为该结点对应字符的编码，称为哈夫曼编码。

在哈夫曼编码树中，树的带权路径长度是各个字符的码长与其出现次数的乘积之和，也就是电文的代码总长，所以采用哈夫曼树构造的编码是一种能使电文代码总长最短的不等长编码。

在建立不等长编码时，必须使任何一个字符的编码都不是另一个字符编码的前缀，这样才能保证译码的唯一性。采用哈夫曼树进行编码，不会产生上述二义性问题。因为，在哈夫曼树中，每个字符结点都是叶子结点，它们不可能在根结点到其他字符结点的路径上，所以一个字符的哈夫曼编码不可能是另一个字符的哈夫曼编码的前缀，从而保证了译码的非二义性。

例如，已知某系统在通信联络中只可能出现字符 A、B、C、D、E、F、G，其权值分别为 3、12、7、4、2、8、11，试设计哈夫曼编码。设计的哈夫曼树及其哈夫曼编码如图 5-20 所示。

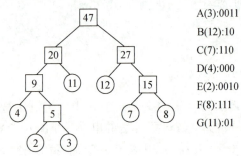

A(3):0011
B(12):10
C(7):110
D(4):000
E(2):0010
F(8):111
G(11):01

图 5-20　哈夫曼树及哈夫曼编码

【实战演练】

根据哈夫曼树求哈夫曼编码。

（1）分配存储 n 个字符编码的编码表空间 HC，长度为 n+1；分配临时存储每个字符编码的动态数组空间 cd，cd[n−1]置为'\0'。

（2）逐个求解 n 个字符的编码，循环 n 次。

（3）释放临时空间 cd。

```
void CreatHuffmanCode(HuffmanTree HT,HuffmanCode &HC,int n){
    HC=new char*  [n+1];
    cd=new char [n];
    cd[n- 1]='\0' ;
    for(i=l;i<=n;++i)
    {
        start=n- 1;
        c=i;f=HT [i]. parent;
        while(f!=0)
        {
```

```
                - - start;
                if(HT[f]. lchild= =c)cd[start]=' 0' ;
                else cd[start]=' l' ;
                c=f;f=HT[f]. parent;
            }
        HC[i]=new char[n- start];
        strcpy(HC[i],&cd[start]);
        }
    delete cd;
}
```

【完整的代码】

```
#include<iostream>
#include<cstring>
using namespace std;
typedef struct
{
    int weight;
    int parent,lchild,rchild;
}HTNode, *HuffmanTree;
typedef char **HuffmanCode;
void Select(HuffmanTree HT,int len,int &s1,int &s2)
{
    int i,min1=0x3f3f3f3f,min2=0x3f3f3f3f;//先赋予最大值
    for(i=1;i<=len;i++)
    {
        if(HT[i]. weight<min1&&HT[i]. parent= =0)
        {
            min1=HT[i]. weight;
            s1=i;
        }
    }
    int temp=HT[s1]. weight;
    //将原值存放起来,然后先赋予最大值,防止 s1 被重复选择
    HT[s1]. weight=0x3f3f3f3f;
    for(i=1;i<=len;i++)
    {
        if(HT[i]. weight<min2&&HT[i]. parent= =0)
        {
            min2=HT[i]. weight;
            s2=i;
        }
    }
```

```
        HT[s1]. weight=temp;                        //恢复原来的值
    }
//构造哈夫曼树
void CreatHuffmanTree(HuffmanTree &HT,int n)
{
    //构造哈夫曼树 HT
    int m,s1,s2,i;
    if(n<=1)return;
        m=2*n-1;
    HT=new HTNode[m+1];
    //0 号单元未用,所以需要动态分配 m+1 个单元,HT[m]表示根结点
    for(i=1;i<=m;++i)
    //将 1~m 号单元中的双亲、左孩子、右孩子的下标都初始化为 0
        { HT[i]. parent=0;HT[i]. lchild=0;HT[i]. rchild=0;}
    cout<<"请输入叶子结点的权值: \n";
    for(i=1;i<=n;++i)                        //输入前 n 个单元中叶子结点的权值
        cin>>HT[i]. weight;
    //----------初始化工作结束,下面开始创建哈夫曼树--------------------
    for(i=n+1;i<=m;++i)
    {//通过 n-1 次的选择、删除、合并来创建哈夫曼树
        Select(HT,i-1,s1,s2);
        //在 HT[k](1≤k≤i-1)中选择两个其双亲域的值为 0 且权值最小的结点
        // 并返回它们在 HT 中的序号 s1 和 s2
        HT[s1]. parent=i;
        HT[s2]. parent=i;
        //得到新结点 i,从森林中删除 s1,s2,将 s1 和 s2 的双亲域的值由 0 改为 i
        HT[i]. lchild=s1;
        HT[i]. rchild=s2;                       //s1,s2 分别作为 i 的左、右孩子
        HT[i]. weight=HT[s1]. weight+HT[s2]. weight;
        //i 的权值为左、右孩子的权值之和
    }
}
void CreatHuffmanCode(HuffmanTree HT,HuffmanCode &HC,int n)
{
    //从叶子到根逆向求每个字符的哈夫曼编码,存储在编码表 HC 中
    int i,start,c,f;
    HC=new char *[n+1];                     //分配 n 个字符编码的头指针矢量
    char *cd=new char[n];                   //分配临时存放编码的动态数组空间
    cd[n-1]='\0';                           //编码结束符
    for(i=1;i<=n;++i)
    {                                       //逐个字符求哈夫曼编码
        start=n-1;                          //start 开始时指向最后,即编码结束符位置
        c=i;
```

```
        f=HT[i]. parent;                    //f 指向结点 c 的双亲结点
        while(f!=0)
        {                                    //从叶子结点开始向上回溯,直到根结点
            - - start;                       //回溯一次,start 向前指一个位置
            if(HT[f]. lchild==c)
                cd[start]='0';               //结点 c 是 f 的左孩子,则生成代码 0
            else
                cd[start]='1';               //结点 c 是 f 的右孩子,则生成代码 1
            c=f;
            f=HT[f]. parent;                 //继续向上回溯
        }                                    //求出第 i 个字符的编码
        HC[i]=new char[n- start];            // 为第 i 个字符编码分配空间
        strcpy(HC[i],&cd[start]);
        //将求得的编码从临时空间 cd 复制到 HC 的当前行中
    }
    delete cd;                               //释放临时空间
}                                            // CreatHaffmanCode
void show(HuffmanTree HT,HuffmanCode HC)
{
    for(int i=1;i<=sizeof(HC)+1;i++)
        cout<<HT[i]. weight<<"编码为"<<HC[i]<<endl;
}
int main()
{
    HuffmanTree HT;
    HuffmanCode HC;
    int n;
    cout<<"请输入叶子结点的个数:\n";
    cin>>n;                                  //输入哈夫曼树的叶子结点个数
    CreatHuffmanTree(HT,n);
    CreatHuffmanCode(HT,HC,n);
    show(HT,HC);
}
```

项目总结 ▶▶ ▶

树的定义和基本术语,二叉树的特殊性质。二叉树的两种存储表示:顺序存储和链式存储。顺序存储就是把二叉树的所有结点按照层次顺序存储到连续的存储单元中。链式存储又称二叉链表,每个结点包括两个指针,分别指向其左孩子和右孩子。链式存储结构是二叉树常用的存储结构。

树的存储结构的表示方法有 3 种:双亲表示法、孩子表示法和孩子兄弟表示法。孩子兄弟表示法是常用的表示方法,任意一棵树都能通过孩子兄弟表示法转换为二叉树进行存

储。森林与二叉树之间也存在相应的转换方法，通过这些转换，可以利用二叉树的操作解决一般树的有关问题。

二叉树的遍历算法是其他运算的基础，根据访问结点的次序不同可得 3 种遍历：先序遍历、中序遍历、后序遍历。引入二叉线索树可加快查找结点的前驱或后继的速度。

构造哈夫曼树在通信编码技术上有广泛应用。构造哈夫曼树，按分支情况在左路径上写代码 0、右路径上写代码 1，然后从上到下叶子结点相应路径上的代码序列就是该叶子结点的最优前缀码，即哈夫曼编码。

本项目通过解决根据哈夫曼树求哈夫曼编码的问题，加深读者对树、二叉树、森林的应用理解，建议读者掌握。

立德铸魂

1951 年，哈夫曼和他在麻省理工学院（Massachusetts Institute of Thechnology，MIT）修读信息论的同学需要选择是完成学期报告还是期末考试。导师罗伯特·范若（Robert M. Fano）给他们的学期报告的题目是"寻找最有效的二进制编码"。由于无法证明哪个已有的编码是最有效的，哈夫曼放弃对已有编码的研究，转向新的探索，最终发现了基于有序频率二叉树编码的想法，并很快证明了这个算法是最有效的。这个算法让他青出于蓝，超过了他那曾经和信息论创立者克劳德·艾尔伍德·香农（Claude Elwood Shannon）共同研究过类似编码的导师。哈夫曼使用自底向上的方法构建二叉树，避免了次优算法 Shannon-Fano 编码的最大弊端——自顶向下构建树。

哈夫曼提出了一种不定长编码的方法，也称哈夫曼（Huffman）编码。哈夫曼编码的基本方法是先对图像数据扫描一遍，计算出各种像素出现的概率，按概率的大小指定不同长度的唯一码字，由此得到一张该图像的哈夫曼码表。编码后的图像数据记录的是每个像素的码字，而码字与实际像素值的对应关系记录在码表中。

哈夫曼编码是可变字长编码（Variable Length Coding，VLC），即不定长编码的一种。

项目 6   图

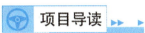 项目导读 ▶▶ ▶

图(Graph)是一种较线性表和树更为复杂的数据结构。在线性表中，数据元素之间仅有线性关系，每个数据元素只有一个直接前驱和一个直接后继；在树结构中，数据元素之间有明显的层次关系，并且每一层上的数据元素可能和下一层中多个数据元素(即其孩子结点)相关，但只能和上一层中的一个数据元素(即其双亲结点)相关；而在图结构中，结点之间的关系可以是任意的，图中任意两个数据元素之间都可能相关。

本项目将基于六度空间理论学习图的存储结构、操作以及应用。

项目目标 ▶▶ ▶

知识目标	(1)理解图的定义。 (2)掌握图中两种常用的存储结构。 (3)掌握两种遍历算法以及图的应用算法
技能目标	(1)掌握邻接矩阵和邻接表这两种存储结构的特点及其适用范围，能够根据应用问题的特点和要求选择合适的存储结构。 (2)掌握连通图的深度优先搜索和广度优先搜索两种遍历算法、执行过程及时间分析，能够利用图的两种遍历算法解决简单的应用问题。 (3)掌握图的生成树和最小生成树的概念，领会普里姆算法和克鲁斯卡尔算法的基本思想和时间性能，能够对给定的连通图根据两种算法构造出最小生成树。 (4)领会最短路径的含义，理解求单源最短路径的迪杰斯特拉算法的基本思想和时间性能。对于给定的有向图，根据迪杰斯特拉算法画出求单源最短路径的过程示意图。 (5)理解拓扑排序的基本思想和步骤。对给定的有向图，若拓扑序列存在，则要求写出一个或多个拓扑序列
素养目标	培养严谨、实事求是的科学作风。培养独立观察、思考问题、分析问题、解决问题的能力

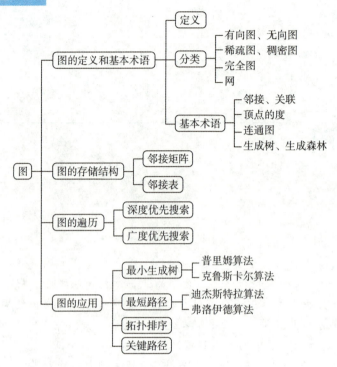

知识解析

　　我们把六度空间理论中的人际关系网络图抽象成一个不带权值的无向图 G，用图 G 中的一个顶点表示一个人，两个人"认识"与否，用代表这两个人的顶点之间是否有一条边来表示。这样六度空间理论问题便可描述为：在图 G 中，任意两个顶点之间都存在一条路径长度不超过 7 的路径。

　　在实际验证过程中，可以通过测试满足要求的数据达到一定的百分比（比如 99.5%）来进行验证。这样我们便把待验证六度空间理论问题描述为：在图 G 中，任意一个顶点到其余 99.5% 以上的顶点都存在一条路径长度不超过 7 的路径。

 任务 6.1　图的定义和基本术语

　　任务描述：掌握图的定义、图的基本术语。
　　任务实施：知识解析。

▶▶▶ 6.1.1　图的定义 ▶▶▶

　　图是一种较线性表和树更为复杂的数据结构。在线性表中，数据元素之间呈现一种线性关系，即每个数据元素只有一个直接前驱和一个直接后继；在树结构中，结点之间是一种层次关系，即每个结点只有一个直接前驱，但可以有多个直接后继；而在图结构中，每

个结点既可以有多个直接前驱，也可以有多个直接后继。前面讨论的线性表和树都可以看作两种特殊的图。

图是一种数据结构，它和树一样可以用二元组表示。图可以定义为

$$G = (V, E)$$

其中，

$$V = \{x \mid x \in 某个数据元素的集合\}$$

$$E = \{<x, y> \mid x, y \in V\} \quad 或 \quad E = \{(x, y) \mid x, y \in V\}$$

在图中的数据元素通常用顶点（Vertex）表示。定义中的 V 是顶点的非空有限集合；E 是两个顶点之间的关系集合。顶点之间的关系可用有序对来表示，若 $<x, y> \in E$，则 $<x, y>$ 表示从 x 到 y 有一条弧（Arc），或者称为有向边，称 x 为弧尾或初始点（Initial Node），称 y 为弧头或终点（Terminal Node），此时的图被称为有向图（Digraph），如图 6-1（a）所示。若 $<x, y> \in E$，必有 $<y, x> \in E$，即 E 是对称的，则以无序对 (x, y) 代替这两个有序对，表示 x 和 y 之间的一条边，此时的图被称为无向图（Undigraph），如图 6-1（b）所示。

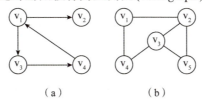

（a）　　　　　　　（b）

图 6-1　有向图和无向图

（a）有向图 G_1；（b）无向图 G_2

▶▶▶ 6.1.2 图的基本术语 ▶▶▶

1. 完全图、稀疏图、稠密图

假设用 n 表示图 G 中的顶点数目，用 e 表示边的数目，不考虑顶点到其自身的边，那么，若 G 是无向图，则 e 的取值范围是 $0 \sim n(n-1)/2$；若 G 是有向图，则 e 的取值范围是 $0 \sim n(n-1)$。

有 $n(n-1)/2$ 条边的无向图被称为完全无向图，如图 6-2（a）所示。有 $n(n-1)$ 条边的有向图被称为完全有向图，如图 6-2（b）所示。

当一个图有较少的边时，称它为稀疏图；相反地，称它为稠密图。

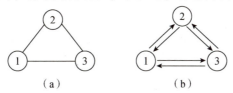

（a）　　　　　　　（b）

图 6-2 完全图

（a）完全无向图 G_3；（b）完全有向图 G_4

2. 邻接点

在无向图中，若存在一条边 (v_i, v_j)，则称顶点 v_i 和 v_j 互为邻接点，或者称顶点 v_i 和 v_j 相邻接；并称边 (v_i, v_j) 依附顶点 v_i 和 v_j，或者称边 (v_i, v_j) 和顶点 v_i、v_j 相关联。

同理，在有向图中，若存在一条弧<v_i，v_j>，则也称顶点 v_i 和 v_j 相邻接，并称弧<v_i，v_j>与顶点 v_i、v_j 相关联。

3. 顶点的度

顶点 v 的度是与它相关联的边的条数，记作 TD(v)。在有向图中，顶点的度等于该顶点的入度和出度之和，即 TD(v) = ID(v)+OD(v)。其中，顶点 v 的入度 ID(v) 是以 v 为终点的有向边的条数；顶点 v 的出度 OD(v) 是以 v 为初始点的有向边的条数。在无向图中，顶点的度等于顶点的入度或出度，即 TD(v) = ID(v) = OD(v)。

4. 路径、回路

在无向图 G 中，若存在一个顶点序列 v_i，v_{k1}，v_{k2}，…，v_{kn}，v_j，使(v_1，v_{k1})，(v_{k1}，v_{k2})，…，v_{kn}，(v_j)均属于 E(G)，则称顶点 v_i 到 v_j 存在一条路径(Path)。若 G 是有向图，则路径也是有向的，它由 E(G)中的有向边<v_i，v_{k1}>，<v_{k1}，v_{k2}>，…，<v_{kn}，v_j>组成，路径长度定义为该路径上边的数目。若一条路径上除顶点 v_i 和 v_j 可以相同外，其余顶点均不相同，则称此路径为一条简单路径。初始点和终点相同($v_i = v_j$)的简单路径被称为简单回路或简单环(Cycle)。例如，在图 G_2 中，顶点序列 v_1，v_2，v_5 是一条从顶点 v_1 到顶点 v_5 的长度为 2 的简单路径；在有向图 G_1 中，顶点序列 v_1，v_3，v_4，v_1 是一个长度为 3 的有向简单环。

5. 权、网

在一个图的每条边或弧上，有时可以标上具有某种含义的数值，这种与图的边相关的数值被称为权。这种边或弧上带权的图被称为网，图 6-3 中的 G_5 就是一个无向网。

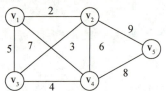

图 6-3　无向网 G_5

6. 子图

设图 $G_1 = (V_1，E_1)$ 和图 $G_2 = (V_2，E_2)$，若 $V_2 \subseteq V_1$ 且 $E_2 \subseteq E_1$，则称图 G_2 是图 G_1 的子图。

7. 连通图、强连通图

在无向图中，若从顶点 v_i 到顶点 v_j 有路径，则称顶点 v_i 和顶点 v_j 是连通的。若图中任意一对顶点都是连通的，则称该图是连通图。连通图只有一个极大连通子图，就是它本身。非连通图的极大连通子图被称为连通分量。

图 6-2(a)中的无向图 G_3 是连通图。

对于有向图来说，若图中任意一对顶点 v_i 和 v_j($i \neq j$)均有从一个顶点 v_i 到另一个顶点 v_j 的路径，也有从顶点 v_j 到顶点 v_i 的路径，则称该有向图是强连通图。有向图的极大强连通子图被称为强连通分量。图 6-2(b)中的有向图 G_4 是强连通图。

8. 生成树、生成森林

一个连通图的极小连通子图被称为该连通图的生成树，有 n 个顶点的连通图的生成树

有n个顶点和n-1条边。在非连通图中，由每个连通分量都可得到一个极小连通子图，即一棵生成树，这些连通分量的生成树就组成了一个非连通图的生成森林。

 ## 任务6.2 图的存储结构

任务描述：掌握图的两种存储结构。
任务实施：知识解析。

▶▶▶ 6.2.1 邻接矩阵 ▶▶▶ ▶

由图的定义可知，图包括两部分信息：图中的顶点和描述顶点之间关系的边。图的存储结构主要是图中边的存储结构，又称图的存储表示或图的表示。

邻接矩阵是表示顶点之间相邻关系的矩阵。设 G=（V，E）是具有 n 个顶点的图，顶点序号依次为 0，1，…，n，则 G 的邻接矩阵中的元素可做如下描述：

$$A[i][j]=\begin{cases}1, & (v_i, v_j)\in E \text{ 或}<v_i, v_j>\in E \\ 0, & \text{其他}\end{cases}$$

例如，图 6-1 中的 G_1 和 G_2 的邻接矩阵分别如图 6-4(a)和图 6-4(b)所示。

$$\begin{bmatrix}0&1&1&0\\0&0&0&0\\0&0&0&1\\1&0&0&0\end{bmatrix} \qquad \begin{bmatrix}0&1&0&1&0\\1&0&1&0&1\\0&1&0&1&1\\1&0&1&0&0\\0&1&1&0&0\end{bmatrix}$$

（a） （b）

图6-4 图的邻接矩阵
(a)有向图 G_1 的邻接矩阵；(b)无向图 G_2 的邻接矩阵

若 G 是网，则邻接矩阵可定义为

$$A[i][j]=\begin{cases}w_{ij}, & (v_i, v_j)\in E \text{ 或}<v_i, v_j>\in E \\ 0 \text{ 或}\infty, & \text{其他}\end{cases}$$

其中，w_{ij} 表示边上的权值；∞表示一个计算机允许的、大于所有边上权值的数。例如，图6-3 中的无向网 G_5 的邻接矩阵如图 6-5 所示。

$$\begin{bmatrix}0&2&5&7&0\\2&0&3&6&9\\5&3&0&4&0\\7&6&4&0&8\\0&9&0&8&0\end{bmatrix} \qquad \begin{bmatrix}\infty&2&5&7&\infty\\2&\infty&3&6&9\\5&3&\infty&4&\infty\\7&6&4&\infty&8\\\infty&9&\infty&8&\infty\end{bmatrix}$$

图6-5 无向网 G_5 的邻接矩阵

无向图或无向网的邻接矩阵一定是对称的，因为当$(v_i, v_j)\in E$ 时，也有$(v_j, v_i)\in E$。而有向图或有向网的邻接矩阵不一定对称，所以用邻接矩阵表示一个有 n 个顶点的有向图或有向网时，所需的存储单元为 n^2。由于无向图或无向网的邻接矩阵是对称的，所以可采用压缩存储的方法，仅存储下三角矩阵(包括主对角线)中的元素，存储单元只需 n(n

$+1)/2$。显然，邻接矩阵表示法的空间复杂度 $S(n)=O(n^2)$。

用邻接矩阵表示图，除存储用于表示顶点间相邻关系的邻接矩阵外，通常还需要用一个一维数组来存储顶点信息，其中下标为 i 的元素存储顶点 v_i 的信息。其形式描述如下：

```
/*- - - - - 图的邻接矩阵存储表示- - - -*/
#define MaxInt 32767
#define MVNum 100
Typedef char VerTexType;
Typedef int ArcType;
typedef struct{
    VerTexType vexs[MVNum];              /*顶点表*/
    ArcType arcs[MVNum][MVNum];          /*邻接矩阵 */
    int vexnum,arcnum;                    /*图的当前点数和边数 */
}AMGraph;
```

已知一个图的点和边，建立无向网的邻接矩阵的算法描述如下。

(1)输入总顶点数和总边数。

(2)依次输入点的信息并存入顶点表。

(3)初始化邻接矩阵，将每条边的权值初始化为极大值。

(4)构造邻接矩阵。依次输入每条边依附的顶点和权值，确定两个顶点在图中的位置之后，赋予边相应的权值，同时赋予其对称边相同的权值。

【算法代码】

```
/*- - - - - 采用邻接矩阵表示法,创建无向网 G- - - - -*/
Status CreateUDN(AMGraph &G)
{
    cin>>G. vexnum>>G. arcnum;            /*输入总顶点数和总边数*/
    for(i=0;i<G. vexnum;++i)              /*依次输入点的信息*/
        cin>>G. vexs[i];
    for(i=0;i<G. vexnum;++i)              /*初始化邻接矩阵,边的权值均置为极大值 MaxInt*/
        for(j=0;j<G. vexnum;++j)
            G. arcs[i][j]=MaxInt;
    for(k=0;k<G. arcnum;++k)              /*构造邻接矩阵*/
    {
        cin>>vl>>v2>>w;                   /*输入一条边依附的顶点和权值*/
        i=LocateVex(G,vl);
        j=LocateVex(G,v2);               /*确定 vl 和 v2 在 G 中的位置,即顶点数组的下标*/
        G. arcs[i][j]=w;                  /*边<vl,v2>的权值置为 w */
        G. arcs[j][i]=G. arcs[i][j];      /*置<vl,v2>的对称边<v2,vl>的权值为 w */
    }
    return OK;
}
```

【算法分析】

该算法的时间复杂度是 $O(n^2)$。若要建立无向图，只需对上述算法做两处小的改动：一是初始化邻接矩阵时，将边的权值均初始化为 0；二是构造邻接矩阵时，将权值 w 改为常量值 1 即可。同样，将该算法稍做修改即可建立一个有向网或有向图。

邻接矩阵表示法的优点：便于判断两个顶点之间是否有边，即根据 A[i][j]=0 或 A[j][j]=1 来判断；便于计算各个顶点的度。对于无向图，邻接矩阵第 i 行元素之和就是顶点 i 的度；对于有向图，第 i 行元素之和就是顶点 i 的出度，第 i 列元素之和就是顶点 i 的入度。

邻接矩阵表示法的缺点：不便于增加和删除顶点；不便于统计边的数目，需要扫描邻接矩阵的所有元素才能统计，时间复杂度为 $O(n^2)$，空间复杂度高。如果是有向图，n 个顶点需要 n^2 个存储单元。如果是无向图，因其邻接矩阵是对称的，所以对规模较大的邻接矩阵可以采用压缩存储的方法，仅存储下三角矩阵(或上三角矩阵)中的元素，这样需要 $n(n-1)/2$ 个存储单元即可。但无论以何种方式存储，邻接矩阵表示法的空间复杂度均为 $O(n^2)$，这对于稀疏图而言尤其浪费空间。

下面介绍的邻接表将邻接矩阵的 n 行改成 n 个单链表，适合表示稀疏图。

▶▶▶ 6.2.2 邻接表 ▶▶▶

邻接表是图的一种链式存储结构。在邻接表中，对图中每个顶点 v_i 建立一个单链表，把与 v_i 邻接的顶点放在这个链表中。邻接表中每个单链表的第一个结点存放有关顶点的信息，把这一结点看作链表的表头，其余结点存放有关边的信息，这样邻接表便由两部分组成：表头结点表和边表。

(1)表头结点表：由所有表头结点以顺序结构的形式存储，以便可以随机访问任一顶点的边链表。表头结点包括数据域(data)和指针域(firstarc)两部分，如图 6-6(a)所示。其中，数据域用于存储顶点 v_i 的名称或其他有关信息；指针域用于指向链表中第一个结点(即与顶点 v_i 邻接的第一个邻接点)。

(2)边表：由表示图中顶点间关系的 2n 个边链表组成。边链表中边结点包括邻接点域(adjvex)、数据域(info)和指针域(nextarc)3 部分，如图 6-6(b)所示。其中，邻接点域指示与顶点 v_i 邻接的点在图中的位置；数据域存储和边相关的信息，如权值等；指针域指示与顶点 v_i 邻接的下一条边的结点。

data	firstsrc

(a)

adjvex	info	nextarc

(b)

图 6-6 表头结点和边结点
(a)表头结点；(b)边结点

例如，图 6-1 中的 G_1 和 G_2 的邻接表分别如图 6-7(a)和图 6-7(b)所示。在链表的表示中，用"∧"表示链表的结束。

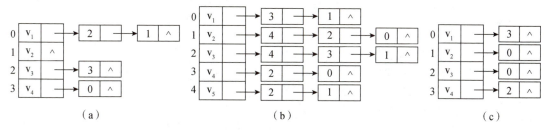

(a)   (b)   (c)

图 6-7 邻接表与逆邻接表
(a)G_1 的邻接表；(b)G_2 的邻接表；(c)G_1 的逆邻接表

对于无向图，第 i 个链表中的每个结点都对应于与顶点 v_i 相关联的一条边；对于有向图，第 i 个链表中的每个结点都对应于以顶点 v_i 为尾的一条弧。因此，将无向图中的链表称为边表，将有向图中的链表称为出边表。

有向图还有一种称为逆邻接表的表示法，该表示法为图中每个顶点 v_i 建立一个入边表，入边表中的每个表结点均对应一条以顶点 v_i 为头的弧。

对于一个具有 n 个顶点、e 条边的图 G，若 G 是无向图，则它的邻接表需要 n 个表头结点组成的顺序表和 2e 个结点组成的 n 个链表；若 G 是有向图，则它的邻接表或逆邻接表均需要 n 个表头结点组成的顺序表和 e 个结点组成的 n 个链表。因此，图的邻接表表示法的空间复杂度为 $S(n，e)=O(n+e)$。若图中边的数目远远小于 n^2，即图为稀疏图，则这时用邻接表表示比用邻接矩阵表示更节省存储空间。

综上所述，要定义一个邻接表，需要先定义其存放顶点的表头结点和表示边的边结点。

图的邻接表存储结构说明如下：

```
/*-----图的邻接表存储表示-----*/
Define MVNum 100/*最大顶点数 */
typedef struct ArcNode              /*边结点 */
{
    int adjvex;                     /*该边所指向的顶点的位置 */
    struct ArcNode *nextarc;        /*指向下一条边的指针 */
    OtherInfo info;                 /*和边相关的信息 */
}ArcNode;
typedef struct VNode{
    VerTexType data;                /*顶点信息 */
    ArcNode *firstarc;              /*指向第一条依附该顶点的边的指针 */
}VNode,AdjList[MVNum];              /*AdjList表示邻接表的类型 */
typedef struct{
    AdjList vertices;               /*邻接表*/
    int vexnum,arcnum;              /*图的当前顶点数和边数 */
}ALGraph;
```

采用邻接表表示法创建无向网的算法描述如下。

（1）输入总顶点数和总边数。

（2）依次输入点的信息并存入顶点表，将每个表头结点的指针域初始化为 NULL。

（3）创建邻接表。依次输入每条边依附的两个顶点，确定这两个顶点的序号 i 和 j 之后，将此边结点分别插入 v_i 和 v_j 对应的两个边链表的头部。

【算法代码】

```
/*-----采用邻接表表示法,创建无向网 G----*/
Status CreateUDG(ALGraph &G)
{
    cin>>G. vexnum>>G. arcnum;    /*输入总顶点数和总边数*/
    for(i=0;i<G. vexnum;++i)      /*输入各点的信息,构造表头结点表*/
    {
        cin>>G. vertices[i]. data;  /*输入顶点值*/
```

```
            G. vertices[i]. firstarc=NULL;/*初始化表头结点的指针域为NULL*/
        }//for
        for(k=0;k<G. arcnum;++k)        /*输入各边,构造邻接表*/
        {
            cin>>vl>>v2;                /*输入一条边依附的两个顶点*/
            i=LocateVex(G,vl);
            j=LocateVex(G,v2);          /*确定vl和v2在G中的位置,即顶点在G. vertices中的序号*/
            pl=new ArcNode;             /*生成一个新的边结点*pl*/
            p1->adjvex=j;               /*邻接点的序号为j*/
            pl->nextarc=G. vertices[i]. firstarc;
            G. vertices[i]. firstarc=p1;  /*将新结点*pl插入顶点vi的边链表头部*/
            p2=new ArcNode;             /*生成另一个对称的新的边结点*p2*/
            p2->adjvex=i;               /*邻接点的序号为i*/
            p2->nextarc=G. vertices[j]. firstarc;
            G. vertices[j]. firstarc=p2; /*将新结点*p2插入顶点vj的边链表头部
        }
        return OK;   }
```

【算法分析】

该算法的时间复杂度是 O(n+e)。

采用邻接表建立有向图的算法与此类似,只是更加简单,每读入一个顶点对序号<i,j>,仅需生成一个邻接点序号为 j 的边表结点,并将其插入顶点 v_i 的边链表的头部即可。若要创建网的邻接表,可以将边的权值存储在 info 域中。

 ## 任务 6.3　图的遍历

任务描述:掌握图的两种遍历算法。

任务实施:知识解析。

▶▶▶ 6.3.1　深度优先搜索 ▶▶▶

和树的遍历类似,图的遍历也是从图中某一顶点出发,按照某种方法对图中所有顶点仅访问一次。图的遍历算法是求解图的连通性问题、拓扑排序和关键路径等算法的基础。

然而,图的遍历要比树的遍历复杂得多。因为图的任一顶点都可能和其余顶点邻接。因此,在访问了某个顶点且可能沿着某条路径搜索之后,又回到该顶点上。例如,图 6-1(b)中的 G_2,由于图中存在回路,所以在访问了 v_1、v_2、v_3、v_4 之后,沿着有向边<v_4,v_1>又可访问 v_1。为了避免同一顶点被访问多次,在遍历图的过程中,必须记下每个已访问过的顶点。为此,设一个辅助数组 visited[n],将其初始值置为 false 或 0,一旦访问了顶点 v_i,便置 visited[i]为 true 或 1。

根据搜索路径的方向,通常有两种遍历图的方法:深度优先搜索(深度优先遍历)和广度优先搜索(广度优先遍历)。它们对无向图和有向图都适用。

连通图的深度优先遍历类似于树的先序遍历的过程。假设给定图 G 的初始状态是所有顶点均未被访问过，在 G 中任选一顶点 v_i 作为初始出发点，则深度优先遍历可定义如下：首先访问出发点 v_i 并将其标记为已被访问过；然后，依次从 v_i 出发遍历 v_i 的每一个邻接点 v_j，若 v_j 未被访问过，则以 v_j 作为新的出发点继续进行深度优先遍历，直至图中所有和 v_i 有路径相通的顶点都被访问到。因此，若 G 是连通图，则从初始出发点开始的遍历过程结束也就意味着完成了对图 G 的遍历。

显然上述遍历算法是递归定义的，它的特点是尽可能先对纵深方向进行搜索，故称为深度优先遍历。例如，设 v_i 是刚被访问过的顶点，按深度优先遍历算法，下一步将选择 v_i 的一个未被访问过的邻接点 v_j，访问 v_j 并将其标记为已被访问过，再选择 v_j 的一个未被访问过的邻接点 v_k 继续搜索，当遇到一个所有邻接于它的顶点都被访问过了的顶点 u 时，则退回到已被访问过的顶点序列中最后一个拥有未被访问过的邻接点的顶点 w，再从 w 出发按深度方向搜索，直到退回到初始出发点并且该顶点没有未被访问过的邻接点。显然，这时图 G 中所有和初始出发点有路径相通的顶点都已被访问过。

例如，对于图 6-8 中的无向图 G_6，设初始出发点为 v_1，则深度优先遍历序列为：$v_1 \rightarrow v_2 \rightarrow v_4 \rightarrow v_8 \rightarrow v_5 \rightarrow v_3 \rightarrow v_6 \rightarrow v_7$。

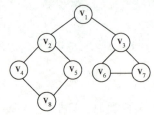

图 6-8　无向图 G_6

深度优先遍历连通图是一个递归的过程。为了在遍历过程中便于区分顶点是否已被访问过，需附设访问标志数组 visited[n]，其初值为 false，一旦某个顶点被访问，则其相应的分量值置为 true。

深度优先遍历连通图算法描述如下：

(1) 从图中某个顶点 v 出发，访问 v，并置 visited[v] 的值为 true。

(2) 依次检查 v 的所有邻接点 w，如果 visited[w] 的值为 false，再从 w 出发进行递归遍历，直到图中所有顶点都被访问过。

【算法代码】

```
/*-----深度优先遍历连通图----*/
bool visited [MVNum];        /*访问标志数组,其初值为 false*/
void DFS(Graph G,int v)/*从顶点 v 出发递归地深度优先遍历图 G*/
{
    cout<<v;
    visited[v]=true;/*访问顶点 v,并置访问标志数组相应分量值为 true*/
    for(w=FirstAdjVex(G,v);w>=0;w=NextAdjVex(G,v,w))
    /*依次检查 v 的所有邻接点 w,FirstAdjVex(G,v)表示 v 的第一个邻接点,NextAdjVex(G,v,w)表示 v
相对于 w 的下一个邻接点,w>=0 表示存在邻接点 */
        if(!visited[w])
            DFS(G,w);/*对 v 的尚未被访问过的邻接点 w 递归调用 DFS()函数*/
}
```

若是非连通图，上述遍历过程执行之后，图中一定还有顶点未被访问过，需要从图中另选一个未被访问过的顶点作为出发点，重复上述深度优先遍历过程，直到图中所有顶点均被访问过。

```
/*-----深度优先遍历非连通图----*/
void DFSTraverse(Graph G)/*对非连通图 G 做深度优先遍历
{
    for(v=0;v<G. vexnum;++v)
        visited[v]=false;            /*访问标志数组初始化
    for(v=0;v<G. vexnum;++v)
        if(!visited[v])DFS(G,v);     /*对尚未被访问过的顶点调用 DFS()函数*/
}
/*-----采用邻接矩阵表示图的深度优先遍历----*/
void DFS_AM(AMGraph G,int v)
{ /*图 G 为邻接矩阵类型,从顶点 v 出发深度优先遍历图 G*/
    cout<<v;
    visited[v]=true;                 /*访问顶点 v,并置访问标志数组相应分量值为 true*/
    for(w=0;w<G. vexnum;w++)         /*依次检查邻接矩阵 v 所在的行 */
        if((G. arcs[v][w]!=0)&&(!visited[w]))
            DFS(G,w);
    /*G. arcs[v] [w]!=0 表示 w 是 v 的邻接点,若 w 未被访问过,则递归调用 DFS()函数*/
}
/*-----采用邻接表表示图的深度优先遍历----*/
void DFS_AL(ALGraph G,int v)
{ /*图 G 为邻接表的类型,从顶点 v 出发深度优先遍历图 G*/
    cout<<v;
    visited[v]=true;                 /*访问顶点 v,并置访问标志数组相应分量值为 true*/
    p=G. vertices[v]. firstarc;      /*p 指向 v 的边链表的第一个边结点*/
    while(p!=NULL)                   /*边结点非空*/
    {
        w=p->adjvex;                 /*表示 w 是 v 的邻接点*/
        if(!visited[w])              /*若尚未被访问过,则递归调用 DFS()函数*/
            DFS(G,w);                /*p 指向下一个边结点*/
        p=p->nextarc;
    }
}
```

【算法分析】

分析上述算法，在遍历图时，对图中每个顶点至多调用一次 DFS( ) 函数，因为一旦某个顶点被标志成已被访问过，就不再从它出发进行搜索。因此，遍历图的过程实质上是对每个顶点查找其邻接点的过程，其时间复杂度则取决于所采用的存储结构。当用邻接矩阵表示图时，查找每个顶点的邻接点的时间复杂度为 $O(n^2)$，其中 n 为图中顶点数。而当以邻接表表示图时，查找邻接点的时间复杂度为 $O(e)$，其中 e 为图中边数。因此，当以邻接表表示图时，深度优先遍历图的时间复杂度为 $O(n+e)$。

▶▶▶ 6.3.2　广度优先搜索 ▶▶▶

连通图的广度优先遍历类似于树的层次遍历。设图 G 的初始状态是所有顶点均未被访问过，在 G 中任选一顶点 v_i 作为初始出发点，则广度优先遍历可定义如下：首先访问初始出发点 v_i，接着依次访问 v_i 的所有邻接点 w_1，w_2，…，w_k；然后，依次访问与 w_1，w_2，…，w_k 邻接的所有未被访问过的顶点，依次类推，直至图中所有和初始出发点 v_i 有路径相通的顶点都已被访问到。因此，若 G 是连通图，则从初始出发点开始的搜索过程结束也就意味着完成了对图 G 的遍历。

换句话说，广度优先遍历图的过程是以 v_i 作为初始出发点，由近至远，依次访问和 v_i 有路径相通且路径长度分别为 1，2……的顶点。显然，上述遍历算法的特点是尽可能先横向进行搜索，故称为广度优先遍历。设 v_i 和 v_j 是两个相继被访问过的顶点，若当前是以 v_i 作为出发点进行搜索，则在访问 v_i 的所有未被访问过的邻接点之后，紧接着是以 v_j 作为出发点进行横向搜索，并对搜索到的 v_j 的邻接点中尚未被访问过的顶点进行访问。也就是说，先访问的顶点，其邻接点亦先被访问。

和深度优先遍历类似，广度优先遍历在遍历的过程中也需要一个访问标志数组，并且为了顺序访问路径长度为 1，2……的顶点，需附设队列以存储已被访问过的路径长度为 1，2，……的顶点。

例如，对于图 6-8 中的无向图 G_6，设初始出发点为 v_1，则广度优先遍历序列为：$v_1 \rightarrow v_2 \rightarrow v_3 \rightarrow v_4 \rightarrow v_5 \rightarrow v_6 \rightarrow v_7 \rightarrow v_8$。

对于连通图，从图的任意一个顶点开始深度或广度优先遍历一定可以访问图中的所有顶点。但对于非连通图，从图的任意一个顶点开始深度或广度优先遍历并不能访问图中的所有顶点，而只能访问和初始顶点连通的所有顶点。为了能够访问到图中的所有顶点，方法很简单，只要以图中未被访问到的每一个顶点作为初始出发点调用深度优先或广度优先遍历算法即可。

广度优先遍历连通图算法描述如下。

（1）从图中某个顶点 v 出发，访问 v，并置 visited[v] 的值为 true，然后将 v 入队。

（2）只要队列不空，则重复下述操作：

①队头顶点（元素）u 出队；

②依次检查 u 的所有邻接点 w，若 visited[w] 的值为 false，则访问 w，并置 visited[w] 的值为 true，然后将 w 入队。

【算法代码】

```
/*-----广度优先遍历连通图------*/
void BFS(Graph G,int v)
{
    cout<<v;
    visited[v]=true;              /*访问顶点 v,并置访问标志数组相应分量值为 true*/
    InitQueue(Q);                 /*辅助队列 Q 初始化,置空 */
    EnQueue(Q,v);                 /*v 入队 */
    while(!QueueEmpty(Q))         /*队列非空*/
    {
        DeQueue(Q,u);             /*队头元素出队并置为 u */
```

```
        for(w=FirstAdjVex(G,u);w >=0;w=NextAdjVex(G,u,w))
        {/*依次检查 u 的所有邻接点 w,FirstAdjVex(G,u)表示 u 的第一个邻接点,NextAdjVex(G,u,w)
表示 u 相对于 w 的下一个邻接点,w>=0 表示存在邻接点*/
            if(!visited[w])                 /* w 为 u 的尚未被访问过的邻接点*/
            {
                cout<<w;
                visited[w]=true;            /* 访问 w,并置访问标志数组相应分量值为 true */
                EnQueue(Q,w);               /* w 入队 */
            }
        }
    }
}
```

【算法分析】

分析上述算法，每个顶点至多进一次队列。遍历图的过程实质上是找邻接点的过程，因此广度优先遍历图的时间复杂度和深度优先遍历相同，即当用邻接矩阵表示图时，时间复杂度为 $O(n^2)$；用邻接表表示图时，时间复杂度为 $O(n+e)$。两种遍历算法的不同之处仅在于对顶点访问的顺序不同。

 ## 任务6.4　图的应用

任务描述：掌握最小生成树、最短路径、拓扑排序和关键路径。
任务实施：知识解析。

▶▶▶ 6.4.1　最小生成树 ▶▶▶▶

假设要在 n 个城市之间建立通信网，则连通 n 个城市只需要 n-1 条线路。这时，自然会考虑这样一个问题，如何在最节省经费的前提下建立这个通信网。

在每两个城市之间都可设置一条线路，相应地都要付出一定的代价。n 个城市之间，最多可能设置 n(n-1)/2 条线路，那么，如何在这些可能的线路中选择 n-1 条线路，从而使总的耗费最少呢？

可以用连通网来表示 n 个城市，以及 n 个城市间可能设置的线路，其中网的顶点表示城市，边表示两城市之间的线路，赋予边的权值表示相应的代价。对于具有 n 个顶点的连通网，可以建立许多不同的生成树，每一棵生成树都可以是一个通信网。最合理的通信网应该是代价之和最小的生成树。在一个连通网的所有生成树中，各边的代价之和最小的那棵生成树被称为该连通网的最小代价生成树（Minimum Cost Spanning Tree），简称最小生成树（Minimum Spanning Tree，MST）。

构造最小生成树有多种算法，其中多数算法利用了最小生成树的下列一种简称 MST 的性质：假设 N=(V，E)是一个连通网，U 是顶点集 V 的一个非空子集，若(u，v)是一条具有最小权值（代价）的边，其中 u∈U，v∈V-U，则必存在一棵包含边(u，v)的最小生成树。

可以用反证法来证明。假设连通网 N 的任何一棵最小生成树都不包含边(u，v)。设 T_1 是连通网上的一棵最小生成树，当将边(u，v)加入 T_1 时，由生成树的定义可知，T_1 中必存在一条包含(u，v)的回路。另外，由于 T_1 是生成树，则在 T_1 上必存在另一条边(u'，v')，其中 u'∈U，v'∈V-U，且 u 和 u'、v 和 v'之间均有路径相通。删去边(u'，v')，便可消除上述回路，同时得到另一棵生成树 T_2。因为(u，v)的权值不高于(u'，v')，则 T_1 的权值亦不高于 T_2，T_1 是包含(u，v)的一棵最小生成树，这和假设矛盾。

普里姆(Prim)算法和克鲁斯卡尔(Kruskal)算法是两个利用 MST 性质构造最小生成树的算法。下面先介绍普里姆算法。

1. 普里姆算法

假设 G=(V，E)是一个具有 n 个顶点的连通网，顶点集 V={v_1，v_2，…，v_n}。设所求的最小生成树为 T=(U，TE)，其中 U 是 T 的顶点集，TE 是 T 的边集，U 和 TE 的初始值均为空集。

普里姆算法的基本思想如下：首先从 V 中任取一个顶点(假定取 v_1)，将生成树 T 置为仅有一个结点 v_1 的树，即置 U={v_1}；然后只要 U 是 V 的真子集，就在所有那些一个端点已在 T 中、另一个端点仍在 T 外的边中，找一条最短(即权值最小)的边。假定符合条件的最短边为(v_i，v_j)，其中 v_i∈U，v_j∈V-U，把该条边(v_i，v_j)和其不在生成树 T 中的顶点 v_j，分别并入 T 的边集 TE 和顶点集 U。如此进行下去，每次往 T 中并入一个顶点和一条边，直到把所有顶点都包括进生成树 T 中为止。此时，必有 U=V，TE 中有 n-1 条边，则 T=(U，TE)是 G 的一棵最小生成树。

例如，对于图 6-9(a)中的带权无向图，从顶点 v_1 出发，利用普里姆算法构造一棵最小生成树的过程如图 6-10 所示。

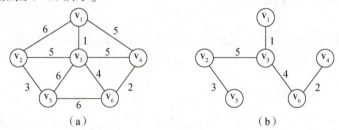

图 6-9　带权无向图及其最小生成树
(a)带权无向图；(b)最小生成树

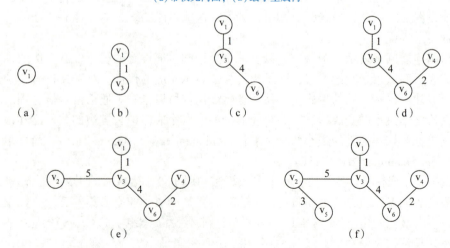

图 6-10　利用普里姆算法构造一棵最小生成树的过程

在选择具有最小代价的边时，若同时存在几条具有相同最小代价的边，则可任选一条，因此构造的最小（代价）生成树不是唯一的，但它们的最小（代价）总和是相等的。

普里姆算法的实现。假设一个无向网 G 以邻接矩阵形式存储，从顶点 u 出发构造 G 的最小生成树 T，要求输出 T 的各条边。为实现这个算法，需附设一个辅助数组 closedge，以记录从 U 到 V-U 具有最小权值的边。对每个顶点 $v_i \in V-U$，在辅助数组中存在一个相应分量 closedge[i-1]，它包括两个域：lowcost 和 adjvex。其中 lowcost 存储最小边上的权值，adjvex 存储最小边在 U 中的那个顶点。显然，closedge[i-1].lowcost = Min $\{cost(u_i, v_i) | u \in U\}$，辅助数组的定义，用来记录从顶点集 U 到 V-U 的权值最小的边。

```
struct
{
    VerTexType adjvex;/*最小边在 U 中的那个顶点*/
    ArcType lowcost;/*最小边上的权值*/
}closedge[MVNum];
```

【算法代码】

```
/*------普里姆算法------*/
void MiniSpanTree_Prim(AMGraph G,VerTexType u)
{
    /*无向网 G 以邻接矩阵形式存储,从顶点 u 出发构造 G 的最小生成树 T,输出 T 的各条边*/
    k=LocateVex(G,u);                    /*k 为顶点 u 的下标*/
    for(j=0;j<G. vexnum;++j)             /*对 V-U 的每一个顶点 vj,初始化 closedge[j] /*
        if(j!=k)
            closedge[j]={u,G. arcs[k][j]}; /*{adjvex,lowcost} /*
    closedge[k]. lowcost=0;              /*初始,U={u} */
    for(i=1;i<G. vexnum;++i)             /*选择其余 n-1 个顶点,生成 n-1 条边(n=G. vexnum)*/
    {
        k=Min(closedge);
        /*求出 T 的下一个结点:第 k 个顶点,closedge[k]中存有当前最小边 */
        u0=closedge[k]. adjvex;          /*u0 为最小边的一个顶点,u0∈U */
        v0=G. vexs[k];                   /*v0 为最小边的另一个顶点,v0∈V-U */
        cout<<u0<<v0;                    /*输出当前的最小边(u0,v0)*/
        closedge[k]. lowcost=0;          /*第 k 个顶点并入 U */
        for(j=0;j<G. vexnum;++j)
            if(G. arcs[k][j]<closedge[j]. lowcost)
        /*新顶点并入 U 后重新选择最小边 */
            closedge[j]={G. vexs[k],G. arcs[k][j]};
    }
}
```

【算法分析】

假设无向网中有 n 个顶点，则第一个进行初始化的循环语句的频度为 n，第二个循环语句的频度为 n-1。其中第二个有两个内循环：其一是在 closedge[v].lowcost 中求最小值，其频度为 n-1；其二是重新选择具有最小权值的边，其频度为 n。因此，普里姆算法

的时间复杂度为 $O(n^2)$，与无向网中的边数无关，适用于求稠密网的最小生成树。

2. 克鲁斯卡尔算法

不同于普里姆算法，克鲁斯卡尔算法是按权值的递增次序来构造最小生成树的方法。

假设 $G=(V，E)$ 是一个具有 n 个顶点的连通网，顶点集 $V=\{v_1，v_2，\cdots，v_n\}$。设所求的最小生成树为 $T=(U，TE)$，其中 U 是 T 的顶点集，TE 是 T 的边集，U 和 TE 的初始值均为空集。

克鲁斯卡尔算法的基本思想如下：将最小生成树初始化为 $T=(V，\Phi)$，仅包含 G 的全部顶点，不包含 G 的任意一条边。此时，T 由 n 个连通分量组成，每个分量只有一个顶点；将 G 中的边按代价的增序排列；按这一顺序选择一条代价最小的边，若该边所依附的顶点分属于 T 中不同的连通分量，则将此边加入 T，否则舍去此边而选择下一条代价最小的边。以此类推，直至 TE 中包含了 $n-1$ 条边（即 T 中所有顶点都在同一个连通分量上）。

例如，对于图 6-9(a) 中的带权无向图，图中的各边次序为 $(v_1，v_3)$、$(v_4，v_6)$、$(v_2，v_5)$、$(v_3，v_6)$、$(v_1，v_4)$、$(v_2，v_3)$、$(v_3，v_4)$、$(v_1，v_2)$、$(v_3，v_5)$、$(v_5，v_6)$，最小（代价）生成树 T 的边集初始时为空。为了使生成树各边权值的总和最小，应该先选取权值最小的边。因为前 4 条边 $(v_1，v_3)$、$(v_4，v_6)$、$(v_2，v_5)$、$(v_3，v_6)$ 的代价分别为 1、2、3、4，同时它们都连通了不同的连通分量的两个顶点，故依次将它们从 E 中删除，并加入 T，再从 E 中选取权值最小的边，这时可以选取的边为 $(v_1，v_4)$、$(v_2，v_3)$、$(v_3，v_4)$、$(v_1，v_2)$、$(v_3，v_5)$、$(v_5，v_6)$。此时，由于边 $(v_1，v_4)$ 连通了同一个连通分量的两个顶点，所以删除该条边，而边 $(v_2，v_3)$ 连通了不同的连通分量的两个顶点，故将 $(v_2，v_3)$ 加入 T，并从 E 中删除它。此时 T 中已包含 5 条边，得到一棵最小（代价）生成树，其构造过程如图 6-11 所示。

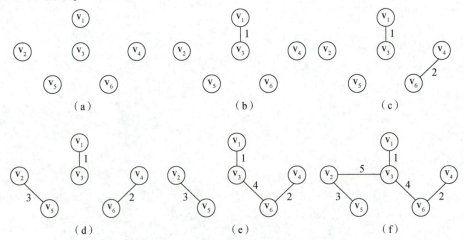

图 6-11 利用克鲁斯卡尔算法构造最小生成树的过程

克鲁斯卡尔算法的实现要引入以下辅助的数据结构。

(1)结构体数组 Edge：存储边的信息，包括边的两个顶点信息和权值，定义如下。

```
struct
{
    VerTexType Head;                    /*边的初始点 */
    VerTexType Tail;                    /*边的终点 */
    ArcType lowcost;                    /*边上的权值 */
} Edge[arcnum];
```

（2）Vexset[i]：标识各个顶点所属的连通分量。对每个顶点 $v_i \in V$，在辅助数组中存在一个相应元素 Vexset[i] 表示该顶点所在的连通分量。初始时 Vexset[i]=i，表示各顶点自成一个连通分量。

【算法代码】

```
int Vexset[MVNum];
/*--------克鲁斯卡尔算法----------*/
void MiniSpanTree_Kruskal(AMGraph G)
{
    /*无向网 G 以邻接矩阵形式存储,构造 G 的最小生成树 T,输出 T 的各条边*/
    Sort(Edge);                         /*将数组 Edge 中的元素按权值从小到大排序*/
    for(i=0;i<G. vexnum;++i)            /*辅助数组,表示各顶点自成一个连通分量
        Vexset[i]=i;
    for(i=0;i<G. arcnum;++i){
        v1=LocateVex(G,Edge[i]. Head);  /*v1 为边的初始点 Head 的下标 */
        v2=LocateVex(G,Edge[i]. Tail);  /*v2 为边的终点 Tail 的下标 */
        vs1=Vexset[v1];                 /*获取边 Edge[i]的初始点所在的连通分量 vs1*/
        vs2=Vexset[v2];                 /*获取边 Edge[i]的终点所在的连通分量 vs2*/
        if(vs1!=vs2){                   /*边的两个顶点分属不同的连通分量*/
            cout<<Edge[i]. Head<<Edge[i]. Tail;  /*输出此边*/
            for(j=0;j<G. vexnum;++j)
            /*合并 vs1 和 vs2 两个连通分量,即两个集合统一编号 */
            if(Vexset[j]==vs2)
                Vexset[j]=vs1;          /*集合编号为 vs2 的都改为 vs1*/
        }
    }
}
```

【算法分析】

对于包含 e 条边的网，上述算法的时间复杂度是 $O(e\log_2 e)$。在 for 循环中最耗时的操作是合并两个不同的连通分量，只要采取合适的数据结构，就可以证明其执行时间为 $O(\log_2 e)$，因此整个 for 循环的执行时间是 $O(e\log_2 e)$。因此，克鲁斯卡尔算法的时间复杂度为 $O(e\log_2 e)$，与网中的边数有关。与普里姆算法相比，克鲁斯卡尔算法更适合求稀疏网的最小生成树。

▶▶▶ 6.4.2 最短路径 ▶▶▶

在一个图中，若从一个顶点到另一个顶点存在着路径，定义路径长度为一条路径上所

经过的边的数目。图中从一个顶点到另一个顶点可能存在着多条路径，把路径长度最短的那条路径称为最短路径，其路径长度被称为最短路径长度或最短距离。

在一个带权图中，若从一个顶点到另一个顶点存在着一条路径，则称该路径上所经过的边的权值之和为该路径上的带权路径长度。带权图中从一个顶点到另一个顶点可能存在着多条路径，把带权路径长度值最小的那条路径也称为最短路径，其带权路径长度也被称为最短路径长度或最短距离。

1. 从某个源点到其余各点的最短路径

给定带权有向图 G 和源点 v，求从 v 到 G 中其余各顶点的最短路径。例如，图 6-12 所示的带权有向图 G_7，取 v_1 作为源点，则 v_1 到其余各顶点的最短路径如表 6-1 所示。从图中可知，从 v_1 到 v_3 有两条不同的路径：$<v_1，v_2，v_3>$ 和 $<v_1，v_4，v_3>$。前者长度为 60，而后者长度为 50。因此，从 v_1 到 v_3 的最短路径是 $<v_1，v_4，v_3>$。

对于从带权有向图中一个确定顶点(称为源点)到其余各顶点的最短路径问题，迪杰斯特拉(Dijkstra)提出了一个按路径长度递增的顺序逐步产生最短路径的构造算法，称为迪杰斯特拉算法。

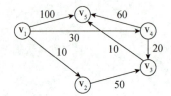

图 6-12　带权有向图 G_7

表 6-1　v_1 到其余各顶点的最短路径

源点	终点	最短路径	最短路径长度
v_1	v_2	$<v_1，v_2>$	10
v_1	v_3	$<v_1，v_4，v_3>$	50
v_1	v_4	$<v_1，v_4>$	30
v_1	v_5	$<v_1，v_4，v_3，v_2>$	60

迪杰斯特拉算法的基本思想是，设置两个顶点的集合 S 和 T，集合 S 中存放已找到最短路径的顶点，集合 T 中存放当前还未找到最短路径的顶点。初始状态时，集合 S 中只包含源点，设为 v_0，然后从集合 T 中选择到源点 v_0 路径长度最短的顶点 u 加入集合 S，集合 S 中每加入一个新的顶点 u 都要修改源点 v_0 到集合 T 中剩余顶点的当前最短路径长度值，集合 T 中各顶点的、新的当前最短路径长度值为原来的当前最短路径长度值与从源点到达该顶点，顶点的路径长度值中的较小者。此过程不断重复，直到集合 T 中的顶点全部加入集合 S。

2. 每对顶点之间的最短路径

所有顶点之间的最短路径问题是，对于给定的有向网 G=(V，E)，要对 G 中任意两个顶点 u 和 v(u≠v)，找出 u 到 v 的最短路径。可以利用迪杰斯特拉算法，把每个顶点作为源点，重复执行 n 次即可求出有向网 G 中每对顶点之间的最短路径，时间复杂度为 $O(n^3)$。

弗洛伊德(Floyd)提出了解决这个问题的更简单的一种算法，即 Floyd 算法。该算法仍以邻接矩阵表示带权有向图 G，并附设两个矩阵分别用来存放每对顶点之间的路径和相应的路径长度。矩阵 P 表示路径,矩阵 D 表示路径长度。

初始状态时,设网的邻接矩阵为矩阵 D 的初始值,可暂定为 $D^{(0)}$。当然,矩阵 $D^{(0)}$ 的值不可能全是最短路径长度。

若要求最短路径长度,则需要进行 n 次试探。对于从顶点 v_i 到顶点 v_j 的最短路径长度,首先考虑让路径经过顶点 v_1,比较路径(v_i,v_j)和(v_i,v_1,v_j),取短的为当前求得的最短路径长度。对每对最短路径都做这样的试探,即可求得 $D^{(1)}$。$D^{(1)}$考虑了各顶点除直接到达外,还可经过顶点 v_1 再到达终点。然后考虑在 $D^{(1)}$ 的基础上让路径经过顶点 v_2,求得 $D^{(2)}$。以此类推,直到求到 $D^{(n)}$ 为止。在一般情况下,若从顶点 v_i 到顶点 v_j 的路径经过顶点 v_k 可以使路径变短,则修改 $D^{(k)}[i,j]=D^{(k-1)}[i,k]+D^{(k-1)}[k,j]$。因此,$D^{(k)}[i,j]$ 就是当前求得的从顶点 v_i 到顶点 v_j 的最短路径长度。

在 Floyd 算法中,矩阵 D 的初始值(即 $D^{(0)}$)是图的邻接矩阵。该算法在执行过程中,$D^{(0)}$ 的值逐步被替代为 $D^{(1)}$,$D^{(2)}$……的值,最后算法结束时,$D^{(n)}$ 的各元素是每对顶点之间的最短路径长度。此算法还用到一个矩阵 P,在算法的每一步中,$P^{(k)}[i][j]$ 是从 v_i 到 v_j 中间顶点且序号不大于 k 的最短路径上 v_i 的后一个顶点的序号。

例如,对于图 6-12 的带权有向图 G_7,由 Floyd 算法产生的两个矩阵序列如图 6-13 所示。

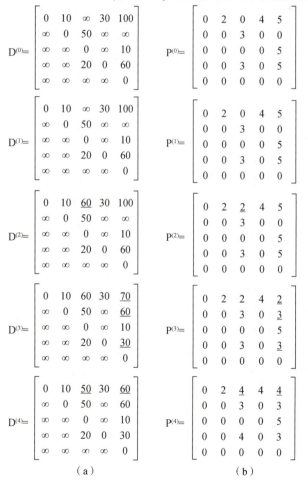

(a) (b)

图 6-13 由 Floyd 算法产生的两个矩阵序列

(a)D 矩阵序列;(b)P 矩阵序列

【算法代码】

```
/*----------迪杰斯特拉算法--------*/
void ShortestPath_DIJ(AMGraph G,int v0)
{/*用迪杰斯特拉算法求有向网 G 的 v0 顶点到其余顶点的最短路径 */
    int v,i,w,min;
    int n=G. vexnum;                    /*n 为 G 中顶点的个数 */
    for(v=0;v<n;++v)                     /*n 个顶点依次初始化 */
    {
        S[v]=false;                      /*S 初始状态为空集 */
        D[v]=G. arcs[v0][v];
        /*将 v0 到各个终点的最短路径长度初始化为弧上的权值 */
        if(D[v]<MaxInt)
            Path [v]=v0;
        /*n 个顶点依次初始化,若 v0 和 v 之间有弧,则将 v 的前驱置为 v0 */
        else
            Path [v]=- 1;                /*若 v0 和 v 之间无弧,则将 v 的前驱置为- 1 */
    }
    S[v0]=true;                          /*将 v0 加入 S */
    D[v0]=0;                             /*源点到源点的距离为 0 */
    /*-- 初始化结束,开始主循环,每次求得 v0 到某个顶点 v 的最短路径,将 v 加入 S 集-- */
    for(i=1;i<n;++i)                     /*对其余 n-1 个顶点依次进行计算 */
    {
        min=MaxInt;
        for(w=0;w<n;++w)
            if(!S[w] && D[w]<min)         /*选择一条当前的最短路径,终点为 v */
            {
            v=w;
            min=D[w];
            }
        S[v]=true;                       /*将 v 加入 S */
        for(w=0;w<n;++w)
        /*更新从 v0 出发到集合 V- S 上所有顶点的最短路径长度 */
            if(!S[w] &&(D[v]+G. arcs[v][w]<D[w]))
            {
            D[w]=D[v]+G. arcs[v][w];     /*更新 D[w] */
            Path [w]=v;                  /*更改 w 的前驱为 v */
            }
    }
}
```

【算法分析】

上述算法求解最短路径的主循环共进行 n-1 次, 每次执行的时间是 $O(n)$, 所以上述算法的时间复杂度是 $O(n^2)$。若用带权的邻接表作为有向图的存储结构, 则虽然修改 D 的时间可以减少,但由于在 D 中选择最小分量的时间不变,所以时间复杂度仍为 O(n²)。

人们可能只希望找到从源点到某一个特定终点的最短路径,但是,这个问题和求源点到其他所有顶点的最短路径一样复杂,也需要利用迪杰斯特拉算法来解决,其时间复杂度仍为 O(n²)。

【算法代码】

```
/*----------Floyd 算法--------*/
void ShortestPath_Floyd(AMGraph G)
{ /*用 Floyd 算法求有向网 G 中各对顶点 i 和 j 之间的最短路径 */
    int i,j,k;
    for(i=0;i<G. vexnum;++i)                    /*各对顶点之间初始已知路径及距离 */
        for(j=0;j<G. vexnum;++j)
        {
        D[i][j]=G. arcs[i][j];
        if(D[i][j]<MaxInt && i! =j)
            Path[i][j]=i;                        /*若 i 和 j 之间有弧,则将 j 的前驱置为 i */
        else
            Path [i][j]=- 1;                     /*若 i 和 j 之间无弧,则将 j 的前驱置为- 1 */
        }
    for(k=0;k<G. vexnum;++k)
        for(i=0;i<G. vexnum;++i)
            for(j=0;j<G. vexnum;++j)
                if(D[i][k]+D[k][j]<D[i][j])      /*从 i 经 k 到 j 的一条路径长度更短*/
                {
                    D[i][j]=D[i][k]+D[k][j];      /*更新 D[i][j] */
                    Path[i][j]=Path[k][j];        /*更改 j 的前驱为 k */
                }
}
```

▶▶▶ 6.4.3 拓扑排序 ▶▶▶

1. AOV-网

一个无环的有向图称作有向无环图(Directed Acycline Graph,DAG)。有向无环图是描述一项工程或系统的进行过程的有效工具。通常把计划、施工过程、生产流程、程序流程等都当作一个工程。除很小的工程外,一般的工程都可分为若干个称作活动(Activity)的子工程,而这些子工程之间,通常受着一定条件的约束,例如,其中某些子工程的开始必须在另一些子工程完成之后。

例如,一个软件专业的学生必须学习一系列基本课程(如表 6-2 所示),其中有些课程是基础课,独立于其他课程,如"高等数学";而另一些课程必须在学完作为其基础的先修课程才能开始。例如,在"程序设计基础"和"离散数学"学完之前不能学习"数据结构"。这些先决条件定义了课程之间的领先(优先)关系。这个关系可以用有向图更清楚地表示,如图 6-14 所示。图中顶点表示课程代号,有向弧表示先决条件。若课程 i 是课程 j 的先决条件,则图中有弧<i, j>。

表 6-2 各课程及其先修课程之间的关系

课程代号	课程名称	先修课程
c_1	高等数学	无
c_2	大学物理	c_1
c_3	程序设计基础	c_1，c_2
c_4	离散数学	c_1
c_5	数据结构	c_3，c_4
c_6	编译原理	c_3，c_5

这种用顶点表示活动、用弧表示活动间的优先关系的有向图被称为用顶点表示活动的网（Activity On Vertex Network，简称 AOV-网）。在 AOV-网中，若从顶点 v_i 到顶点 v_j 有一条有向路径，则 v_i 是 v_j 的前驱，v_j 是 v_i 的后继。若 $<v_i$，$v_j>$ 是 AOV-网中的一条弧，则 v_i 是 v_j 的直接前驱，v_j 是 v_i 的直接后继。

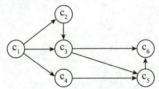

图 6-14 表示课程之间优先关系的 AOV-网

在 AOV-网中，不应该出现有向环，因为存在环意味着某项活动应以自己为先决条件。若设计出这样的流程图，工程便无法进行。而对程序的数据流图来说，则表明存在一个死循环。因此，对给定的 AOV-网应首先判定网中是否存在环。检测的办法是对有向图的顶点进行拓扑排序，若网中所有顶点都在它的拓扑有序序列中，则该 AOV-网中必定不存在环。

所谓拓扑排序，就是将 AOV-网中所有顶点排成一个线性序列，该序列满足：若在 AOV-网中由顶点 v_i 到顶点 v_j 有一条路径，则在该线性序列中的顶点 v_i 必定在顶点 v_j 之前。

对图 6-14 中的 AOV-网进行拓扑排序，可以得到两个拓扑有序序列 $c_1 \rightarrow c_2 \rightarrow c_3 \rightarrow c_4 \rightarrow c_5 \rightarrow c_6$ 和 $c_1 \rightarrow c_4 \rightarrow c_2 \rightarrow c_3 \rightarrow c_5 \rightarrow c_6$，这两个序列均是合理的教学编制计划。

2. 拓扑排序的过程

（1）在有向图中选一个无前驱的顶点且输出它。

（2）从图中删除该顶点和所有以它为尾的弧。

（3）重复（1）和（2），直至不存在无前驱的顶点。

（4）若此时输出的顶点数小于有向图中的顶点数，则说明有向图中存在环，否则输出的顶点序列即一个拓扑序列。

例如，图 6-14 所示 AOV-网的拓扑排序过程如图 6-15 所示，得到的拓扑序列为 $c_1 \rightarrow c_4 \rightarrow c_2 \rightarrow c_3 \rightarrow c_5 \rightarrow c_6$。网中不存在回路，说明该网所表示的工程项目是可行的。

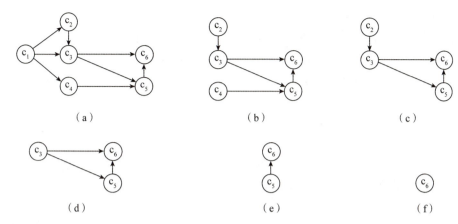

图 6-15 图 6-14 所示 AOV-网的拓扑排序过程

(a)AOV-网；(b)输出顶点 c_1 后；(c)输出顶点 c_4 后；

(d)输出顶点 c_2 后；(e)输出顶点 c_3 后；(f)输出顶点 c_5 后

【算法代码】

```
/*----------拓扑排序算法---------*/
Status TopologicalSort(ALGraph G,int topo[])
{/*有向图 G 采用邻接表存储结构 */
    /*若 G 无回路,则生成 G 的一个拓扑序列 topo[]并返回 OK,否则返回 ERROR */
    FindInDegree(G,indegree);            /*求出各顶点的入度并存入数组 indegree*/
    InitStack(S);                        /*栈 S 初始化为空 */
    for(i=0;i<G. vexnum;++i)
        if(!indegree[i])Push(S,i);       /*入度为 0 者入栈 */
            m=0;                         /*对输出顶点计数,初始为 0 */
    while(!StackEmpty(S))                /*栈 S 非空 */
    {
        Pop(S,i);                        /*将栈顶顶点 vi 出栈 */
        topo[m]=i;                       /*将 vi 保存在拓扑序列数组 topo 中 */
        ++m;                             /*对输出顶点计数 */
        p=G. vertices[i]. firstarc;      /*p 指向 vi 的第一个邻接点 */
        while(p!=NULL)
        {
            int k=p->adjvex;             /*vk 为 vi 的邻接点 */
            --indegree[k];               /*vi 的每个邻接点的入度减 1 */
            if(indegree[k]==0) Push(S,k); /*若入度减为 0,则入栈 */
                p=p->nextarc;            /*p 指向顶点 vi 的下一个邻接点*/
        }
    }
    if(m<G. vexnum)
        return ERROR;                    /*该有向图有回路 */
    else
        return OK;
}
```

【算法分析】

分析上述算法，对有 n 个顶点和 e 条边的有向图而言，求各顶点入度的时间复杂度为 O(e)；建立零入度顶点栈的时间复杂度为 O(n)；在拓扑排序过程中，若有向图无环，则每个顶点进一次栈，出一次栈，入度减 1 的操作在循环中总共执行 e 次，所以，总的时间复杂度为 O(n+e)。

▶▶▶ 6.4.4　关键路径 ▶▶▶

若在带权有向图 G 中，顶点表示事件，有向边表示活动，边上的权表示完成这一活动所需要的时间，则称此有向图为用边表示活动的网（Activity On Edge Network），简称 AOE-网。

在 AOE-网中，顶点表示的事件实际上就是以它为头的边代表的活动均已完成、以它为尾的边代表的活动可以开始的这样一种状态。

通常，可用 AOE-网来估算工程的完成时间。例如，图 6-16 所示的 AOE-网具有 13 个活动 a_1、a_2、…、a_{13}，9 个事件 v_1、v_2、…、v_9。事件 v_1 表示整个工程可以开始，事件 v_9 表示整个工程结束，事件 v_5 表示活动 a_5、a_6 已经完成且活动 a_9、a_{10} 可以开始这种状态。假设权所表示的时间单位为天，则活动 a_1 需要 5 天完成，a_2 需要 7 天完成……整个工程一开始，活动 a_1、a_2 可以同时进行，而活动 a_3 则要等事件 v_2 发生之后才能进行，活动 a_4 和 a_5 要在事件 v_3 发生之后才能同时进行，当活动 a_{11}、a_{12}、a_{13} 完成后，整个工程就完成了。

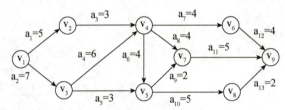

图 6-16　某工程的 AOE-网

表示实际工程计划的 AOE-网，应该是无回路的，并且网中存在唯一的入度为零的顶点（称作源点），如图 6-16 所示的 v_1；存在唯一的出度为零的顶点（称作汇点），如图 6-16 所示的 v_9。

与 AOV-网不同，对 AOE-网有待研究的问题如下。

(1) 完成整个工程至少需要多少时间？

(2) 哪些活动是影响工程进度的关键？

由于在 AOE-网中某些活动可以同时进行，所以完成工程的最短时间是从源点到汇点的最长路径的长度。这里，路径的长度是路径上各边的权值之和。把从源点到汇点的最长路径称为关键路径。例如，在图 6-16 所示 AOE-网中，$(v_1, v_3, v_4, v_5, v_7, v_9)$ 是一条关键路径，长度为 24，就是说整个工程至少要 24 天才能完成。一个 AOE-网的关键路径可能不止一条，但所有关键路径的路径长度均相同。例如，$(v_1, v_3, v_4, v_5, v_8, v_9)$ 也是图 6-16 所示 AOE-网的一条关键路径，它的长度也是 24。

关键路径上的所有活动是关键活动。事件 v_j 可能的最早发生时间 ve(j)，是从源点 v_1 到 v_j 的最长路径的长度。事件 v_k 允许的最迟发生时间 vl(k) 是在不推迟整个工程完成的前提下，事件 v_k 允许发生的最迟时间，等于汇点 v_n 可能的最早发生时间 ve(n) 减去 v_k 到 v_n 的最长路径长度。

假定活动 a_i 是用边<v_j, v_k>表示的，则活动 a_i 的最早开始时间 e(i) 等于事件 v_j 可能的最早发生时间。因为事件 v_j 的发生表明了以 v_j 为起点的各条出边表示的活动可以立即开始，所以事件 v_j 可能的最早发生时间 ve(j) 也是所有以 v_j 为起点的各条出边<v_j, v_k>所表示的活动 a_i 的最早开始时间 e(i)，即 e(i) = ve(j)。

假定活动 a_i 是用边<v_j, v_k>表示的，则活动 a_i 允许的最迟完成时间等于 vl(k)。因为事件 v_k 的发生表明了以 v_k 为汇点的各入边所表示的活动均已完成，所以事件 v_k 允许的最迟发生时间 vl(k) 也是以 v_k 为汇点的入边<v_j, v_k>所表示的活动 a_i 允许的最迟完成时间。显然，在不推迟整个工程完成时间的前提下，活动 a_i 的最迟开始时间 l(i) 应该是 a_i 允许的最迟完成时间减去 a_i 的持续时间，即 l(i) = vl(k) - <v_j, v_k>的权。

把 e(i) = l(i) 的活动 a_i 称为关键活动，若 a_i 延迟则整个工程延迟。l(i) - e(i) 为活动 a_i 的最大可利用时间，它表示在不延误整个工程的前提下，活动 a_i 可以延迟的时间。l(i) - e(i) > 0 的活动 a_i 不是关键活动，提前完成非关键活动并不能加快工程的进度。

可以采取以下步骤求上面定义的几个量，从而找到关键活动。

由上述分析可知，辨别关键活动就是要找 e(i) = l(i) 的活动，若把所有活动 a_i 的最早开始时间 e(i) 和最迟开始时间 l(i) 都计算出来，就可以找到所有的关键活动。为了求得 AOE-网中活动的 e(i) 和 l(i)，首先应求得事件 v_j 可能的最早发生时间 ve(j) 和允许的最迟发生时间 vl(j)。若活动 a_i 由弧<v_j, v_k>表示，其持续时间记为 d<j, k>，则有如下关系：

$$e(i) = ve(j)$$
$$l(i) = vl(k) - d<j, k>$$

求 ve(j) 和 vl(j) 需分以下两步进行。

(1) ve(j) 的计算是从源点 v_1 开始、自左到右对每个事件向前计算，直至计算到汇点 v_n。通常将源点 v_1 可能的最早发生时间定义为 0。对于事件 v_j，仅当其所有前驱事件 v_i 均已发生且所有由边<v_i, v_j>表示的活动均已完成时才可能发生。因此，ve(j) 可用递推公式表示为

$$ve(1) = 0$$
$$ve(j) = Max\{ve(i) + d<i, j>\}$$

因为求 ve(j) 必须在事件 v_j 的所有前驱事件可能的最早发生时间都已求得的前提下进行，所以可以按照拓扑序列的顺序计算各事件的可能最早发生时间。

(2) vl(j) 的计算是从汇点 v_n 开始、自右到左逐个事件逆推计算，直至计算到源点 v_1。为了尽量缩短工程的工期，通常将汇点 v_n 可能的最早发生时间（即工程的最早完工时间）作为 v_n 允许的最迟发生时间。显然，事件 v_j 允许的最迟发生时间不得迟于其后继事件 v_k 允许的最迟发生时间 vl(k) 与活动<v_j, v_k>的持续时间之差。因此，事件 v_j 允许的最迟发生时间 vl(j) 可用递推公式表示为

$$vl(n) = ve(n)$$
$$vl(j) = Min\{vl(k) - d<j, k>\}$$

因为求 vl(j) 必须在事件 v_j 的所有后继事件允许的最迟发生时间都已求得的前提下进行，所以可以按照某一逆拓扑序列的顺序计算各事件允许的最迟发生时间。逆拓扑序列可

以由拓扑排序算法得到，这时需要增设一个全局栈，在拓扑排序算法中，用以记录拓扑序列，则在算法结束之后，从栈顶至栈底便为逆拓扑序列。

（3）求出 AOE-网中所有事件可能的最早发生时间 $ve[1..n]$ 和允许的最迟发生时间 $vl[1..n]$ 之后，若活动 a_i 由弧 $<v_j, v_k>$ 表示，其持续时间记为 $d<j, k>$，则利用下列公式：

$$e(i) = ve(j)$$
$$l(i) = vl(k) - d<j, k>$$

就可以计算出 a_i 的最早开始时间 $e(i)$ 和最迟开始时间 $l(i)$，计算结果如表 6-3 所示。

表 6-3　AOE-网中各活动的开始时间

活动	e（最早开始时间）	l（最迟开始时间）	l-e（最大可利用时间）
a_1	0	5	5
a_2	0	0	0
a_3	5	10	5
a_4	7	7	0
a_5	7	14	7
a_6	13	13	0
a_7	13	16	3
a_8	13	15	2
a_9	17	17	0
a_{10}	17	17	0
a_{11}	19	19	0
a_{12}	17	20	3
a_{13}	22	22	0

从表 6-3 中可看出，a_2、a_4、a_6、a_9、a_{10}、a_{11} 和 a_{13} 是关键活动，若将图 6-16 所示 AOE-网中的所有非关键活动删去，则可得图 6-17，该图中所有从源点到汇点的路径都是关键路径。

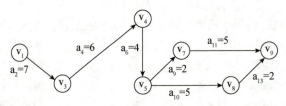

图 6-17　AOE-网的关键路径

值得指出的是，并不是加快任何一个关键活动都可以缩短整个工程的工期，只有加快那些处于所有关键路径上的关键活动才能达到这个目的。例如，在图 6-17 中，a_{11} 是关键活动，它在关键路径（v_1, v_3, v_4, v_5, v_7, v_9）上，而不在另一条关键路径（v_1, v_3, v_4, v_5, v_8, v_9）上。如果加快它的速度使之由 5 天完成变为 4 天完成，并不能使整个工程的工期由 24 天变为 23 天。若一个关键活动处于所有的关键路径上，则提高这个关键活动的速

度就能缩短整个工程的工期。例如，提高关键活动 a_2 的速度，由 7 天完成变成 5 天完成，则整个工程用 22 天就能完成，这是因为 a_2 处于所有的关键路径上。另外，关键路径是可以变化的，提高某些关键活动的速度可能使原来的非关键路径变为新的关键路径，因而提高关键活动的速度是有限度的。例如，图 6-16 中的关键活动 a_2 由 7 天改成 5 天后，路径 $(v_1, v_3, v_4, v_5, v_7, v_9)$ 和 $(v_1, v_3, v_4, v_5, v_8, v_9)$ 都变成了关键路径。此时，再提高 a_2 的速度也不能使整个工程的工期缩短。因此，只有在不改变网的关键路径的情况下，提高关键活动的速度才有效。

【实战演练】

对每个结点，进行广度优先遍历；遍历过程中累计访问的结点数；需要记录"层"数，仅计算 6 层以内的结点数。

【完整的代码】

```cpp
#include<iostream>
#include<iomanip>
using namespace std;
#define MaxVertexNum 10000
#define MaxDistance 6
#define DefaultWeight 1
#define QERROR 0
typedef int Vertex;
typedef int WeightType;
typedef struct ENode *PtrToENode;
struct ENode {
    Vertex V1,V2;
    WeightType Weight;
};
typedef PtrToENode Edge;
typedef struct AdjVNode*   PtrToAdjVNode;
struct AdjVNode {
    Vertex AdjV;
    WeightType Weight;
    PtrToAdjVNode Next;
};
typedef struct Vnode {
    PtrToAdjVNode FirstEdge;
} AdjList[MaxVertexNum];
typedef struct GNode *PtrToGNode;
struct GNode {
    int Nv;
    int Ne;
    bool *visited;
    AdjList G;
};
```

```
typedef PtrToGNode LGraph;
typedef struct Node *PtrToNode;
struct Node {
    Vertex Data;
    PtrToNode Next;
};
typedef PtrToNode Position;
struct QNode {
    Position Front,Rear;
    int MaxSize;
};
typedef struct QNode *Queue;
LGraph CreateGraph(int Nv);
void InsertEdge(LGraph Graph,Edge E);
void BFSToSix(LGraph Graph);
int BFS(LGraph Graph,Vertex v);
Queue CreateQueue(int MaxSize);
bool QIsEmpty(Queue Q);
Vertex DeleteQ(Queue Q);
void AddQ(Queue Q,Vertex v);
int main()
{
    int N,M;
    LGraph Graph;
    Edge E;
    cin >> N;
    Graph=CreateGraph(N);
    cin >> M;
    E=new ENode;
    for(int i=0;i<M;i++){
        cin >> E->V1;
        cin >> E->V2;
        E->Weight=DefaultWeight;
        InsertEdge(Graph,E);
    }
    BFSToSix(Graph);
    return 0;
}
void BFSToSix(LGraph Graph)
{
    int SixVertexNum;
    float percent;
    if(Graph->Nv!=0){
```

```
            for(Vertex v=1;v<Graph->Nv;v++){
                SixVertexNum=BFS(Graph,v)+1;
                percent=float(SixVertexNum)/ float(Graph->Nv-1);
                cout<<v<<":"<<" ";
                cout<<fixed<<setprecision(2)<<percent*100<<"% "<<endl;
                for(int i=0;i<Graph->Nv;i++)Graph->visited[i]=false;
            }
        }
}
int BFS(LGraph Graph,Vertex v)
{
    PtrToAdjVNode w;
    int D=0;
    int SixVertexNum=0;
    Queue Q;
    Q=CreateQueue(MaxVertexNum);//创建队列
    Graph->visited[v]=true;
    AddQ(Q,v);
    AddQ(Q,0);//插入队列中的0,用于表示新的一层的开始
    ++D;
    while(!QIsEmpty(Q)){
        v=DeleteQ(Q);
        if(v==0 && D >=MaxDistance)break;//表示层数已超过6
            if(v==0 && D<MaxDistance){//层数还未超过6
            AddQ(Q,0);
            ++D;
            continue;
        }
        for(w=Graph->G[v]. FirstEdge;w!=NULL;w=w->Next){
            if(!Graph->visited[w->AdjV]){
                Graph->visited[w->AdjV]=true;
                AddQ(Q,w->AdjV);
                ++SixVertexNum;
            }
        }
    }
    return SixVertexNum;
}
void InsertEdge(LGraph Graph,Edge E)
{
    PtrToAdjVNode NewNode;
    ++Graph->Ne;
    NewNode=new AdjVNode;
```

```
        NewNode- >AdjV=E- >V2;
        NewNode- >Weight=E- >Weight;
        NewNode- >Next=Graph- >G[E- >V1]. FirstEdge;
        Graph- >G[E- >V1]. FirstEdge=NewNode;
        NewNode=new AdjVNode;
        NewNode- >AdjV=E- >V1;
        NewNode- >Weight=E- >Weight;
        NewNode- >Next=Graph- >G[E- >V2]. FirstEdge;
        Graph- >G[E- >V2]. FirstEdge=NewNode;
}
LGraph CreateGraph(int N)
{
        LGraph Graph;
        Graph=new GNode;
        Graph- >Nv=N+1;//结点从 1 开始
        Graph- >Ne=0;
        Graph- >visited=new bool[N+1];
        for(int i=1;i<Graph- >Nv;i++)Graph- >visited[i]=false;
            for(int v=1;v<Graph- >Nv;v++)Graph- >G[v]. FirstEdge=NULL;
                return Graph;
}
Queue CreateQueue(int MaxSize)
{
        Queue Q;
        Q=new QNode;
        Q- >Front=Q- >Rear=NULL;
        Q- >MaxSize=MaxSize;
        return Q;
}
bool QIsEmpty(Queue Q)
{
        return(Q- >Front= =NULL);
}
void AddQ(Queue Q,Vertex v)
{
        Position NewNode;
        NewNode=new Node;
        NewNode- >Data=v;
        NewNode- >Next=NULL;
        if(QIsEmpty(Q)){
            Q- >Front=NewNode;
            Q- >Rear=NewNode;
        }
```

```
        else {
            Q- >Rear- >Next=NewNode;
            Q- >Rear=NewNode;
        }
    }
Vertex DeleteQ(Queue Q)
{
        Position FrontNode;
        Vertex FrontData;
        if(QIsEmpty(Q)){
            return QERROR;
        }
        else {
            FrontNode=Q- >Front;
            if(Q- >Front= =Q- >Rear)
                Q- >Front=Q- >Rear=NULL;
            else
                Q- >Front=Q- >Front- >Next;
            FrontData=FrontNode- >Data;
            delete FrontNode;
            return FrontData;
        }
}
```

项目总结

图是一种复杂的非线性结构，具有广泛的应用。本项目介绍了图的定义和两种常用的存储结构，对图的遍历、最小生成树、最短路径、拓扑排序及关键路径等问题做了较详细的讨论，给出了相应的求解算法，便于读者理解它们。

立德铸魂

事例1：艾兹格·迪杰斯特拉(Edsger Wybe Dijkstra，1930 年 5 月 11 日—2002 年 8 月 6 日)，计算机科学家，毕业就职于荷兰莱顿大学，早年钻研物理及数学，而后转为计算学。曾在 1972 年获得过素有计算机科学界的诺贝尔奖之称的图灵奖，之后，他还获得过 1974 年 AFIPS Harry Goode Memorial Award 哈里纪念奖、1989 年 ACM SIGCSE 计算机科学教育教学杰出贡献奖，以及 2002 年 ACM PODC 最具影响力论文奖。

2002 年 8 月 6 日，与癌症抗争多年后，迪杰斯特拉在荷兰纽南(Nuenen)的家中去世，享年 72 岁。

迪杰斯特拉是计算机先驱之一，开发了程序设计的框架结构。他于 1930 年 5 月 11 日生于鹿特丹，他的父亲是一位化学家，他的母亲是一位数学家，这种充满科学气息的家庭背景对他的职业生涯乃至他的整个人生都有深刻的影响。迪杰斯特拉在当地读高中，1948年，考入莱顿大学。他曾在联合国从事法律方面的工作，但之后，他选择了数学和物理。

迪杰斯特拉被西方学术界称为"结构程序设计之父"和"先知先觉"，他一生致力于把程序设计发展成一门科学。迪杰斯特拉获图灵奖以后，软件领域又涌现出图形用户界面、面向对象技术等一系列新的里程碑，Internet 更是带来一个全新的时代。但是 30 年前迪杰斯特拉关于程序可靠性的一些名言至今仍有意义："有效的程序员不应该浪费很多时间用于程序调试，他们应该一开始就不要把故障引入。""程序测试是表明存在故障的非常有效的方法，但对于证明没有故障，测试是很无能为力的。"

迪杰斯特拉大力提倡程序正确性证明，但这一方法离实用还有相当长的一段距离，因为一段源程序的正确性证明的文字往往比源代码还要长，所以充分的软件测试在今天仍不可或缺。

事例 2：六度空间理论是一个数学领域的猜想，又称六度分割理论(Six Degrees of Separation)。六度空间理论是 20 世纪 60 年代由美国心理学家斯坦利·米尔格拉姆(Stanley Milgram)提出的，理论指出：你和任何一个陌生人之间所间隔的人不会超过 6 个，也就是说，最多通过 6 个中间人你就能够认识任何一个陌生人。

随着新技术的发展，六度空间理论的应用价值受到了人们的广泛关注，除了微软的人立方关系搜索，很多领域都运用了六度空间理论，如 SNS 网站、BLOG 网站、电子游戏社区、直销网络等。

六度空间理论的出现使人们对于自身的人际关系网络的威力有了新的认识。但为什么偏偏是"六度"，而不是"七度""八度"或"千百度"呢？这可能要从人际关系网络的另外一个特征——"150 定律"来寻求解释。"150 定律"指出，人类智力允许人类拥有稳定社交网络的人数是 148 人，四舍五入大约是 150 人。这样我们可以对六度空间理论做如下数学解释(并非数学证明)：若每个人平均认识 150 人，其六度便是 $150^6 = 11\ 390\ 625\ 000\ 000$，消除一些重复的结点也远远超过了整个地球人口的若干倍。

那么，如何从理论上验证六度空间理论呢？六度空间理论的数学模型属于图结构，我们把六度空间理论中的人际关系网络图抽象成一个无向图 G，用图 G 中的一个顶点表示一个人，两个人"认识"与否，用代表这两个人的顶点之间是否有一条边来表示。这样六度空间理论问题便可描述为：在图 G 中，任意两个顶点之间都存在一条路径长度不超过 7 的路径。

项目 7
查　找

🔹 **项目导读** ▶▶ ▶

　　在前面几个项目中，我们已经了解了各种线性、非线性数据结构，并且掌握了相应的运算。对于数据量很大的实时系统，如各类的订票系统、信息检索系统等，查找运算的使用和应用都是非常广泛的。为了更好地满足人们的需求，查找的效率也极其重要。本项目针对查找运算，讨论应该采用何种数据结构，以及如何选择正确的方法，通过对其效率的分析，比较各种查找算法在不同情况下的优势、劣势。

🔹 **项目目标** ▶▶ ▶

知识目标	掌握查找的定义，了解查找的基本类型(基于线性表、树)，了解散列表
技能目标	(1)熟练掌握顺序表和有序表的查找算法及其实现，掌握二叉排序树的插入和查找算法及其实现，了解平衡二叉树、B-树和 B+树的各种操作。 (2)熟练掌握散列表的构造方法、处理冲突的方法，深刻理解散列表与其他结构的表的实质性的差别，了解各种散列函数的特点。 (3)掌握描述折半查找过程中判定树的构造方法，以及按定义计算各种查找算法在等概率情况下查找成功时的平均查找长度
素养目标	掌握信息的辨别与有效提取

思维导图 ▶▶ ▶

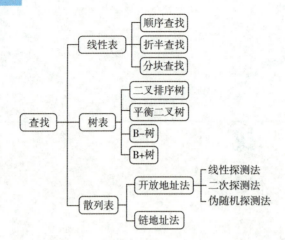

 知识解析 ▶▶ ▶

为了更好地对各种查找算法进行比较，我们首先了解查找的相关概念和术语。

查找表：由同一类型的数据元素(或记录)构成的集合。

静态查找表：查找的同时对查找表不做修改操作(如插入和删除)。

动态查找表：查找的同时对查找表做修改操作。

关键字：记录中某个数据项的值，可用来识别一个记录。

主关键字：唯一标识数据元素。

次关键字：可以标识若干个数据元素。

任务 7.1　线性表的查找

任务描述：线性在查找表的组织方式中，是最简单的。本任务是掌握线性表的顺序查找、折半查找和分块查找。

任务实施：知识解析。

▶▶ 7.1.1　顺序查找 ▶▶ ▶

顺序查找(Sequential Search)的查找过程：从表的一端开始，依次将记录的关键字和给定值进行比较，若某个记录的关键字和给定值相等，则查找成功；反之，若扫描整个表后，仍未找到关键字和给定值相等的记录，则查找失败。

顺序查找算法不仅适用于线性表的顺序存储结构，同时适用于线性表的链式存储结构。接下来先介绍以顺序表作为存储结构时实现的顺序查找算法。

数据元素类型定义如下：

```
typedef struct{
    KeyType key;                    //关键字域
    InfoType otherinfo;             //其他域
}ElemType;
```

顺序表的定义同项目2：

```
typedef struct{
    ElemType *R;                    //存储空间的基地址
    int length;                     //当前长度
}SSTable;
```

在此假设元素从 ST.R[1]开始顺序向后存放，ST.R[0]闲置不用，查找时从表的最后开始比较。

▶▶▶ 7.1.2 折半查找 ▶▶▶

折半查找(Binary Searh)也被称为二分查找，是一种效率较高的查找方法。但是，使用折半查找有两个基本的要求：一是线性表必须采用顺序存储结构；二是表中元素按关键字有序排列。为了便于后续的学习和讨论，我们均假设有序表是递增有序的。

折半查找的查找过程：从表的中间记录开始，若给定值和中间记录的关键字相等，则查找成功；若给定值大于或小于中间记录的关键字，则在表中大于或小于中间记录的那一半中查找，重复操作，直到查找成功，或者在某一步中查找区间为空，则代表查找失败。折半查找过程中每一次查找比较都会使查找区间缩小一半，很显然，与顺序查找相比，折半查找可以有效提高查找效率。

为了标记查找过程中每一次的查找区间，习惯分别用 low 和 high 来表示当前查找区间的下界和上界，mid 则表示查找区间的中间位置。

▶▶▶ 7.1.3 分块查找 ▶▶▶

分块查找(Blocking Search)又称索引顺序查找，是一种性能介于顺序查找和折半查找的一种查找方法。此查找方法，除表本身以外，还需建立一个"索引表"。例如，图 7-1 所示是一个表及其索引表，表中含有 18 个记录，可分成 3 个子表(R_1，R_2，…，R_6)、(R_7，R_8，…，R_{12})、(R_{13}，R_{14}，…，R_{18})，对每个子表(或块)建立一个索引项，其中包括两项内容：关键字项(其值为该子表内的最大关键字)和指针项(指示该子表的第一个记录在表中的位置)。索引表按关键字有序，则表有序或分块有序。所谓分块有序，指的是第二个子表中所有记录的关键字均大于第一个子表中的最大关键字，第三个子表中的所有关键字均大于第二个子表中的最大关键字……，依次类推。

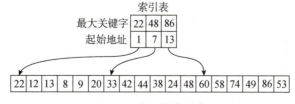

图7-1 表及其索引表

因此，分块查找过程需分两步进行：先确定待查记录所在的块（子表），然后在块中进行顺序查找。

假设给定值 key=38，则先将 key 依次和索引表中各最大关键字进行比较，因为 22<key<48，则关键字为 38 的记录若存在，必定在第二个子表中，由于同一索引项中的指针指示第二个子表中的第一个记录是表中第 7 个记录，则自第 7 个记录起进行顺序查找，直到 ST. elem[10]. key=key 为止。假如此子表中没有关键字等于给定值 key 的记录（例如：key=29 时，自第 7 个记录起到第 12 个记录的关键字和给定值 key 比较都不相等），则查找不成功。

由于由索引项组成的索引表按关键字有序，所以确定块的查找可以用顺序查找，亦可用折半查找；而块中的记录是任意排列的，因此在块中只能用顺序查找。

因此，分块查找算法为顺序查找和折半查找两种算法的简单合成。

分块查找的平均查找长度为

$$\text{ASL}_{bs} = L_b + L_w$$

其中，L_b 为查找索引表确定所在块的平均查找长度；L_w 为在块中查找记录的平均查找长度。

一般情况下，为进行分块查找，可以将长度为 n 的表均匀地分成 b 块，每块含有 s 个记录，即 $b = \lceil n/s \rceil$；又假定表中每个记录的查找概率相等，则每块的查找概率为 1/b，块中每个记录的查找概率为 1/s。

若用顺序查找确定所在块，则分块查找的平均查找长度为

$$\text{ASL}_{bs} = L_b + L_w = \frac{1}{b}\sum_{j=1}^{b} j + \frac{1}{s}\sum_{i=1}^{s} i = \frac{b+1}{2} + \frac{s+1}{2}$$

$$= \frac{1}{2}\left(\frac{n}{s} + s\right) + 1$$

可见，此时的平均查找长度不仅和表长 n 有关，而且和每块中的记录个数 s 也有关。在给定 n 的前提下，s 是可以选择的。因此，当 s 取 $\sqrt{n}$ 时，ASL_{bs} 取最小值 $\sqrt{n+1}$。这个值比顺序查找有了很大改进，但远不及折半查找。

若用折半查找确定所在块，则分块查找的平均查找长度为

$$\text{ASL}'_{bs} \approx \log_2\left(\frac{n}{s} + 1\right) + \frac{s}{2}$$

3 种查找算法的优缺点如表 7-1 所示。

表 7-1　3 种查找算法的优缺点

查找名称	优点	缺点
顺序查找	算法简单，对表结构无任何要求，既适用于顺序存储结构，又适用于链式存储结构，无论记录是否按关键字有序，均可应用	平均查找长度较大，查找效率较低，所以当 n 很大时，不宜采用顺序查找

续表

查找名称	优点	缺点
折半查找	比较次数少，查找效率高	对表结构要求高，只能用于顺序存储的有序表。查找前需要排序，而排序本身是一种费时的运算。同时为了保持顺序表的有序性，对有序表进行插入和删除时，平均比较和移动表中一半元素，这也是一种费时的运算。因此，折半查找不适用于数据元素经常变动的线性表
分块查找	在表中插入和删除数据元素时，只要找到该元素对应的块，就可以在该块内进行插入和删除运算。由于块内是无序的，故插入和删除比较容易，无须进行大量移动。若线性表既要快速查找又经常动态变化，则可采用分块查找	要增加一个索引表的存储空间并对初始索引表进行排序运算

【算法 7-1】顺序查找。

【算法代码】

```
int Search_Seq(SSTable ST,KeyType key)
{//在顺序表 ST 中顺序查找其关键字等于 key 的数据元素。若找到,则函数值为该元素在表中的位置;否则为 0
    for(i=ST. length;i>=l;- - i)
        if(ST. R[i]. key==key)return i;      //从后往前找
    return 0;
```

上述算法在查找过程中每步都要检测整个表是否查找完毕，即每步都要有循环变量是否满足条件 $i \geqslant 1$ 的检测。我们可以通过改进程序，免去这个检测过程。改进方法是查找之前先对 ST.R[0] 的关键字赋值 key，在此，ST.R[0] 起到了监视哨的作用。具体步骤如下。

【算法 7-2】设置监视哨的顺序查找。

【算法代码】

```
int Search_Seq(SSTable ST,KeyType key)
{//在顺序表 ST 中顺序查找其关键字等于 key 的数据元素。若找到,则函数值为该元素在表中的位置;否则为 0
    ST. R[0]. key=key;                    //设置监视哨
    for(i=ST. length;ST. R[i]. key! =key;- - i);  //从后往前找
        return i;
```

【算法分析】

上述算法仅是一个程序设计技巧上的改进，即通过设置监视哨，免去查找过程中每步都要检测整个表是否查找完毕。实践证明，这个改进能使顺序查找在 ST. length≥1000 时，进行一次查找所需的平均时间几乎减少一半。当然，监视哨也可设在高下标处。

算法 7-2 和算法 7-1 的平均查找长度一样，即

$$ASL = \frac{1}{n}\sum_{i=1}^{n} i = \frac{n+1}{2}$$

其中,算法 7-2 的时间复杂度为 O(n)。

【算法 7-3】折半查找。

【算法步骤】

(1)设置查找区间的初值,low 为 1,high 为表长。

(2)当 low≤high 时,循环执行以下操作:

①mid 取值为 low 和 high 的中间值;

②将给定值 key 与中间位置记录的关键字进行比较,若二者相等则表示查找成功,返回中间位置 mid;

③若二者不相等则利用中间位置记录将表对分成前、后两个子表,若 key 比中间位置记录的关键字小,则 high 取为 mid-1,否则 low 取为 mid+1。

(3)循环结束,说明查找区间为空,查找失败,返回 0。

【算法代码】

```
int Search_Bin(SSTable ST,KeyType key)
{//在有序表 ST 中折半查找其关键字等于 key 的数据元素。若找到,则函数值为该元素在表中的位置;否则为 0
    low=l;high=ST. length;            //设置查找区间的初值
    while(low<=high)
    {
        mid=(low+high)/2;
        if(key==ST. R[mid]. key)return mid;      //找到待查元素
        else if(key<ST. R[mid]. key)high=mid- 1;  //继续在前一子表中进行查找
        else low=mid+l;                           //继续在后一子表中进行查找
    } //while
    return 0;//表中不存在待查元素
}
```

唯一需要注意的是,该算法循环执行的条件是 low≤high,而不是 low<high,因为当 low=high 时,查找区间还有最后一个结点,还要进一步比较。

算法 7-3 可以写成递归程序,递归函数的参数除 ST 和 key 之外,还需要加上 low=high,大家可以自行实现折半查找的递归算法。

【实战演练】

【例 7-1】已知以下具有 11 个数据元素的有序表(关键字即数据元素的值):

(5, 11, 23, 27, 32, 38, 42, 56, 62, 67, 76)

请给出查找关键字为 27 和 65 的数据元素的折半查找过程。

解:假设指针 low 和 high 分别指示待查元素所在区间的下界和上界,指针 mid 指示区间的中间位置,即 mid=⌊(low+high)/2⌋。在此例中,low 和 high 的初值分别为 1 和 11,即[1, 11]为待查区域,mid 的初值为 6。

查找关键字 key=27 的折半查找过程如图 7-2 所示。首先令给定值 key=27 与中间位置的关键字 ST. R[mid]. key 相比较,因为 38>27,说明待查元素若存在,必在区间[low, mid−1]内，则令指针 high 指向第 mid−1 个元素，high=5，重新求得 mid=⌊(1+5)/2⌋=3。

然后仍将 key 和 ST.R[mid].key 相比较，因为 23<27，说明待查元素若存在，必在 [mid+1，high]内，则令指针 low 指向第 mid+1 个元素，low=4，求得 mid 的新值为 4，比较 key 和 ST.R[mid].key，因为二者相等，则查找成功，返回待查元素在表中的位序，即指针 mid 的值 4。

查找关键字 key=65 的折半查找过程读者自行绘制。查找过程同上，只是在最后一趟查找时，因为 low>high，查找区间不存在，故说明表中没有关键字等于 65 的元素，查找失败，返回 0。

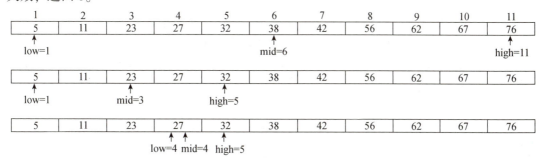

图 7-2 折半查找示意

【算法分析】

折半查找过程可用二叉树来描述。树中每一结点对应表中一个记录，但结点值不是记录的关键字，而是记录在表中的位序。把当前查找区间的中间位置作为根结点，左子表和右子表分别作为根结点的左子树和右子树，由此得到的二叉树被称为折半查找的判定树。

例 7-1 中的有序表对应的判定树如图 7-3 所示。从判定树中可见，成功的折半查找恰好是经过了一条从判定树的根到被查结点的路径，经历比较的关键字个数刚好为该结点在树中的层次。例如，查找 27 的过程经过了一条从根结点到结点 4 的路径，需要比较 3 次，比较次数即结点 4 所在的层次。图 7-3 中比较 1 次的只有一个根结点，比较 2 次的有两个结点，比较 3 次和 4 次的各有 4 个结点。假设每个记录的查找概率相同，根据此判定树可知，对长度为 11 的有序表进行折半查找的平均查找长度为

$$ASL = \frac{1}{11}(1 + 2 \times 2 + 3 \times 4 + 4 \times 4) = 3$$

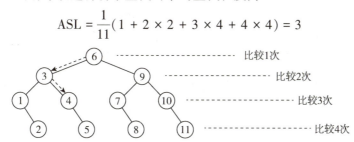

图 7-3 折半查找的判定树及查找 27 的过程

由此可见，折半查找算法在查找成功时进行比较的关键字个数最多不超过判定树的深度。而判定树的形态只与表记录的个数 n 相关，而与关键字的取值无关，具有 n 个结点的判定树的深度为⌊$\log_2 n$⌋+1。因此，对于长度为 n 的有序表，折半查找算法在查找成功时和给定值进行比较的关键字个数至多为⌊$\log_2 n$⌋+1。

任务 7.2　树表的查找

任务描述： 前面介绍的 3 种查找算法均采用线性表作为查找表的结构形式，相比之下，折半查找的效率较高。但由于折半查找要求表中记录按关键字有序排列，且不能用链表作为存储结构，所以，当表的插入或删除操作较频繁时，为维护表的有序性，需要移动表中很多记录才能够满足对应的操作。这种由移动记录引起的额外时间开销，就会抵消折半查找的优点。因此，线性表的查找更适用于静态查找表，若要对动态查找表进行高效率的查找，则可采用几种特殊的二叉树作为查找表的结构形式，在此将它们统称为树表。本任务将介绍在这些树表上进行查找和修改操作的具体方法。

任务实施： 知识解析。

▶▶▶ 7.2.1　二叉排序树 ▶▶▶ ▶

二叉排序树(Binary Sort Tree)又称二叉查找树，是一种对排序和查找都很有用的特殊二叉树。

1. 二叉排序树的定义

二叉排序树可以是一棵空树，也可以是具有下列特性的二叉树：

(1)若它的左子树不空，则左子树上所有结点的值均小于它的根结点的值；

(2)若它的右子树不空，则右子树上所有结点的值均大于它的根结点的值；

(3)它的左、右子树也分别为二叉排序树。

二叉排序树是递归定义的。由定义可以得出它的一个重要性质：中序遍历一棵二叉排序树时，可以得到一个结点值递增的有序序列。

例如，图 7-4 所示为两棵二叉排序树。

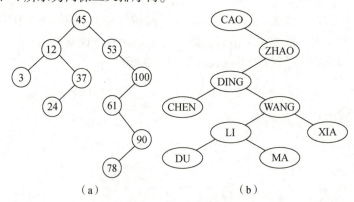

图 7-4　两棵二叉排序树

若中序遍历图 7-4(a)所示的二叉排序树，则可得到一个按数值大小排序的递增序列：

(3, 12, 24, 37, 45, 53, 61, 78, 90, 100)

若中序遍历图 7-4(b)所示的二叉排序树，则可得到一个按字符大小排序的递增序列：

(CAO, CHEN, DING, DU, LI, MA, WANG, XIA, ZHAO)

在下面讨论二叉排序树的操作中，使用二叉链表作为存储结构。因为二叉排序树的操作要根据结点的关键字域来进行，所以下面给出了每个结点的数据域的类型定义（包括关键字项和其他数据项）。

```
//-----二叉排序树的二叉链表存储表示-----
typedef struct
{
    KeyType key;                    //关键字项
    InfoType otherinfo;             //其他数据项
}ElemType;                          //每个结点的数据域的类型
typedef struct BSTNode
{
    ElemType data;                  //每个结点的数据域包括关键字项和其他数据项
    struct BSTNode *lchild, *rchild; //左、右孩子指针
}BSTNode, *BSTree;
```

2. 二叉排序树的查找

因为二叉排序树可以看作一个有序表，所以在二叉排序树上进行查找和折半查找类似，也是一个逐步缩小查找区间的过程。

3. 二叉排序树的插入

二叉排序树的插入操作是以查找为基础的。要将一个关键字等于 key 的结点*S 插入二叉排序树，则需要从根结点向下查找，当树中不存在关键字等于 key 的结点时才进行插入。新插入的结点一定是一个新添加的叶子结点，并且是查找不成功时查找路径上访问的最后一个结点的左孩子或右孩子结点。

4. 二叉排序树的创建

二叉排序树的创建是从空的二叉排序树开始的，每输入一个结点，经过查找操作，将新结点插入当前二叉排序树的合适位置。

5. 二叉排序树的删除

被删除的结点可能是二叉排序树中的任何结点，删除结点后，要根据其位置的不同修改其双亲结点及相关结点的指针，以保持二叉排序树的特性。

▶▶ 7.2.2　平衡二叉树 ▶▶ ▶

1. 平衡二叉树的定义

二叉排序树查找算法的性能取决于二叉排序树的结构，而二叉排序树的结构则取决于其数据集。若数据呈有序排列，则二叉排序树是线性的，查找的时间复杂度为 $O(n)$；若二叉排序树的结构合理，则查找速度较快，查找的时间复杂度为 $O(\log_2 n)$。事实上，树的深度越小，查找速度越快。因此，希望二叉树的深度尽可能小。本小节将讨论一种特殊类型的二叉排序树，称为平衡二叉树（Balanced Binary Tree 或 Height-Balanced Tree），因由苏联数学家 G. M. Adelson-Velsky 和 E. M. Landis 提出，所以又称 AVL 树。

平衡二叉树可以是空树，也可以是具有以下特性的二叉排序树：

（1）左子树和右子树的深度之差的绝对值不超过 1；

（2）左子树和右子树也是平衡二叉树。

若将二叉树上结点的平衡因子（Balance Factor，BF）定义为该结点左子树和右子树的深度之差，则平衡二叉树上所有结点的平衡因子只可能是-1、0 和 1。只要二叉树上有一个结点的平衡因子的绝对值大于 1，则该二叉树就是不平衡的。图 7-5（a）所示为两棵平衡二叉树，而图 7-5（b）所示为两棵不平衡二叉树，结点中的值为该结点的平衡因子。

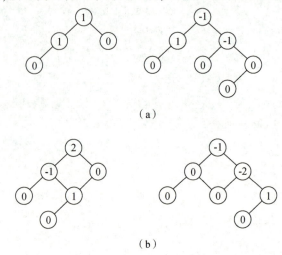

（a）

（b）

图 7-5　平衡与不平衡二叉树及其结点的平衡因子
（a）平衡二叉树；（b）不平衡的二叉树

因为平衡二叉树上任何结点的左、右子树的深度之差都不超过 1，则可以证明它的深度和 $\log_2 n$ 是同数量级的（其中 n 为结点个数）。因此，其查找的时间复杂度是 $O(\log_2 n)$。

2. 平衡二叉树的平衡调整方法

如何创建一棵平衡二叉树？插入结点时，首先按照二叉排序树处理，若插入结点后破坏了平衡二叉树的特性，则需对平衡二叉树进行调整。调整方法是：找到离插入结点最近且平衡因子的绝对值超过 1 的祖先结点，以该结点为根的子树被称为最小不平衡子树，可将重新平衡的范围局限于这棵子树。

先看一个例子，如图 7-6 所示。假设表中关键字序列为（13，24，37，90，53）。

现在我们对整个平衡二叉树的生成过程进行分析。

（1）空树和具有一个结点 13 的树都是平衡二叉树。在插入 24 之后该树仍是平衡的，只是根结点的平衡因子由 0 变为-1，如图 7-6（a）~图 7-6（c）所示。

（2）在继续插入 37 之后，由于结点 13 的平衡因子由-1 变成-2，所以出现了不平衡的现象。此时出现了"一头重一头轻"的现象，若能将"扁担"的支撑点由 13 改至 24，就平衡了。因此，可以对树做一个向左逆时针"旋转"的操作，令结点 24 为根，而结点 13 为它的左子树，此时，结点 13 和 24 的平衡因子都为 0，而且仍保持二叉排序树的特性，如图 7-6（d）~图 7-6（e）所示。

（3）在继续插入结点 90 和结点 53 之后，结点 37 的平衡因子由 0 变成-2，二叉排序树中出现了新的不平衡现象，需进行调整。此时由于是结点 53 插在结点 90 的左子树上，所以不能同上做简单调整。离插入结点最近的最小不平衡子树是以结点 37 为根结点的子树。

这时，必须以结点 53 作为根结点，而使结点 37 成为它的左子树的根结点，结点 90 成为它的右子树的根结点。此时对树做了两次"旋转"操作，先向右顺时针旋转，后向左逆时针旋转，如图 7-6(f) ~ 图 7-6(h) 所示，使二叉排序树由不平衡转为平衡。

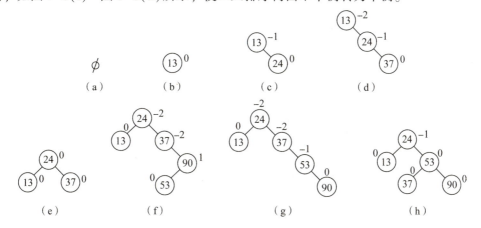

图 7-6　平衡树的生成过程

(a) 空树；(b) 插入 13；(c) 插入 24；(d) 插入 37；(e) 向左逆时针旋转平衡；

(f) 相继插入 90 和 53；(g) 第一次向右顺时针旋转；(h) 第二次向左逆时针旋转平衡

一般情况下，假设最小不平衡子树的根结点为 A，则失去平衡后进行调整的规律可归纳为下列 4 种情况。

(1) LL 型：由于在 A 的左子树根结点的左子树上插入结点，A 的平衡因子由 1 增至 2，所以以 A 为根结点的子树失去平衡，需进行一次向右的顺时针旋转操作，如图 7-7 所示。

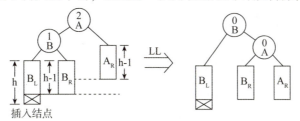

图 7-7　LL 型调整操作示意

图 7-8 所示为两种 LL 型调整的示例。

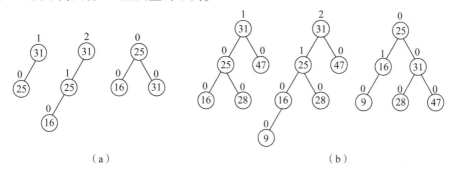

图 7-8　两种 LL 型调整的示例

(a) 插入结点前 B_L、B_R、A_R 均为空树；(b) 插入结点前 B_L、B_R、A_R 均为非空树

（2）RR 型：由于在 A 的右子树根结点的右子树上插入结点，A 的平衡因子由 −1 变为 −2，所以以 A 为根结点的子树失去平衡，需进行一次向左的逆时针旋转操作，如图 7-9 所示。

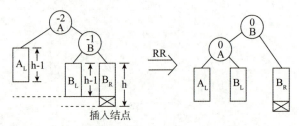

图 7-9 RR 型调整操作示意

图 7-10 所示为两种 RR 型调整的示例。

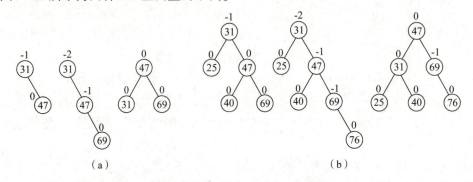

图 7-10 两种 RR 型调整的示例

（a）插入结点前 A_L、B_L、B_R 均为空树；（b）插入结点前 A_L、B_L、B_R 均为非空树

（3）LR 型：由于在 A 的左子树根结点的右子树上插入结点，A 的平衡因子由 1 增至 2，所以以 A 为根结点的子树失去平衡，需进行两次旋转操作。第一次对 B 及其右子树进行逆时针旋转，C 转上去成为 B 的根，这时变成了 LL 型，所以第二次进行 LL 型的顺时针旋转即可恢复平衡。若 C 原来有左子树，则调整 C 的左子树为 B 的右子树，如图 7-11 所示。

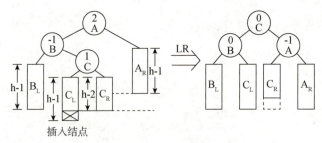

图 7-11 LR 型调整操作示意

LR 型旋转前后 A、B、C 3 个结点的平衡因子的变化分为 3 种情况，图 7-12 所示为 3 种 LR 型调整的示例。

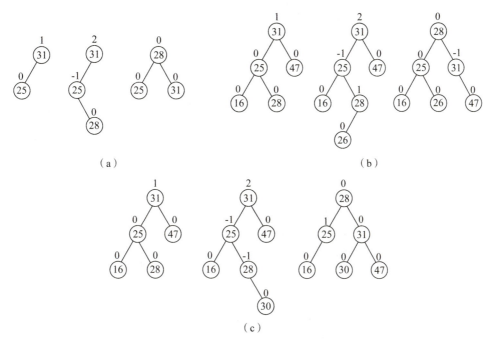

图 7-12　3 种 LR 型调整的示例

(a)LR(0)型；(b)LR(L)型；(c)LR(R)型

(4)RL 型：由于在 A 的右子树根结点的左子树上插入结点，A 的平衡因子由 -1 变为 -2，所以以 A 为根结点的子树失去平衡，则旋转方法和 LR 型相对称，也需进行两次旋转，先向右顺时针旋转，再向左逆时针旋转，如图 7-13 所示。

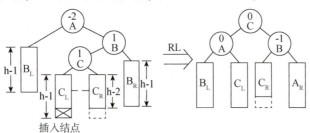

图 7-13　RL 型调整操作示意

同 LR 型旋转类似，RL 型旋转前后 A、B、C 3 个结点的平衡因子的变化也分为 3 种情况，图 7-14 所示为 3 种 RL 型调整的实例。

上述 4 种情况中，LL 型和 RR 型对称，LR 型和 RL 型对称。旋转操作的正确性容易由"保持二叉排序树的特性：中序遍历所得关键字序列从小到大有序"证明。同时，无论哪一种情况，在经过平衡旋转处理之后，以 B 或 C 为根结点的新子树为平衡二叉树，而且它们的深度和插入结点之前以 A 为根结点的子树相同。因此，当平衡的二叉排序树因插入结点而失去平衡时，仅需对最小不平衡子树进行平衡旋转处理即可。因为经过旋转处理之后的子树的深度和插入结点之前相同，所以不影响插入路径上所有祖先结点的平衡度。

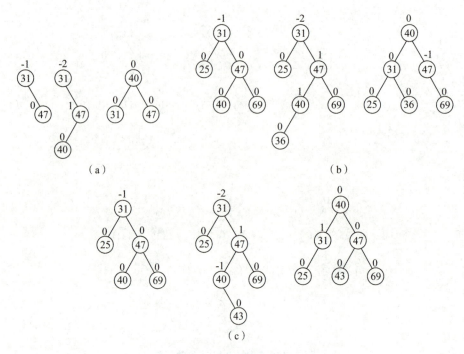

图 7-14　3 种 RL 型调整的示例

（a）RL（0）型；（b）RL（L）型；（c）RL（R）型

3. 平衡二叉树的插入

在平衡的二叉排序树（Balancing Binary Search Tree，BBST）上插入一个新的数据元素 e 的递归算法可描述如下。

（1）若 BBST 为空树，则插入一个数据元素为 e 的新结点作为 BBST 的根结点，树的深度加 1。

（2）若 e 的关键字和 BBST 的根结点的关键字相等，则不进行插入。

（3）若 e 的关键字小于 BBST 的根结点的关键字，而且在 BBST 的左子树中不存在和 e 有相同关键字的结点，则将 e 插在 BBST 的左子树上，并且当插入之后的左子树深度增加（+1）时，根据下列不同情况进行处理：

①BBST 的根结点的平衡因子为 -1（右子树的深度大于左子树的深度），则将根结点的平衡因子改为 0，BBST 的深度不变；

②BBST 的根结点的平衡因子为 0（左、右子树的深度相等），则将根结点的平衡因子改为 1，BBST 的深度加 1；

③BBST 的根结点的平衡因子为 1（左子树的深度大于右子树的深度），若 BBST 的左子树根结点的平衡因子为 1，则需进行单向右旋转的平衡处理，并且在旋转处理之后，将根结点和其右子树根结点的平衡因子改为 0，树的深度不变；

④若 BBST 的左子树根结点的平衡因子为 -1，则需进行先向左、后向右的双向旋转平衡处理，并且在旋转处理之后，修改根结点和其左、右子树根结点的平衡因子，树的深度则不变。

（4）若 e 的关键字大于 BBST 的根结点的关键字，而且在 BBST 的右子树中不存在和 e

有相同关键字的结点，则将 e 插在 BBST 的右子树上，并且当插入之后的右子树深度增加 (+1)时，分别就不同情况处理。该部分内容，读者可自行补充。

【算法 7-4】二叉排序树的递归查找。

【算法步骤】

(1)若二叉排序树为空，则查找失败，返回空指针。

(2)若二叉排序树非空，则需要将给定值 key 与根结点的关键字 T->data.key 进行比较：

①若 key 等于 T->data.key，则查找成功，返回根结点地址；

②若 key 小于 T->data.key，则递归查找左子树；

③若 key 大于 T->data.key，则递归查找右子树。

下面以递归形式给出此查找算法。

【算法代码】

```
BSTree SearchBST(BSTree T,KeyType key)
{//在根结点地址 T 所指二叉排序树中递归查找某关键字等于 key 的数据元素
    //若查找成功,则返回指向该数据元素的指针,否则返回空指针
    if((!T)||key==T->data.key)return T;                          //查找结束
    else  if(key<T->data.key)return SearchBST(T->lchild,key);    //在左子树中继续查找
    else  return SearchBST(T->rchild,key);                        //在右子树中继续查找
}
```

例如，在图 7-4(a)所示的二叉排序树中查找关键字等于 100 的记录(树中结点内的数均为记录的关键字)。首先以 key=100 和根结点的关键字做比较，因为 key>45，则查找以结点 45 为根的右子树，此时右子树不为空，且 key>53，则继续查找以结点 53 为根的右子树，由于 key 和结点 53 的右子树根的关键字 100 相等，则查找成功，返回指向结点 100 的指针值。又如，如果要从图 7-4(a)所示的二叉排序树中查找关键字等于 40 的记录，和上述过程类似，在将给定值 key 与关键字 45、12 及 37 相继比较之后，继续查找以结点 37 为根的右子树，此时右子树为空，则说明该树中没有待查记录，故查找不成功，返回指针值 NULL。

【算法分析】

从上述的两个查找例子(key=100 和 key=40)可见，在二叉排序树上查找其关键字等于给定值的结点的过程，刚好是走了一条从根结点到该结点的路径的过程，和给定值比较的关键字个数等于路径长度加1(或结点所在层次数)。因此，和折半查找类似，与给定值比较的关键字个数不超过树的深度。折半查找长度为 n 的顺序表的判定树是唯一的，那么，含有 n 个结点的二叉排序树也是唯一的吗？显然，结果是否定的。以图 7-15(a)和图 7-15(b)为例，两棵二叉排序树中结点的值都是相同的，但创建这两棵树的序列却是不同的，分别是(45，24，53，12，37，93)和(12，24，37，45，53，93)。图 7-15(a)所示二叉排序树的深度为 3，而图 7-15(b)所示二叉排序树的深度为 6。再从平均查找长度来看，假设 6 个记录的查找概率相等，为 1/6，则图 7-15(a)所示二叉排序树的平均查找长度为

$$ASL_{(a)} = \frac{1}{6}(1 + 2 + 2 + 3 + 3 + 3) = 14/6$$

图 7-15(b)所示二叉排序树的平均查找长度为

$$ASL_{(b)} = \frac{1}{6}(1 + 2 + 3 + 4 + 5 + 6) = 21/6$$

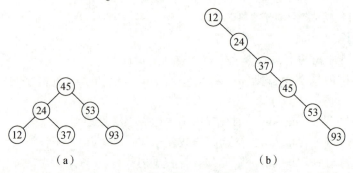

图 7-15　不同形态的二叉排序树
(a)关键字序列为(45, 24, 53, 12, 37, 93)的二叉排序树；
(b)关键字序列为(12, 24, 37, 45, 53, 93)的二叉排序树

由此我们可以得出，含有 n 个结点的二叉排序树的平均查找长度和树的形态有关。当先后插入的关键字有序时，构成的二叉排序树蜕变为单支树，树的深度为 n，其平均查找长度为$\frac{n+1}{2}$（和顺序查找相同），这是最差的情况。显然，最好的情况是：二叉排序树的形态和折半查找的判定树相似，其平均查找长度和 $\log_2 n$ 成正比。若考虑把 n 个结点按各种可能的次序插入二叉排序树，则有 n! 棵二叉排序树(其中有的形态相同)。综合所有可能的情况，就平均而言，二叉排序树的平均查找长度仍然和 $\log_2 n$ 是同数量级的。

二叉排序树上的查找和折半查找相差不大。如果从维护表的有序性出发，二叉排序树相比之下更加有效，且无须移动记录，只需修改指针即可完成对结点的插入和删除操作。因此，对于需要经常进行插入、删除和查找运算的表，采用二叉排序树比较好。

【算法 7-5】二叉排序树的插入。

【算法步骤】

(1)若二叉排序树为空，则待插入结点*S 作为根结点插入空树。

(2)若二叉排序树非空，则将 key 与根结点的关键字 T->data. key 进行比较：

①若 key 小于 T->data. key，则将*S 插入左子树；

②若 key 大于 T->data. key，则将*S 插入右子树。

【算法代码】

```
void InsertBST(BSTree &T,ElemType e)
{//当二叉排序树 T 中不存在关键字等于e. key 的数据元素时,则插入该元素
    if(!T)
    {                              //找到插入位置,递归结束
        S=new BSTNode;             //生成新结点*S
        S- >data=e;                //新结点*S 的数据域置为 e
        S- >lchild=S- >rchild=NULL; //新结点*S 作为叶子结点
        T=S;                       //把新结点*S 链接到已找到的插入位置
    }
    else if(e. key<T- >data. key)
        InsertBST(T- >lchild,e);    //将新结点*S 插入左子树
```

```
        else if(e. key>T- >data. key)
            InsertBST(T- >rchild,e);        //将新结点*S 插入右子树
    }
```

例如，在图 7-4(a)所示的二叉排序树上插入关键字为 55 的结点，由于插入前二叉排序树非空，故将 55 和根结点 45 进行比较，因 55>45，应将 55 插入 45 的右子树上；又将 55 和 45 的右子树的根 53 进行比较，因 55>53，应将 55 插入 53 的右子树上；依次类推，直至最后 55<61，且 61 的左子树为空，将 55 作为 61 的左孩子插入树，结果如图 7-16 所示。

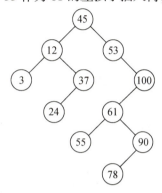

图 7-16　二叉排序树的插入

【算法分析】

二叉排序树插入的基本过程是查找，所以时间复杂度同查找一样，是 $O(\log_2 n)$。

【算法 7-6】二叉排序树的创建。

【算法步骤】

(1)将二叉排序树 T 初始化为空树。

(2)读入一个关键字为 key 的结点。

(3)若读入的关键字 key 不是输入结束标志，则循环执行以下操作：

①将此结点插入二叉排序树 T；

②读入一个关键字为 key 的结点。

【算法代码】

```
void CreatBST(BSTree &T)
{//依次读入一个关键字为 key 的结点,将此结点插入二叉排序树 T
    T=NULL;                        //将二叉排序树 T 初始化为空树
    cin>>e;
    while(e. key!=ENDFLAG)         //ENDFLAG 为自定义常量,作为输入结束标志
    {
        InsertBST(T,e);            //将此结点插入二叉排序树 T
        cin>>e;
    }
}
```

【算法分析】

假设有 n 个结点，则需要进行 n 次插入操作，而插入一个结点的时间复杂度为 $O(\log_2 n)$，所以创建二叉排序树的时间复杂度为 $O(n\log_2 n)$。

例如，设关键字的输入次序为：45，24，53，45，12，90，按上述算法生成的二叉排序树的创建过程如图 7-17 所示。

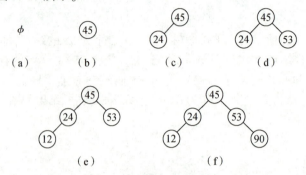

图 7-17　二叉排序树的创建过程
(a)空树；(b)插入 45；(c)插入 24；(d)插入 53；(e)插入 12；(f)插入 90

很容易看出，一个无序序列可以通过构造一棵二叉排序树而变成一个有序序列，构造树的过程即对无序序列进行排序的过程。从图 7-17 所示的过程中还能够看到，每次插入的新结点都是二叉排序树上新的叶子结点，则在进行插入操作时，不必移动其他结点，仅需改动某个结点的指针，由空变为非空即可。这样的操作就相当于在一个有序序列上插入一个记录，而不需要移动其他记录。

【算法 7-7】二叉排序树的删除。

【**算法步骤**】

首先从二叉排序树的根结点开始查找关键字为 key 的待删结点，若树中不存在此结点，则不做任何操作；相反，假设被删结点为*p(指向结点的指针为 p)，其双亲结点为*f(指向结点的指针为 f)，P_L 和 P_R 分别表示其左子树和右子树，如图 7-18(a)所示。

为了保证普遍性，可设*p 是*f 的左孩子(右孩子情况类似)。下面对 3 种情况分别进行讨论。

(1)若*p 结点作为叶子结点，即 P_L 和 P_R 均为空树。由于删去叶子结点不会破坏整棵树的结构，所以只需修改其双亲结点的指针即可。

```
f- >lchild=NULL;
```

(2)若*p 结点只有左子树 P_L 或只有右子树 P_R，此时只要令 P_L 或 P_R 直接成为其双亲结点*f 的左子树即可。

```
f- >lchild=p- >lchild;(或 f- >lchild=p- >rchild;)
```

(3)若*p 结点的左子树和右子树均非空，从图 7-18(b)可知，在删去*p 之前，中序遍历该二叉树得到的序列为{…C_LC…$Q_LQS_LSPP_RF$…}，在删去*p 之后，为保持其他元素之间的相对位置不变，可以有以下两种处理方法。

①令*p 的左子树作为*f 的左子树，而*p 的右子树作为*s 的右子树，如图 7-18(c)所示。

```
f- >lchild=p- >lchild;
s- >rchild=p- >rchild;
```

②令*p 的直接前驱(或直接后继)替代*p，再从二叉排序树中删去它的直接前驱(或直

接后继）。如图 7-18（d）所示，当以直接前驱*s 替代*p 时，由于*s 只有左子树 S_L，所以在删去*s 之后，只要令 S_L 作为*s 的双亲*q 的右子树即可。

```
p->data=s->data;
q->rchild=s->lchild;
```

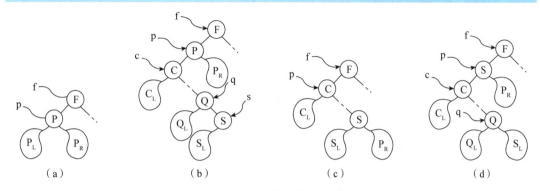

图 7-18　在二叉排序树中删除 * p

(a)删除*f 为根的子树；(b)删除*p 之前；(c)删除*p 之后，以 P_R 作为*s 的右子树的情形；
(d)删除*p 之后，以*s 替代*p 的情形

　　显然，前一种处理方法可能增加树的深度，而后一种处理方法是以被删结点左子树中关键字最大的结点替代被删结点，然后从左子树中删除这个结点。此结点一定没有右子树（否则它就不是左子树中关键字最大的结点），这样不会增加树的深度，所以常采用这种处理方法。下面的算法代码即采用这种处理方法。

【算法代码】

```
void DeleteBST(BSTree &T,KeyType key)
{//从二叉排序树 T 中删除关键字等于 key 的结点
    p=T;f=NULL;                        //初始化
    /*------下面的 while 循环从根开始查找关键字等于 key 的结点*p----------*/
    while(p)
    {
        if(p->data. key==key)break;    //找到关键字等于 key 的结点*p,结束循环
        f=p;                           //*f 为*p 的双亲结点
        if(p->data. key>key)p=p->lchild;  //在*p 的左子树中继续查找
        else p=p->rchild;              //在*p 的右子树中继续查找
    }                                  //while
    if(!p)return;                      //找不到被删结点则返回
    /*----考虑 3 种情况实现 p 所指子树内部的处理:*p 左、右子树均非空、无右子树、无左子树---*/
    if((p->lchild)&&(p->rchild))       //被删结点*p 左、右子树均非空
    {
        q=p;s=p->lchild;               //在*p 的左子树中继续查找其前驱结点,即最右下结点
        while(s->rchild)
        {
            q=s;s=s->rchild;           //向右到尽头
        }
```

```
        p- >data=s- >data;                //s 指向被删结点的直接前驱
        if(q!=p)q- >rchild=s- >lchild;    //重接*q 的右子树
        else q- >lchild=s- >lchild;        //重接*q 的左子树
        delete s;
        return;
    }                                      //if
    else if(!p- >rchild)                   //被删结点*p 无右子树,只需重接其左子树
    {
        q=p;p=p- >lchild;
    }                                      //else if
    else if(!p- >lchild)
    {
        q=p;p=p- >rchild;                  //被删结点*p 无左子树,只需重接其右子树
    }                                      //else if
    /*- - - - 将 p 所指的子树挂接到其双亲结点*f 相应的位置- - - - -*/
    if(!f)T=p;                             //被删结点为根结点
    else if(q==f- >lchild)f- >lchild=p;    //挂接到*f 的左子树位置
    else f- >rchild=p;                     //挂接到*f 的右子树位置
    delete q;        }
```

【算法分析】

同二叉排序树的插入一样,二叉排序树的删除的基本过程也是查找,所以时间复杂度仍是 $O(\log_2 n)$。

根据算法 7-7,图 7-19 给出了二叉排序树的删除的 3 种情况。

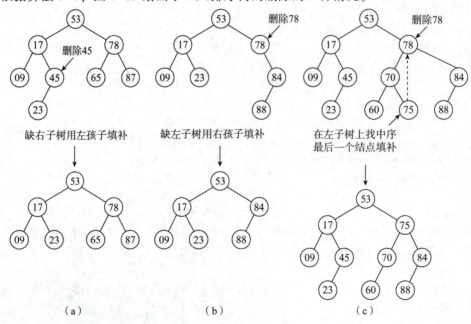

图 7-19　二叉排序树的删除

(a)被删结点缺右子树；(b)被删结点缺左子树；(c)被删结点左、右子树都存在

▶▶▶ 7.2.3　B-树 ▶▶▶

前面讲解的查找方法适用于存储在计算机内存中较小的文件，因此统称为内查找法。若要查找很大的且存放于外存的文件，这些查找方法就不适用了。内查找法都以结点为单位进行查找，这样需要反复地进行内、外存的交换，是很费时的。1970 年，R. Bayer 和 E. Mccreight 提出了一种适用于外查找的平衡多叉树——B-树，我们熟悉的磁盘管理系统中的目录管理，以及数据库系统中的索引组织多数都采用 B-树这种数据结构。

1. B-树的定义

一棵 m 阶的 B-树，或者是空树，或者为满足下列特性的 m 叉树：

（1）树中每个结点至多有 m 棵子树；

（2）若根结点不是叶子结点，则至少有两棵子树；

（3）除根之外的所有非终端结点至少有 $\lceil m/2 \rceil$ 棵子树；

（4）所有的叶子结点都出现在同一层次上，并且不带信息，通常称为失败结点（失败结点并不存在，指向这些结点的指针为空，引入失败结点是为了便于分析 B-树的查找性能）；

（5）所有的非终端结点最多有 m-1 个关键字，B-树的结点结构如图 7-20 所示。

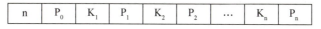

| n | P_0 | K_1 | P_1 | K_2 | P_2 | … | K_n | P_n |

图 7-20　B-树的结点结构

其中，$K_i(i=1，2，\cdots，n)$ 为关键字，且 $K_i < K_i+1(i=1，2，\cdots，n-1)$；$P_i(i=0，1，\cdots，n)$ 为指向子树根结点的指针，且指针 P_i-1 所指子树中所有结点的关键字均小于 $K_i(i=1，2，\cdots，n)$，P_n 所指子树中所有结点的关键字均大于 K_n，$n(\lceil m/2 \rceil -1 \leqslant n \leqslant m-1)$ 为关键字的个数（或 n+1 为子树棵数）。

从上述定义可以看出，对任一关键字 K_i 而言，P_i-1 相当于指向其"左子树"，P_i 相当于指向其"右子树"。

B-树具有平衡、有序、多路的特点，图 7-21 所示为一棵 4 阶的 B-树，能很好地说明其特点。

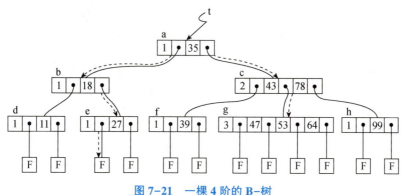

图 7-21　一棵 4 阶的 B-树

（1）所有叶子结点均在同一层次，这体现出其平衡的特点。

（2）树中每个结点的关键字都是有序的，且关键字 K_i 的"左子树"中的关键字均小于

K_i，而其"右子树"中的关键字均大于 K_i，这体现出其有序的特点。

（3）除叶子结点外，有的结点中有一个关键字、两棵子树，有的结点中有两个关键字、3 棵子树，这种 4 阶的 B-树最多有 3 个关键字、4 棵子树，这体现出其多路的特点。

在具体实现时，为记录其双亲结点，B-树结点的存储结构通常增加一个 parent 指针，指向其双亲结点，如图 7-22 所示。

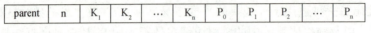

| parent | n | K_1 | K_2 | ... | K_n | P_0 | P_1 | P_2 | ... | P_n |

图 7-22　B-树结点的存储结构

2. B-树的查找

由 B-树的定义可知，在 B-树上进行查找的过程和二叉排序树的查找过程类似。

例如，在图 7-21 所示的 B-树上查找关键字 47 的过程如下：首先从根开始，根据根结点指针 t 找到*a 结点，因*a 结点中只有一个关键字，且 47>35，若查找的记录存在，则必在指针 P_1 所指的子树内；顺着指针找到*c 结点，该结点中有两个关键字（43 和 78），而 43<47<78，若查找的记录存在，则必在指针 P_1 所指的子树内。同样，顺着指针找到*g 结点，在该结点中顺序查找，找到关键字 47，查找成功。

查找不成功的过程也类似，请大家自行总结。

在 B-树上进行查找的过程是一个顺着指针查找结点和在结点的关键字中查找交叉进行的过程。

由于 B-树主要用作文件的索引，所以它的查找涉及外存的存取，在此只做示意性的描述，省略对外存的读写。

假设结点类型的定义如下：

```
#define m 3
typedef struct BTNode              //B-树的阶,暂设为3
{
    int keynum;                    //结点中关键字的个数,即结点的大小
    struct BTNode *parent;         //指向双亲结点
    KeyType key[m+1];              //关键字向址,0 号单元未用
    struct BTNode *ptr[m+1];       //子树指针向量
    Record *recptr[m+1];           //记录指针向量,0 号单元未用
}BTNode, *BTree;                   //B-树结点和 B-树的类型
typedef struct
{
    BTNode *pt;                    //指向找到的结点
    int i;                         //1…m,在结点中的关键字序号
    int tag;                       //1:查找成功,0:查找失败
}Result;                           //B-树的查找结果类型
```

3. B-树的插入

B-树是动态查找树，因此其生成过程是从空树起，在查找的过程中通过逐个插入关键字而得到。但由于 B-树中除根之外的所有非终端结点中的关键字个数必须大于或等于 $\lceil m/2 \rceil - 1$，所以每次插入一个关键字不是在树中添加一个叶子结点，而是首先在最低层的

某个非终端结点中添加一个关键字，若该结点的关键字个数不超过 m-1，则插入完成，否则表明结点已满，要产生结点的"分裂"，即将此结点在同一层中分成两个结点。一般情况下，结点分裂的方法是以中间关键字为界，把结点一分为二，分成两个结点，并把中间关键字向上插在双亲结点上，若双亲结点已满，则采用同样的方法继续分解。最坏的情况下，一直分解到树根结点，这时 B-树的深度加 1。

例如，图 7-23(a)所示为一棵 3 阶的 B-树(图中略去 F 结点，即叶子结点)，假设需依次插入关键字 30、26、85 和 7。首先通过查找确定应插入的位置。由根结点*a 起进行查找，确定 30 应插入*d 结点，由于*d 中的关键字个数不超过 2(即 m-1)，故第一个关键字插入完成。插入 30 后的 B-树如图 7-23(b)所示。同样，通过查找确定关键字 26 亦应插入*d 结点，如图 7-23(c)所示。由于*d 中的关键字个数超过 2，故此时需将*d 分裂成两个结点，关键字 26 及其前、后两个指针仍存储在*d 结点中，而关键字 37 及其前、后两个指针存储到新产生的结点*d′中。同时，将关键字 30 和指示结点*d′的指针插入其双亲结点。由于*b 结点中的关键字数目没有超过 2，故插入完成。插入后的 B-树如图 7-23(d)所示。类似地，在*g 结点中插入 85 之后需将*g 结点分裂成两个结点，而当 70 继而插入其双亲结点中，由于*e 中的关键字数目超过 2，则再次将其分裂为结点*e 和*e′，如图 7-23(e)~图 7-23(g)所示。最后在插入关键字 7 时，*c、*b 和*a 结点相继分裂，并生成一个新的根结点*m，如图 7-23(h)~图 7-23(j)所示。

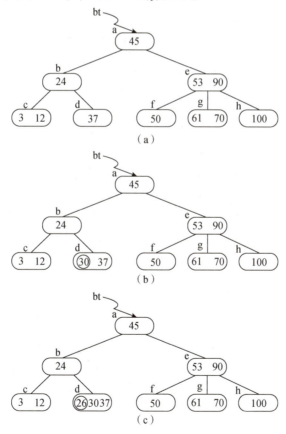

图 7-23 在 B-树中进行插入(省略叶子结点)

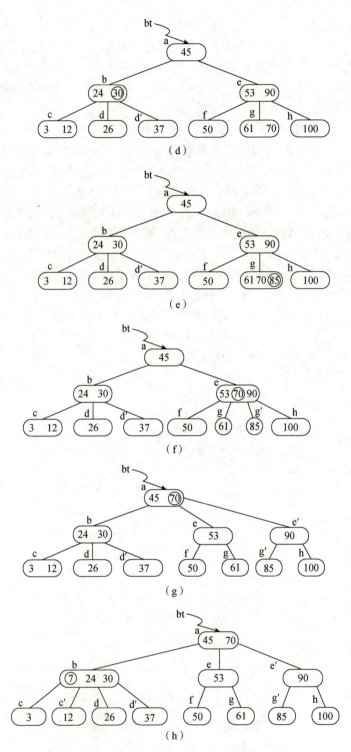

图 7-23　在 B-树中进行插入(省略叶子结点)(续)

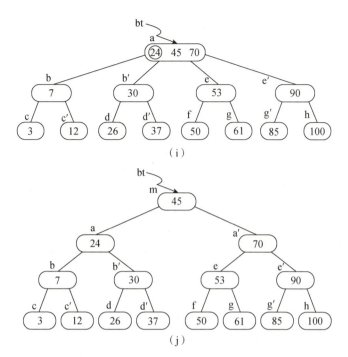

图 7-23　在 B-树中进行插入（省略叶子结点）（续）

(a)一棵 3 阶的 B-树；(b)插入 30 之后；(c)插入 26 之后(1)；(d)插入 26 之后(2)；(e)插入 85 之后(1)；
(f)插入 85 之后(2)；(g)插入 85 之后(3)；(h)插入 7 之后(1)；(i)插入 7 之后(2)；(j)插入 7 之后(3)

4. B-树的删除

m 阶 B-树的删除操作是在 B-树的某个结点中删除指定的关键字及其邻近的一个指针，删除后应该进行调整使该树仍然满足 B-树的定义，也就是要保证每个结点中的关键字数目范围为[⌈m/2⌉-1，m]。删除记录后，结点中的关键字个数若小于⌈m/2⌉-1，则要进行"合并"结点的操作。除了删除记录，还要删除该记录邻近的指针。若该结点为最下层的非终端结点，由于其指针均为空，删除后不会影响其他结点，所以可直接删除；若该结点不是最下层的非终端结点，邻近的指针则指向一棵子树，不可直接删除。此时可做如下处理：将要删除记录用其右(左)边邻近指针所指向的子树中关键字最小(大)的记录(该记录必定在最下层的非终端结点中)替换。采取这种处理方法，无论要删除的记录所在的结点是否为最下层的非终端结点，都可归结为在最下层的非终端结点中删除记录的情况。

例如，在图 7-23(a)所示的 B-树上删去 45，可以用*f 结点中的 50 替代 45，然后在*f 结点中删去 50。因此，下面可以只讨论删除最下层的非终端结点中的关键字的情形。有以下 3 种可能。

(1)被删关键字所在结点中的关键字个数不小于⌈m/2⌉，则只需从该结点中删去该关键字 K_i 和相应指针 P_i，树的其他部分不变。例如，从图 7-23(a)所示的 B-树中删去关键字 12，删除后的 B-树如图 7-24(a)所示。

(2)被删关键字所在结点中的关键字个数等于⌈m/2⌉-1，而与该结点相邻的右兄弟(或左兄弟)结点中的关键字个数大于⌈m/2⌉-1，则需将其兄弟结点中的最小(或最大)的关键字上移至双亲结点中，而将双亲结点中小于(或大于)且紧靠该上移关键字的关键字下移至被删关键字所在结点中。例如，从图 7-24(a)所示 B-树中删去关键字 50，需将其右兄弟结点中的 61 上移至*e 结点中，而将*e 结点中的 53 下移至*f 结点中，从而使*f 和*g 结点中关键字个数均不小于⌈m/2⌉−1，而双亲结点中的关键字个数不变，如图 7-24(b)所示。

（3）被删关键字所在结点和其相邻的兄弟结点中的关键字个数均等于⌈m/2⌉−1。假设该结点有右兄弟，且其右兄弟结点地址由双亲结点中的指针 P_i 所指，则在删去关键字之后，它所在结点中剩余的关键字和指针，加上双亲结点中的关键字 K_i 一起，合并到指针 P_i 所指兄弟结点中（若没有右兄弟，则合并至左兄弟结点中）。例如，从图 7-24(b)所示 B-树中删去关键字 53，则应删去*f 结点，并将*f 的剩余信息(指针"空")和双亲结点*e 中的 61 一起合并到右兄弟结点*g 中，删除后的树如图 7-24(c)所示。若因此使双亲结点中的关键字个数小于⌈m/2⌉−1，则依次类推做相应处理。例如，在图 7-24(c)所示的 B-树中删去关键字 37 之后，双亲结点*b 中的剩余信息(指针 c)应和其双亲结点*a 中的关键字 45 一起合并至右兄弟结点*e 中，删除后的 B-树如图 7-24(d)所示。

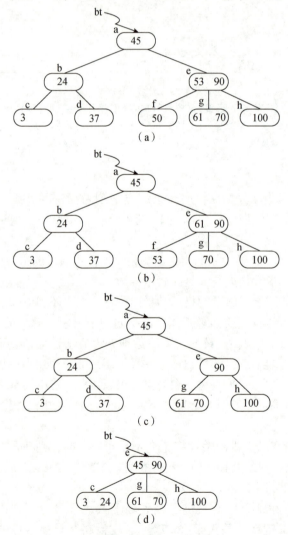

图 7-24　在 B-树中删除关键字的情形
(a)删去 12；(b)删去 50；(c)删去 53；(d)删去 37

在 B-树中删除结点的算法在此不再详述，读者可自行写出对应的算法。

【算法7-8】B-树的查找。

【算法步骤】

将给定值 key 与根结点的各个关键字 K_1，K_2，…，K_j（$1 \leqslant j \leqslant m-1$）进行比较，由于该关键字序列是有序的，所以查找时可采用顺序查找，也可采用折半查找。查找时：

（1）若 $key = K_i$（$1 \leqslant i \leqslant j$），则查找成功；

（2）若 $key < K_1$，则顺着指针 P_0 所指的子树继续向下查找；

（3）若 $K_i < key < K_{i+1}$（$1 \leqslant i \leqslant j-1$），则顺着指针 P_i 所指的子树继续向下查找；

（4）若 $key > K_j$，则顺着指针 P_j 指的子树继续向下查找。

若上述自上而下的查找过程中，找到了值为 key 的关键字，则查找成功；若直到叶子结点也未找到，则查找失败。

【算法代码】

```
Result SearchBTree(BTree T,KeyType key)
{//在 m 阶的 B-树 T 上查找关键字 key,返回结果(pt,i,tag)
    //若查找成功,则特征值 tag=1,指针 pt 所指结点中第 i 个关键字等于 key
    //否则特征值 tag=0,等于 key 的关键字应插在指针 pt 所指结点的第 i 和第 i+1 个关键字之间
    p=T;q=NULL;found=FALSE;i=0;          //初始化,p 指向待查结点,q 指向 p 的双亲结点
    while(p&&!found)
    {
        i=Search(p,key);
        //在 p- >key[1..keynum]中查找 i,使 p- >key[i]<=key<p- >key[i+l]
        if(i>0&&p- >key[i]= =k)found=TRUE;    //找到待查关键字
        else{q=p;p=p- >ptr[i];}
    }
    if(found)return(p,i,1);                   //查找成功
    else return(q,i,0);                       //查找不成功,返回 K 的插入位置信息
}
```

【算法分析】

依据上述算法，我们可以总结，B-树上的查找实际上包含两种基本操作：在 B-树中找结点；在结点中找关键字。由于 B-树通常存储在磁盘上，则前一查找操作是在磁盘上进行的（在此算法中没有体现），而后一查找操作是在内存中进行的，即在磁盘上找到指针 p 所指结点后，先将结点中的信息读入内存，再利用顺序查找或折半查找查询等于 key 的关键字。显然，在磁盘上进行一次查找比在内存中进行一次查找耗费时间要长。因此，在磁盘上进行查找的次数，即待查关键字所在结点在 B-树上的层次数，是决定 B-树查找效率的首要因素。

现考虑最坏的情况，即待查结点在 B-树的最下面一层。也就是说，含 N 个关键字的 m 阶 B-树的最大深度是多少？

先看一棵 3 阶的 B-树。按 B-树的定义，3 阶的 B-树上所有非终端结点至多可有两个关键字，至少有一个关键字（即子树棵数为 2 或 3，故又称 2-3 树）。因此，若关键字个数≤2，则树的深度为 2（即叶子结点的层次为 2）；若关键字个数≤6，则树的深度不超过 3。反之，

若 B-树的深度为 4，则关键字个数必须 ≥7，如图 7-25（g）所示，此时，每个结点都含有可能的关键字的最小数目。不同关键字数目的 B-树如图 7-25 所示。

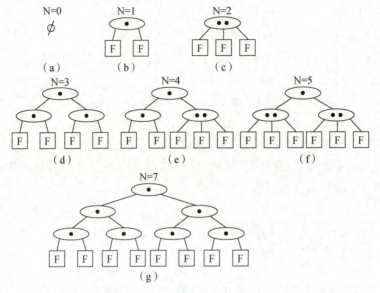

图 7-25 不同关键字数目的 B-树

（a）N=0；（b）N=1；（c）N=2；（d）N=3；（e）N=4；（f）N=5；（g）N=7

一般情况的分析可类似平衡二叉树进行，先讨论深度为 h+1 的 m 阶 B-树所具有的最少结点数。根据 B-树的定义，第一层至少有 1 个结点；第二层至少有 2 个结点；由于除根之外的所有非终端结点至少有 $\lceil m/2 \rceil$ 棵子树，则第三层至少有 $2(\lceil m/2 \rceil)$ 个结点；依次类推，第 h+1 层至少有 $2(\lceil m/2 \rceil)^{h-1}$ 个结点。h+1 层的结点为叶子结点。若 m 阶 B-树中具有 N 个关键字，则叶子结点，即查找不成功的结点为 N+1，因此有

$$N+1 \geq 2(\lceil m/2 \rceil)^{h-1}$$

反之，

$$h \leq \log_{\lceil m/2 \rceil}\left(\frac{N+1}{2}\right)+1$$

这就是说，在含有 N 个关键字的 B-树上进行查找时，从根结点到关键字所在结点的路径上涉及的结点数不超过 $\log_{\lceil m/2 \rceil}\left(\frac{N+1}{2}\right)+1$。

【算法 7-9】 B-树的插入。

【算法步骤】

（1）在 B-树中查找给定关键字的记录，若查找成功，则插入操作失败；否则将新记录作为空指针 p 插入查找失败的叶子结点的上一层结点（由 q 指向）。

（2）若插入新记录和空指针后，q 所指的结点的关键字个数未超过 m-1，则插入操作成功；否则执行下一步。

（3）以该结点的第 $\lceil m/2 \rceil$ 个关键字 $K_{\lceil m/2 \rceil}$ 为拆分点，将该结点分成 3 个部分：$K_{\lceil m/2 \rceil}$ 左边部分、$K_{\lceil m/2 \rceil}$、$K_{\lceil m/2 \rceil}$ 右边部分。$K_{\lceil m/2 \rceil}$ 左边部分仍然保留在原结点中；$K_{\lceil m/2 \rceil}$ 右边部分存储在一个新创建的结点（由 p 指向）中；关键字值为 $K_{\lceil m/2 \rceil}$ 的记录和指针 p 插入 q 的双亲结

点。因 q 的双亲结点增加了一个新的记录，所以必须对 q 的双亲结点重复(2)和(3)的操作，依次类推，直至由 q 所指的结点是根结点，执行下一步。

(4)由于根结点无双亲，所以由其分裂产生的两个结点的指针 p 和 q，以及关键字为 $K_{\lceil m/2 \rceil}$ 的记录构成一个新的根结点。此时，B-树的深度加 1。

下面算法代码中的 q 和 i 是由查找函数 SearchBTree( )返回的信息而得。

【算法代码】

```
Status InsertBTree(BTree &T,KeyType K,BTree q,int i)
{ //在 m 阶的 B- 树 T 上结点*q 的 key[i]与 key[i+1]之间插入关键字 key
    //若引起结点数过多,则沿双亲链进行必要的结点分裂调整,使 T 仍是 m 阶的 B- 树
    x=K;ap=NULL;finished=FALSE;    //x 表示新插入的关键字,ap 为一个空指针
    while(q&&!finished)
    {
        Insert(q,i,x,ap);            //将 x 和 ap 分别插入 q->key[i+l]和 q->ptr[i+l]
        if(q->keynum<m)finished=TRUE;   //插入完成
        else              //分裂结点*q
        {
            s=⌊(m+1)/2⌋;split(q,s,ap);x=q->key[s];
            //将 q->key[s+1..m],q->ptr[s..m]和 q->recptr[s+1..m]移入新结点*ap
            q=q->parent;
            if(q)i=Search(q,x); //在双亲结点*q 中查找 x 的插入位置
        }             //else
    }                 //while
    if(!finished)         //T 是空树(参数 q 初值为 NULL)或根结点已分裂为结点*q 和*ap
        NewRoot(T,q,x,ap);    //生成含信息(T,x,ap)的新的根结点*T,原 T 和 ap 为子树指针
    return OK;        }
```

▶▶▶ 7.2.4 B+树 ▶▶▶

B+树是一种 B-树的变形树，更适合文件索引系统。但是从严格意义上来讲，它不符合项目 5 中定义的树。

1.B+树和 B-树的差异

一棵 m 阶的 B+树和 m 阶的 B-树的差异在于：

(1)有 n 棵子树的结点中含有 n 个关键字；

(2)所有的叶子结点中包含了全部关键字的信息，以及指向含这些关键字记录的指针，且叶子结点本身依关键字的大小自小而大顺序链接；

(3)所有的非终端结点可以看作索引部分，结点中仅含有其子树(根结点)中的最大(或最小)关键字。

例如，图 7-26 所示为一棵 3 阶的 B+树，通常在 B+树上有两个头指针，一个指向根结点，另一个指向关键字最小的叶子结点。因此，可以对 B+树进行两种查找操作：一种是从最小关键字开始，进行顺序查找；另一种是从根结点开始，进行随机查找。

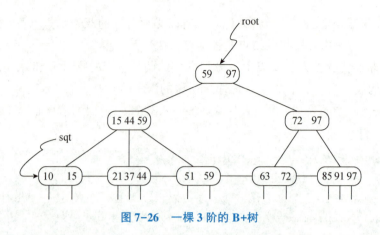

图 7-26 一棵 3 阶的 B+树

2. B+树的查找、插入和删除

在 B+树上进行查找、插入和删除的过程基本上与 B-树类似。

（1）查找：若非终端结点上的关键字等于给定值，并不终止查找，而是继续向下查找到叶子结点。因此，在 B+树中，无论查找是否成功，每次查找都经过了一条从根到叶子结点的路径。B+树查找的分析类似于 B-树。

B+树不仅能够有效地查找单个关键字，而且更适合查找某个范围内的所有关键字。例如，在 B+树上找出范围为[a，b]的所有关键字值。处理方法如下：通过一次查找找出关键字 a，无论它是否存在，都可以到达可能出现 a 的叶子结点，然后在叶子结点中查找关键字值等于 a 或大于 a 的那些关键字，对于所找到的每个关键字都有一个指针指向相应的记录，这些记录的关键字在所需要的范围。如果在当前结点中没有发现关键字值大于 b 的关键字，就可以使用当前叶子结点的最后一个指针找到下一个叶子结点，并继续进行同样的处理，直至在某个叶子结点中找到关键字值大于 b 的关键字，然后停止查找。

（2）插入：仅在叶子结点上进行插入，当结点中的关键字个数大于 m 时要将该结点分裂成两个结点，它们所含关键字的个数分别为 $\lfloor\frac{m+1}{2}\rfloor$ 和 $\lceil\frac{m+1}{2}\rceil$；并且，它们的双亲结点中应同时包含这两个结点中的最大关键字。

（3）删除：B+树的删除也仅在叶子结点上进行，当叶子结点中的最大关键字被删除时，其在非终端结点中的值可以作为一个"分界关键字"存在。若因删除而使结点中关键字的个数少于 $\lceil m/2\rceil$，其和兄弟结点的合并过程亦和 B-树类似。

任务 7.3　散列表的查找

任务描述：前面讨论了基于线性表、树表结构的查找方法，这类查找方法都是以关键字的比较为基础的。在查找过程中只考虑各元素关键字之间的相对大小，记录在存储结构中的位置和其关键字无直接关系，其查找时间与表的长度有关，特别是当结点个数很多时，查找时要大量地与无效结点的关键字进行比较，使查找速度变慢。如果能在元素的存储位置和其关键字之间建立某种直接关系，那么在进行查找时，就无须做比较或做很少次的比较，按照这种关系直接由关键字找到相应的记录。这就是散列查找（Hash Search）法的思想，它通过对元素的关键字值进行某种运算，直接求出元素的地址，即使用关键字到地址的直接转换方法,而不需要反复比较。因此,散列查找法又称杂凑法或散列法。本任务是熟练掌握散列表的构造方法、处理冲突的方法,深刻理解散列表与其他结构的表的实质性差别,了解各种散列函数的特点。

任务实施:知识解析。

▶▶▶ 7.3.1 基本概念 ▶▶▶

为了能更好地理解散列表,首先给出散列法中常用的几个术语。

(1)散列函数和散列地址:在记录的存储位置 p 和其关键字 key 之间建立一个确定的对应关系 H,使 p=H(key),称这个对应关系 H 为散列函数,p 为散列地址。

(2)散列表:一个有限连续的地址空间,用以存储按散列函数计算得到的相应散列地址的数据记录。通常散列表的存储空间是一个一维数组,散列地址是数组的下标。

(3)冲突和同义词:对不同的关键字可能得到同一散列地址,即 $key_1 \neq key_2$,而 $H(key_1) = H(key_2)$,这种现象被称为冲突。具有相同函数值的关键字对该散列函数来说称作同义词,key_1 与 key_2 互称为同义词。

例如,对 C 语言某些关键字集合建立一个散列表,关键字集合为

$$S_1 = \{main,\ int,\ float,\ while,\ return,\ break,\ switch,\ case,\ do\}$$

设定一个长度为 26 的散列表应该足够,散列表可定义为

```
char HT[26][8];
```

假设散列函数的值取为关键字 key 中第一个字母在字母表 $\{a,\ b,\ \cdots,\ z\}$ 中的序号(序号范围为 0~25),即

$$H(key) = key[0] - 'a'$$

其中,设 key 的类型是长度为 8 的字符数组,根据此散列函数构造的散列表如表 7-2 所示。

表 7-2 关键字集合 S_1 对应的散列表

0	1	2	3	4	5	...	8	...	12	...	17	18	...	22	...	25
	break	case	do		float		int		main		return	switch		while		

假设关键字集合扩充为

$$S_2 = S_1 + \{short,\ default,\ double,\ static,\ for,\ struct\}$$

如果散列函数不变,新加入的 6 个关键字经过计算得到:H(short) = H(static) = H(struct) = 18,H(default) = H(double) = 3,H(for) = 5,而 18、3 和 5 这几个位置上均已存放相应的关键字,这就发生了冲突现象,其中,switch、short、static 和 struct 互称为同义词,float 和 for 互称为同义词,do、default 和 double 互称为同义词。

集合 S_2 中的关键字仅有 15 个,仔细分析这 15 个关键字的特性,不难构造一个散列函数来避免发生冲突现象。但在实际应用中,理想化的、不产生冲突的散列函数极少存在,究其原因,是散列表中关键字的取值集合远远大于表空间的地址集。例如,高级语言的编译程序要对源程序中的标识符建立一个符号表进行管理,多数都采取散列表。在设定散列函数时,考虑的查找关键字集合应包含所有可能产生的关键字,不同的源程序中使用的标识符一般也不相同,若此语言规定标识符为长度不超过 8 的、以字母开头的字母数字串,字母区分大小写,则标识符的取值集合的大小为

$$C_{52}^1 \times C_{26}^7 \times 7! = 1.09 \times 10^{12}$$

而一个源程序中出现的标识符是有限的，所以编译程序将散列表的长度设为 1 000 足够了。于是，要将多达 10^{12} 个可能的标识符映射到有限的地址上，难免产生冲突。通常，散列函数是一个多对一的映射，所以冲突是不可避免的，只能通过选择一个"好"的散列函数使其在一定程度上减少冲突。而一旦发生冲突，就必须采取相应措施及时予以解决。

综上所述，散列查找法主要研究以下两方面的问题：

(1)如何构造散列函数；

(2)如何处理冲突。

▶▶▶ 7.3.2 散列函数的构造方法 ▶▶▶ ▶

构造散列函数的方法有很多，根据具体问题选用不同的散列函数，通常要考虑以下因素：

(1)散列表的长度；

(2)关键字的长度；

(3)关键字的分布情况；

(4)计算散列函数所需的时间；

(5)记录的查找频率。

构造一个"好"的散列函数应遵循以下两条原则：

(1)函数计算要简单，每一个关键字只能有一个散列地址与之对应；

(2)函数的值域需在表长的范围内，计算出的散列地址分布应均匀，尽可能减少冲突的产生。

下面介绍构造散列函数的几种常用方法。

1. 数字分析法

若事先知道关键字集合，且每个关键字的位数比散列表的地址码的位数多，每个关键字由 n 位数组成，如 $K_1 K_2 \cdots K_n$，则可以从关键字中提取数字分布比较均匀的若干位作为散列地址。

例如，有 80 个记录，其关键字为 8 位十进制数。假设散列表的表长为 100，则可取两位十进制数组成散列地址，选取的原则是分析这 80 个关键字，使得到的散列地址尽量避免产生冲突。假设这 80 个关键字中的一部分如下所示：

$$\vdots$$

$$
\begin{array}{cccccccc}
8 & 1 & 3 & 4 & 6 & 5 & 3 & 2 \\
8 & 1 & 3 & 7 & 2 & 2 & 4 & 2 \\
8 & 1 & 3 & 8 & 7 & 4 & 2 & 2 \\
8 & 1 & 3 & 0 & 1 & 3 & 6 & 7 \\
8 & 1 & 3 & 2 & 2 & 8 & 1 & 7 \\
8 & 1 & 3 & 3 & 8 & 9 & 6 & 7 \\
8 & 1 & 3 & 5 & 4 & 1 & 5 & 7 \\
8 & 1 & 3 & 6 & 8 & 5 & 3 & 7 \\
8 & 1 & 4 & 1 & 9 & 3 & 5 & 5 \\
\end{array}
$$

$$\vdots$$

$$①\quad②\quad③\quad④\quad⑤\quad⑥\quad⑦\quad⑧$$

从对关键字全体的分析中可以发现：第①、②位都是"8""1"，第③位只可能取"3"或"4"，第⑧位可能取"2""5"或"7"，因此这4位都不可取。由于中间的4位可看作近乎随机的，所以可取其中任意两位，或者取其中两位与另外两位的叠加求和后舍去进位作为散列地址。

数字分析法的适用情况：事先必须明确知道所有的关键字每一位上各种数字的分布情况。

在实际应用中，例如，同一出版社出版的所有图书，其ISBN的前几位都是相同的，因此，若数据表只包含同一出版社的图书，则构造散列函数时可以利用这种数字分析排除ISBN的前几位数字。

2. 平方取中法

通常在选定散列函数时不一定能知道关键字的全部情况，取其中哪几位也不一定合适，而一个数平方后的中间几位数和该数的每一位都相关，若取关键字平方后的中间几位或其组合作为散列地址，则经过随机分布的关键字得到的散列地址也是随机的，具体所取的位数由表长决定。平方取中法是一种较常用的构造散列函数的方法。

例如，为源程序中的标识符建立一个散列表，假设标识符为字母开头的字母数字串。假设人为约定每个标识符的内部编码规则如下：把字母在字母表中的位序作为该字母的内部编码，如I的内部编码为09，D的内部编码为04，A的内部编码为01。数字直接用其自身作为内部编码，如1的内部编码为01，2的内部编码为02。根据以上编码规则，可知"IDA1"的内部编码为09040101，同理可以得到"IDB2""XID3"和"YID4"的内部编码。之后分别对内部编码进行平方运算，再取出第7~9位作为其相应标识符的散列地址，如表7-3所示。

表7-3　标识符及其散列地址

标识符	内部编码	内部编码的平方	散列地址
IDA1	09040101	081723426090201	426
IDB2	09040202	081725252200804	252
XID3	24090403	580347516702409	516
YID4	25090404	629528372883216	372

平方取中法的适用情况：不能事先了解关键字的所有情况，或者难于直接从关键字中找到取值较分散的几位。

3. 折叠法

将关键字分割成位数相同的几部分（最后一部分的位数可以不同），然后取这几部分的叠加和（舍去进位）作为散列地址，这种方法被称为折叠法。根据数位叠加的方式，可以把折叠法分为移位叠加和边界叠加两种。移位叠加是将分割后每一部分的最低位对齐，然后相加；边界叠加是将两个相邻的部分沿边界来回折叠，然后对齐相加。

例如，当散列表的表长为1 000时，关键字key=45387765213，从左到右按3位数一段分割，可以得到4个部分：453、877、652、13。分别采用移位叠加和边界叠加，求得散列地址为995和914，如图7-27所示。

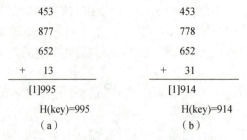

图 7-27　由折叠法求得的散列地址
（a）移位叠加；（b）边界叠加

折叠法的适用情况：适用于散列地址的位数较少，而关键字的位数较多，且难于直接从关键字中找到取值较分散的几位。

4. 除留余数法

假设散列表的表长为 m，选择一个不大于 m 的数 p，用 p 去除关键字，除后所得的余数为散列地址，即

$$H(key) = key\%p$$

这个方法的关键是选取适当的 p。一般情况下，可以选 p 为小于表长的最大质数。例如，表长 m=100，可取 p=97。

除留余数法计算简单，适用范围非常广，是最常用的构造散列函数的方法。它不仅可以对关键字直接取模，也可在折叠、平方取中等运算之后取模，这样能够保证散列地址一定落在散列表的地址空间中。

▶▶▶ 7.3.3　处理冲突的方法 ▶▶▶

在实际应用中，很难完全避免发生冲突，所以选择一个有效的处理冲突的方法是散列法的另一个关键问题。创建散列表和查找散列表都会遇到冲突，两种情况下处理冲突的方法应该一致。下面以创建散列表为例，来说明处理冲突的方法。

处理冲突的方法与散列表本身的组织形式有关。按组织形式的不同，通常分为两大类：开放地址法和链地址法。

1. 开放地址法

开放地址法的基本思想：把记录都存储在散列表数组中，当某一记录关键字 key 的初始散列地址 $H_0 = H(key)$ 发生冲突时，以 H_0 为基础，采取合适方法计算得到另一个地址 H_1，若 H_1 仍然发生冲突，则以 H_1 为基础再求下一个地址 H_2，若 H_2 仍然发生冲突，则再求得 H_3。依次类推，直至 H_k 不发生冲突为止，则 H_k 为该记录在表中的散列地址。

这种方法在寻找"下一个"空的散列地址时，原来的数组空间对所有的元素都是开放的，所以称为开放地址法。通常把寻找"下一个"空的散列地址的过程称为探测，上述方法可用以下公式表示：

$$H_i = [H(key) + d_i]\%m, \quad i = 1, 2, \cdots, k(k \leq m-1)$$

其中，$H(key)$ 为散列函数；m 为散列表的表长；d_i 为增量序列。根据 d_i 取值的不同，可以分为以下 3 种探测方法。

（1）线性探测法：

$$d_i = 1, 2, 3, \cdots, m-1$$

这种探测方法可以将散列表假想成一个循环表，当发生冲突时，从冲突地址的下一单元顺序寻找空单元，若到最后一个位置也没找到空单元，则回到表头开始继续查找，直到找到一个空单元，就把此元素放入此空单元。若找不到空单元，则说明散列表已满，需要进行溢出处理。

（2）二次探测法：

$$d_i = 1^2,\ -1^2,\ 2^2,\ -2^2,\ 3^2,\ \cdots,\ +k^2,\ -k^2(k \leqslant m/2)$$

（3）伪随机探测法：

$$d_i = 伪随机数序列$$

例如，散列表的表长为 11，散列函数 $H(key) = key\%11$，假设表中已填有关键字分别为 17、60、29 的记录，如图 7-28(a)所示。现有第 4 个记录，其关键字为 38，由散列函数得到散列地址为 5，产生冲突。

若用线性探测法处理，则得到下一个地址为 6，仍产生冲突；再求得下一个地址为 7，仍产生冲突；直到散列地址为 8 的位置为"空"，处理冲突的过程结束，38 填入散列表中序号为 8 的位置，如图 7-28(b)所示。

若用二次探测法处理，散列地址为 5 产生冲突后，得到下一个地址为 6，仍产生冲突；再求得下一个地址 4，无冲突，38 填入序号为 4 的位置，如图 7-28(c)所示。

若用伪随机探测法处理，假设产生的伪随机数为 9，则计算下一个散列地址为(5+9)%11=3，所以 38 填入序号为 3 的位置，如图 7-28(d)所示。

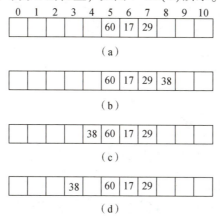

图 7-28　用开放地址法处理冲突时，关键字为 38 的记录插入前、后的散列表
（a）插入前；（b）线性探测法；（c）二次探测法；（d）伪随机探测法，伪随机数序列为 9……

从上述线性探测法处理的过程中可以看到一个现象：当表中 i、i+1、i+2 位置上已填有记录时，下一个散列地址为 i、i+1、i+2 和 i+3 的记录都将填入 i+3 的位置，这种在处理冲突过程中发生的两个第一个散列地址不同的记录争夺同一个后继散列地址的现象称作"二次聚集"（或称作"堆积"），即在处理同义词的冲突过程中又添加了非同义词的冲突。

可以看出，上述 3 种处理方法各有优缺点。线性探测法的优点是，只要散列表未填满，总能找到一个不发生冲突的地址；缺点是会产生"二次聚集"现象。而二次探测法和伪随机探测法的优点是，可以避免产生"二次聚集"现象；缺点也很明显，即不能保证一定找到不发生冲突的地址。

2. 链地址法

链地址法的基本思想：把具有相同散列地址的记录放在同一个单链表中，生成的表被称为同义词链表。有 m 个散列地址就有 m 个单链表,同时用数组 HT[0..m-1]存放各个链表的头指针,凡是散列地址为 1 的记录都以结点方式插入以 HT[i]为头结点的单链表。

▶▶| 7.3.4 散列表的查找操作 ▶▶▶ ▶

在散列表上进行查找的过程和创建散列表的过程基本一致。算法 7-10 描述了开放地址法(线性探测法)处理冲突的散列表的查找过程。

下面以开放地址法为例,给出散列表的存储表示。

```
//- - - - - - -开放地址法散列表的存储表示- - - - - - - -
#define m 20                              //散列表的表长
typedef struct{
    KeyType key;                          //关键字项
    InfoType otherinfo;                   //其他数据项
}HashTable[m];
```

【算法 7-10】散列表的查找。

【算法步骤】

(1)给定待查找的关键字 key,根据造表时设定的散列函数计算 $H_0 = H(key)$。

(2)若地址 H_0 为空,则所查记录不存在。

(3)若地址 H_0 中记录的关键字为 key,则查找成功;否则重复下述解决冲突的过程:

①按处理冲突的方法,计算下一个散列地址 H_i;

②若地址 H_i 为空,则所查记录不存在;

③若地址 H_i 中记录的关键字为 key,则查找成功。

【算法代码】

```
#define NULLKEY 0//地址为空的标记
int SearchHash(HashTableHT,KeyTypekey)
{//在散列表 HT 中查找关键字为 key 的记录,若查找成功,则返回散列表的地址标号,否则返回-1
    H0=H(key);                            //根据散列函数 H(key)计算散列地址
    if(HT[H0]. key==NULLKEY)return - 1;   //若地址 H0 为空,则所查记录不存在
    else if(HT[H0]. key = =key)return HO;      //若地址 H0 中记录的关键字值为 key,则查找
成功
    else
    {
        for(i=1;i<m;++i)
        {
            Hi=(H0+i)% m;                 //按照线性探测法计算下一个散列地址 Hi
            if(HT[Hi]. key==NULLKEY)return - 1;//若地址 Hi 为空,则所查记录不存在
            else if(HT[Hi]. key==key)return Hi;  //若地址 Hi 中记录的关键字为 key,则查找成功
        }                                 //for
        return - 1;
    }                                     //else
}
```

【算法分析】

从散列表的查找过程可见：

(1)虽然散列表在关键字与记录的存储位置之间建立了直接映像，但由于"冲突"的产生，散列表的查找过程仍然是一个给定值和关键字进行比较的过程。因此，仍需以平均查找长度作为衡量散列表查找效率的量度。

(2)查找过程中需和给定值进行比较的关键字的个数取决于3个因素：散列函数、处理冲突的方法和散列表的装填因子。

散列表的装填因子 α 定义为

$$\alpha = \frac{\text{表中填入的记录数}}{\text{散列表的长度}}$$

α 标志散列表的装满程度。直观地看，α 越小，发生冲突的可能性就越小；反之，α 越大，表中已填入的记录数越多，再填记录时，发生冲突的可能性就越大，则查找时，给定值需与之进行比较的关键字的个数也就越多。

(3)散列函数的"好坏"首先影响产生冲突的频繁程度。但一般情况下认为：凡是"均匀的"散列函数，对同一组随机的关键字，产生冲突的可能性相同，假如所设定的散列函数是"均匀"的，则影响平均查找长度的因素只有两个，即处理冲突的方法和散列表的装填因子 α。

表7-4所示为用几种不同方法处理冲突时散列表的平均查找长度。

表7-4 用几种不同方法处理冲突时散列表的平均查找长度

处理冲突的方法	平均查找长度	
	查找成功	查找失败
线性探测法	$\frac{1}{2}\left(1+\frac{1}{1-\alpha}\right)$	$\frac{1}{2}\left[1+\frac{1}{(1-\alpha)^2}\right]$
二次探测法 伪随机探测法	$-\frac{1}{\alpha}\ln(1-\alpha)$	$\frac{1}{1-\alpha}$
链地址法	$1+\frac{\alpha}{2}$	$\alpha+e^{-\alpha}$

从表7-4中可以看出，散列表的平均查找长度是 α 的函数，而不是记录个数 n 的函数。因此，在设计散列表时，无论 n 多大，总可以选择合适的 α 以便将平均查找长度限定在一个范围内。

对于一个具体的散列表，通常采用直接计算的方法求其平均查找长度，下面通过具体示例说明。

【实战演练】

【例7-2】 已知一关键字序列为(19，14，23，1，68，20，84，27，55，11，10，79)，设散列函数 H(key)=key%13，用链地址法处理冲突，试构造该关键字序列的散列表。

解： 由散列函数 H(key)=key%13 得知散列地址的值域为 0~12，故整个散列表由 13 个单链表组成，用数组 HT[0..12]存放各个单链表的头指针。例如，将散列地址均为 1 的同义词 14、1、27、79 构成一个单链表，链表的头指针保存在数组 HT[1]中，同理，可以构造其他几个单链表，整个散列表的结构如图 7-29 所示。

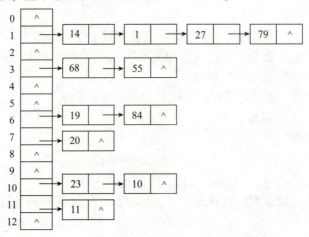

图 7-29 用链地址法处理冲突时的散列表

这种构造方法在具体实现时，依次计算各个关键字的散列地址，然后根据散列地址将关键字插入相应的链表。

【例 7-3】对于例 7-2 中的关键字序列（19，14，23，1，68，20，84，27，55，11，10，79），仍设散列函数为 H(key)=key%13，用线性探测法处理冲突。设表长为 16，试构造这个关键字序列的散列表，并计算查找成功和查找失败时的平均查找长度。

解：依次计算各个关键字的散列地址，如果没有产生冲突，就将关键字直接存放在相应的散列地址所对应的单元中；否则，用线性探测法处理冲突，直到找到相应的存储单元。

例如，对前 3 个关键字进行计算，H(19)=6，H(14)=1，H(23)=10，所得散列地址均没有产生冲突，直接填入所在单元。

而对于第 4 个关键字，H(1)=1，产生冲突，根据线性探测法，求得下一个地址为(1+1)%16=2，没有产生冲突，所以 1 填入序号为 2 的单元。

同理，可依次填入其他关键字。对于最后一个关键字 79，H(79)=1，产生冲突，用线性探测法处理冲突，后面的地址 2~8 均有冲突，最终 79 填入 9 号单元。

最终构造结果如表 7-5 所示，表中最后一行的数字表示放置该关键字时所进行的比较次数。

表 7-5 用线性探测法处理冲突时的散列表

散列地址	0	1	2	3	4	5	6	7	8	9	10	11	12	13	14	15
关键字		14	1	68	27	55	19	20	84	79	23	11	10			
比较次数		1	2	1	4	3	1	1	3	9	1	1	3			

要查找一个关键字 key，根据算法 7-10，首先用散列函数计算 $H_0=H(key)$，然后进行比较，比较的次数和创建散列表时放置此关键字的比较次数是相同的。

例如，查找关键字 19 时，计算散列函数 H(19)=6，HT[6].key 非空且值为 19，查找成功，关键字的比较次数为 1。

同样，当查找关键字 14、68、20、23、11 时，均需比较 1 次即查找成功。

当查找关键字 1 时，计算散列函数的地址 H(1)=1，HT[1].key 非空且值为 14(不等于 1)，用线性探测法处理冲突，计算下一个地址为 (1+1)%16=2，HT[2].key 非空且值为 1 查找成功，关键字的比较次数为 2。

当查找关键字 55、84、10 时，需比较 3 次；当查找关键字 27 时，需比较 4 次；而查找关键字 79 时，需比较 9 次。

在记录的查找概率相等的前提下，这组关键字采用线性探测法处理散列表的冲突时，查找成功时的平均查找长度为

$$ASL_{succ} = \frac{1}{12}(1 \times 6 + 2 + 3 \times 3 + 4 + 9) = 2.5$$

查找失败时有以下两种情况：

(1)单元为空；

(2)按处理冲突的方法探测一遍后仍未找到。假设散列函数的取值个数为 r，则 0~r-1 相当于 r 个查找失败的入口，从每个入口进入后，直到确定查找失败为止，其关键字的比较次数就是与该入口对应的查找失败的平均查找长度。

在例 7-2 中，散列函数的取值个数为 13，即总共有 13 个查找失败的入口(0~12)，对每个入口依次进行计算。

假设待查的关键字不在散列表中，若计算散列函数 H(key)=0，HT[0].key 为空，则比较 1 次即确定查找失败。若 H(key)=1，HT[1].key 非空，则依次向后比较，直到 HT[13].key 为空，总共比较 13 次才能确定查找失败。类似地，对 H(key)=2，3，…，12 进行分析，可得查找失败的平均查找长度为

$$ASL_{unsucc} = \frac{1}{13}(1+13+12+11+10+9+8+7+6+5+4+3+2) = 7$$

在例 7-2 中，采用链地址法处理冲突时，对于图 7-29 所示的每个单链表中的第 1 个结点的关键字(如 14、68、19、20、23、11)，查找成功时只需比较 1 次，而对于第 2 个结点的关键字(如 1、55、84、10)，查找成功时需比较 2 次，第 3 个结点的关键字 27 需比较 3 次，第 4 个结点的关键字 79 则需比较 4 次。这时，查找成功的平均查找长度为

$$ASL_{succ} = \frac{1}{12}(1 \times 6 + 2 \times 4 + 3 + 4) = 1.75$$

采用链地址法处理冲突时，待查的关键字不在散列表中，若计算散列函数 H(key)=0，HT[0]的指针域为空，比较 1 次即确定查找失败。若 H(key)=1，HT[1]所指的单链表包括 4 个结点，所以需要比较 5 次才能确定失败。类似地，对 H(key)=2，3，…，12 进行分析，可得查找失败的平均查找长度为

$$ASL_{unsucc} = \frac{1}{13}(1+5+1+3+1+1+3+2+1+1+3+2+1) = 1.92$$

容易看出，线性探测法在处理冲突的过程中易产生记录的"二次聚集"，使散列地址不相同的记录又产生新的冲突；而链地址法处理冲突不会发生类似情况，因为散列地址不同的记录在不同的链表中，所以链地址法的平均查找长度小于开放地址法。另外，由于链地址法的结点空间是动态申请的，无须事先确定表的容量，所以更适用于表长不确定的情况。同时，易于实现插入和删除操作。

通过上面的示例可以看出，在查找概率相等的前提下，直接计算查找成功的平均查找

长度可以采用以下公式：

$$ASL_{succ} = \frac{1}{n}\sum_{i=1}^{n} C_i$$

其中，n 为散列表中记录的个数；C_i 为成功查找第 i 个记录所需的比较次数。

而直接计算查找失败的平均查找长度可以采用以下公式：

$$ASL_{unsucc} = \frac{1}{r}\sum_{i=1}^{r} C_i$$

其中，r 为散列函数取值的个数；C_i 为散列函数取值为 1 时查找失败的比较次数。

项目总结

查找是数据处理中经常使用的一种操作。本项目主要介绍了对查找表的查找，查找表实际上仅仅是一个集合，为了提高查找效率，将查找表组织成不同的数据结构，主要包括 3 种不同结构的查找表：线性表、树表和散列表。

（1）线性表的查找：主要包括顺序查找、折半查找和分块查找，三者之间的比较如表 7-6 所示。

表 7-6　顺序查找、折半查找和分块查找的比较

比较项目	查找方法		
	顺序查找	折半查找	分块查找
查找的时间复杂度	$O(n)$	$O(\log_2 n)$	与确定所在块的查找方法有关
特点	算法简单，对表结构无任何要求，但查找效率较低	对表结构要求较高，查找效率较高	对表结构有一定要求，查找效率介于折半查找和顺序查找之间
适用情况	任何结构的线性表，不经常做插入和删除	有序的顺序表，不经常做插入和删除	块间有序、块内无序的顺序表，经常做插入和删除

（2）树表的查找：树表的结构主要包括二叉排序树、平衡二叉树、B-树和 B+树。

①二叉排序树的查找过程与折半查找过程类似，二者之间的比较如表 7-7 所示。

表 7-7　折半查找和二叉排序树的查找的比较

比较项目	查找方法	
	折半查找	二叉排序树的查找
查找的时间复杂度	$O(\log_2 n)$	$O(\log_2 n)$
特点	数据结构采用有序的顺序表，插入和删除操作需移动大量元素	数据结构采用树的二叉链表表示，插入和删除操作无须移动元素，只需修改指针
适用情况	不经常做插入和删除的静态查找表	经常做插入和删除的动态查找表

②二叉排序树在形态均匀时的性能最好，而形态为单支树时其查找性能则退化为与顺序查找相同。因此，二叉排序树最好是一棵平衡二叉树。平衡二叉树的平衡调整方法就是确保二叉排序树在任何情况下的查找的时间复杂度均为 $O(\log_2 n)$，平衡调整方法分为 4 种：LL 型、RR 型、LR 型和 RL 型。

③B-树是一种平衡的多叉查找树，是一种在外存文件系统中常用的动态索引技术。在 B-树上进行查找的过程和二叉排序树类似，是一个顺着指针查找结点和在结点内的关键字中查找交叉进行的过程。为了确保 B-树的定义，在 B-树中插入一个关键字，可能产生结点的"分裂"，而删除一个关键字，可能产生结点的"合并"。

④B+树是一种 B-树的变形树，更适合作文件系统的索引。在 B+树上进行查找、插入和删除的过程基本上与 B-树类似，但具体实现细节又有所区别。

（3）散列表的查找：散列表也属于线性结构，但它和线性表的查找有本质的区别。它不是以关键字比较为基础进行查找的，而是通过一种散列函数把记录的关键字和它在表中的位置建立起对应关系，并在存储记录发生冲突时采用专门的处理冲突的方法。这种方式构造的散列表，不仅平均查找长度和记录总数无关，而且可以通过调节装填因子，把平均查找长度控制在所需的范围内。

散列查找法主要研究两方面的问题：如何构造散列函数，以及如何处理冲突。

①构造散列函数的方法有很多，除留余数法是最常用的构造散列函数的方法。它不仅可以对关键字直接取模，也可在折叠、平方取中等运算之后取模。

②处理冲突的方法通常分为两大类：开放地址法和链地址法，二者之间的差别类似于顺序表和单链表的差别，二者的比较如表 7-8 所示。

表 7-8　开放地址法和链地址法的比较

比较项目	处理方法	
	开放地址法	链地址法
存储	无指针域，存储效率较高	附加指针域，存储效率较低
查找	有"二次聚集"现象，查找效率较低	无"二次聚集"现象，查找效率较高
插入、删除	不易实现	易于实现
适用情况	表的大小固定，适用于表长无变化的情况	结点动态生成，适用于表长经常变化的情况

学习完本项目后，要求掌握顺序查找、折半查找和分块查找的方法，掌握描述折半查找过程的判定树的构造方法；掌握二叉排序树的构造和查找方法，平衡二叉树的 4 种平衡调整方法；理解 B-树和 B+树的特点、基本操作和二者的区别；熟练掌握散列表的构造方法；明确各种不同查找方法之间的区别和各自的适用情况，能够按定义计算各种查找方法在等概率情况下查找成功的平均查找长度。

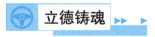

立德铸魂

北斗闪耀，泽沐八方。2020 年 6 月 23 日，我国在西昌卫星发射中心成功发射第 55 颗北斗导航卫星，标志着我国建成了独立自主、开放兼容的全球卫星导航系统。卫星装载有中国航天科工二院203所(以下简称203所)研制的氢原子钟，该原子钟的优良性能进一步增强了北斗卫星导航系统的定位精度和自主运行能力。

习近平总书记在"北斗三号"全球卫星导航系统建成暨开通仪式上指出："26年来，参与北斗系统研制建设的全体人员迎难而上、敢打硬仗、接续奋斗，发扬'两弹一星'精神，培育了新时代北斗精神。"203所原子钟研制团队就是这样一支践行新时代北斗精神的团队，40多年来，他们接续奋斗，砥砺奋进，先后攻克多项关键技术，创造了在轨原子钟100%稳定运行的傲人成绩，走出一条自主创新的发展道路。

1. 起步，实现零的突破

原子钟为卫星导航系统提供高稳定的时间频率基准信号，被誉为卫星导航系统的"心脏"，决定着导航系统的导航定位、测速及授时精度。原子钟的工作原理涉及量子物理、电学、机械和热力学等多个学科，各项技术指标要求相当严苛。我国原子钟技术基础非常薄弱，星载原子钟产品曾完全依赖进口。在"北斗二代"导航系统中，原子钟属于研制难度最大的产品之一，被誉为"可歌可泣"的产品。

203所从20世纪80年代就开始进行原子钟技术探索的研究，是国内"老牌"的原子频标研制单位。老一代原子钟人艰苦奋斗，无私奉献，与国内高校、科研单位合作开展原子频标课题研究工作，掌握了研制原子频标的多项关键技术，锻炼培养出了一支技术精湛、作风严谨的科研队伍，多项课题获部级科技进步奖。"外国人能做到的，我们也一定能做到"，正是这个信念支撑着科研团队在自主研发的道路上一路披荆斩棘。

进入21世纪，我国导航卫星有八大关键技术急需突破，星载原子钟技术就是其中之一。在前辈的"传帮带"下，一批刚刚踏出校门的大学生投身航天事业，投身星载原子钟的研制工作中。

当时国内有几家单位同步开展星载原子钟研制工作，铷钟团队的老郭回忆："各家都憋着一股劲，生怕掉队，我们也下定决心，一定要把203所的钟做到最好。"

做钟要静得下心，耐得住寂寞。调试原子钟需要耗费大量时间，仅调试日稳定度这一项，"每调一改锥"就要等上15天才能看出效果。

在阶段性测试验收节点前，团队核心成员三天三夜没合眼，反复调整、测试、修改，手里的活儿一直不停。"那种眼皮如同坠铅的感觉记忆犹新，都不知道当时是怎么撑过来的。"五室王主任感慨。

经过反复摸索、仿真、验证、调试，团队终于成功研制我国第一台符合要求的星载原子钟。团队研制的铷钟随我国北斗导航卫星发射升空的那一天是团队成员永远铭记的时刻，这是国内自主研制铷钟的首次搭载发射。"中国人终于有了自己的原子钟!"团队的每名成员都流下了激动的泪水。

2. 上星，大块头要"瘦身"

"向国际一流看齐"，研制团队来不及庆祝胜利，就又踏上了氢原子钟研制的新征途。

氢原子钟具有优良的中短期频率稳定度，但体积大、质量重，要上星，氢原子钟必须"瘦身"。203所生产的氢原子钟已经在其他行业落地应用，但星载氢原子钟相对地面钟而言，性能指标要求更高，使用的环境也更苛刻，总体设计、产品的可靠性、热设计、抗辐射、环境适应性、寿命等各方面都要通盘考虑。

北斗卫星导航系统总师孙家栋院士曾亲自到203所指导星载氢原子钟验收。孙院士的到来，使项目团队备受鼓舞，更感到了无形的压力。"这是个熬人的工作。"氢原子钟技术专家李副总师说，他经常和团队成员连夜调试数据，测试间的几张行军床就是给他们准备的，李副总师开玩笑："当时都不敢生病。"

"有时在梦里都在联调"，李副总师回忆，好几次梦里得解，睡醒后赶紧翻身下床，按照梦中的步骤付诸实践，还真地奏效。从分阶段开展研制工作，到鉴定件的实验，到整钟重要指标的突破，再到正样的研制，经过重重考核，最终，203所实现关键技术、工艺自主化，成功实现氢原子钟减重。

2015年9月30日，203所研制的星载氢原子钟发射升空，实现了203所首台氢原子钟上天。通过近2年的在轨性能验证，星载氢原子钟实现了跨越式发展。

3. 成功，矢志不渝"中国心"

在"北斗三号"全球卫星导航系统3颗倾斜地球同步轨道卫星全部发射成功之际，中国卫星导航系统管理办公室主任冉承其到清华演讲，并带去了203所研制的一台铷钟。

冉主任举起铷钟，对台下的清华学子说："我们下定决心，从零起步，举全国之力，矢志攻关，成功实现了原子钟国产化，精度达到了世界先进水平。""北斗三号"全球卫星导航系统工程启动后，203所自主研发了高精度和甚高精度两代星载铷原子钟和星载氢原子钟，完全满足北斗三号的应用需求。

"时至今日，经过大量卫星在轨运行状态的检验测试，可以说，国产的原子钟已经达到国际先进水平。"北斗卫星导航系统副总师、"北斗三号"全球卫星导航系统总师谢军曾这样评价。

从20世纪开展原子钟研究，到2020年"北斗三号"组网成功，无论科研攻关历程处于顺境还是逆境，203所历任所领导班子对研制工作都给予了鼎力支持；老一代技术专家默默奉献、甘为人梯，为原子钟事业打下了坚实基础；前赴后继的年轻人勇挑重担，接过前辈手中的火炬，把它燃烧得更加光明灿烂……203所历经几代人的传承，最终实现了中国星、中国"心"的目标。

"我们干航天就是为了国家荣誉。"王主任总结，同事们都曾经有机会选择薪资更高的工作，但责任感使他们留下来，所谓干一行就尽职尽责，团队成员互相鼓励，共同为航天事业贡献力量。"203所的原子钟技术还将应用于低轨互联网星座、遥感卫星，从北斗产品延伸出新应用，适应更复杂多样的环境。"王主任介绍。

在203所，"科技强军 航天报国"8个熠熠生辉的大字镌刻在大门的墙壁上，更深深烙印在每个人心中。203所原子钟团队用过往四十余载的实际行动，为新时代北斗精神写下了最好的注脚。在这里，他们的事业还在传承，他们的梦想还在继续，必将为打造更强的中国"心"发挥更大力量。

项目 8
排　序

项目导读 ▶▶ ▶

　　排序是指将集合中的元素按某种规则顺序排列的过程，是计算机程序设计中的一种十分重要的操作，在很多领域中都有广泛的应用。例如，一个单词列表可以按字母表顺序或单词长度排序；一个城市列表可以按人口数量、面积大小或经济状况排序。

　　随着信息技术的发展，各种各样的数据运算被人们广泛使用，排序算法也逐渐成为程序设计中必不可少的基本算法。目前排序算法有很多，人们对它们的分析也比较透彻。这说明，排序是计算机科学中的一个重要的研究领域。给大量元素排序可能消耗大量的计算资源，与搜索算法类似，排序算法的效率与待处理元素的数目也即问题规模相关。对于小型集合，采用复杂的排序算法可能得不偿失；而对于大型集合，则需要尽可能充分地利用各种改善措施。

　　本项目将讨论一些常用的排序算法，并比较它们的性能。首先，排序算法要能比较大小。为了给一个集合排序，需要某种系统化的比较方法，以检查元素的排列是否违反了顺序。在衡量排序算法性能时，最常用的指标就是总的比较次数。其次，当元素的排列顺序不正确时，需要交换它们的位置，交换是一个耗时的操作，总的交换次数对于衡量排序算法的总体效率来说也很重要。最后，算法的稳定性、适用范围也是选择一个排序算法常常要考虑的问题。

项目目标 ▶▶ ▶

知识目标	(1)理解排序的用途、基本思想和实现方法。 (2)掌握内部排序与外部排序的区别
技能目标	(1)掌握常用内部排序算法的实现。 (2)在具体应用中能够正确进行算法的选择。 (3)能够正确进行各种排序算法时间复杂度和空间复杂度的运算
素养目标	扩展学生算法思路，提升其代码编写能力，增强学生的算法综合设计能力

思维导图

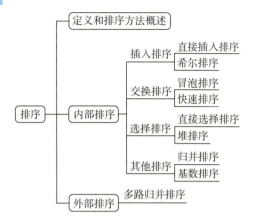

知识解析

1. 排序的定义

所谓排序，简单来说就是将一组"无序"的记录序列调整为"有序"的记录序列所完成的一系列操作。那么，排序的依据是什么？通常待排序的数据元素(也称为记录)有多个数据项，其中作为排序依据的数据项被称为关键字。例如，学生成绩表由学号、姓名和各科成绩等多个数据项组成，这些数据项都可作为排序的依据也即关键字。其中可以唯一标识一个数据元素(或记录)的数据项被称为主关键字，否则称为次关键字。例如，若以"学号"作为关键字对学生成绩表进行排序，其排序结果是唯一的，则此时"学号"作为主关键字；而其他数据项不一定是唯一的，则为次关键字。为了简单起见，本项目中未特别说明的排序算法都是基于关键字的排序，且排序结果均按关键字从小到大排列。

下面将基于关键字的排序形式化定义如下。

假设有一个含 n 个记录的序列(R_1, R_2, …, R_n)，其相应的关键字序列为(K_1, K_2, …, K_n)，这些关键字相互之间可按某种规则 $K_{pi} = f(K_i)$进行比较，即它们之间存在着这样一个关系 $K_{p1} \leqslant K_{p2} \leqslant \cdots \leqslant K_{pn}$，按此比较关系将上面的记录序列重新排列为($R_{p1}$, R_{p2}, …, R_{pn})的操作被称为排序。注意：降序排列刚好与此相反。

2. 排序的分类

(1)内部排序与外部排序。内部排序是指待排序序列完全存放在内存中进行的排序过程，这种方法适合数量不太多的数据元素的排序。外部排序是指待排序的数据元素非常多，以至于它们必须存储在外部存储器上，这种排序过程中需要访问外部存储器。

(2)稳定排序与不稳定排序。若任意一组数据元素(记录)序列，使用某种排序算法对它进行按照关键字的排序，当具有相同关键字的不同数据元素间的前后位置关系，在排序前与排序后保持一致，则称此排序算法是稳定的，而不能保持一致的排序算法是不稳定的。例如，一组关键字序列(5, 7, 3, 5̲, 1)，其中"5"代表数字5，其与"5̲"的区别仅为它在序列中出现的先后位置不同，若经排序后变为(1, 3, 5, 5̲, 7)，则此排序算法是稳定的；若经排序后变为(1, 3, 5̲, 5, 7)，则此排序算法是不稳定的。

3. 内部排序的分类

排序的过程是一个逐步扩大记录的有序序列长度的过程。基于不同的"扩大"有序序列长度的策略，可以将内部排序大致分为：插入排序、交换排序、选择排序、归并排序等。

（1）插入排序是指将无序子序列中的一个或几个记录"插入"有序序列，从而增加记录的有序子序列的长度。

（2）交换排序是指通过"交换"无序序列中的记录，从而得到其中关键字最小或最大的记录，并将它加入有序子序列，以此方法增加记录的有序子序列的长度。

（3）选择排序是指从记录的无序子序列中"选择"关键字最小或最大的记录，并将它加入有序子序列，以此方法增加记录的有序子序列的长度。

（4）归并排序是指通过"归并"两个或两个以上的记录有序子序列，逐步增加记录的有序序列的长度。

4. 排序算法的性能评价标准

评价一种排序算法好坏的标准主要有两方面：算法的时间复杂度和空间复杂度。由于排序是一种经常使用的操作，常作为软件系统的核心部分，所以排序算法所需的时间是衡量排序算法好坏的重要指标。排序过程的主要操作是比较待排序序列中两个记录的关键字值的大小和将一个记录从一个位置移至另一个位置，具体计算时通常关注的是最坏情况或平均情况下的时间复杂度。

5. 待排序记录的存储结构

不同的内部排序方法可能适用于不同的存储结构，但待排序的数据元素集合通常以线性表为主，因此存储结构多选用顺序表和链表。其中，顺序表又具有随机存取的特性，因此本项目中介绍的排序算法都是针对顺序表进行操作的。同时，为简单起见，假设关键字的数据类型为整型。待排序的顺序表记录类型的描述如下：

```
#define MAXSIZE 80                //顺序表的最大长度
typedef int KeyType;              //将关键字类型定义为整型
typedef struct {
    KeyType key;                  //关键字项
    InfoType otherinfo;           //其他数据项
}DataType;                        //记录类型
typedef struct{
    DataType r[MAXSIZE+1];        //一般情况将 r[0]闲置
    int length;                   //顺序表的长度
}SqList;                          //顺序表的类型
```

任务 8.1　插入排序

任务描述：插入排序（Insertion Sort）的算法思想非常简单，就是每次将待排序序列中的一个记录，按其关键字值的大小插入已排序的记录序列的适当位置上。插入排序的关键在于如何确定待插入的位置。插入排序算法有很多，本任务只介绍两种插入排序算法：直接插入排序和希尔排序。

任务实施：知识解析。

▶▶▶ 8.1.1　直接插入排序 ▶▶▶

直接插入排序(Straight Insertion Sort)是一种简单的排序算法，其基本思想是先将第一个记录构成有序子序列，而剩下的记录构成无序子序列，然后每次将无序子序列中的第一个记录，按其关键字值的大小插入前面已经排好序的有序子序列中，使有序子序列始终保持有序。有序子序列中的插入位置使用顺序查找来确定，称为直接插入排序，顺序表和链表均可应用此种排序算法。如果查找过程使用折半查找，就称之为折半插入排序，该排序算法的排序性能会略有提高，但不适合用于链表。

假设排序表 L 中有 n 个记录，存放在数组 r[1..n]中，重新排列记录的存放顺序，使它们按照关键字值从小到大有序，即 r[1].key≤r[2].key≤…≤r[n].key。下面首先介绍将一个记录插入有序表的方法。

对于 n 个待排序的记录序列(r[1]，r[2]，…，r[n])，在插入第 i(2≤i≤n)个记录时，假设(r[1]，r[2]，…，r[i-1])是已排好序的记录序列，它是用 r[i].key 依次与 r[i-1].key，r[i-2].key，…，r[1].key 进行比较，将关键字值大于 r[i].key 的记录后移一个位置，直至找到应插入的位置，然后将 r[i]插入这个位置，完成一趟直接插入排序过程。设已知一组待排序的关键字序列为(45，39，67，95，79，18，25，45)，直接插入排序过程如图 8-1 所示。

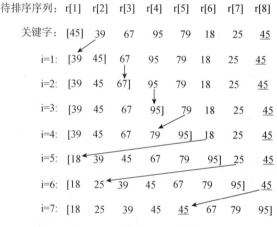

图 8-1　直接插入排序过程

直接插入排序算法的主要步骤归纳如下：

(1)将 r[i](2≤i≤n)暂存在临时变量 temp 中；

(2)将 temp 与 r[j](j=i-1，i-2，…，1)依次比较，若 temp.key<r[j].key，则将 r[j]后移一个位置，直到 temp.key≥r[j].key 为止；

(3)将 temp 插入第 j+1 个位置上；

(4)令 i++，重复步骤(1)~(3)直到 i=n。

【算法 8-1】不带监视哨的直接插入排序算法。

```
void Sort_Insert_1(SqList *L)
//不带监视哨的直接插入排序算法
{   DataType temp;
```

```
    int i,j;
    for(i=2;i<=L->length;i++)
    {   temp=L->r[i];
        for(j=i-1;j>=1&&temp.key<L->r[j].key;j--)
            L->r[j+1]=L->r[j];              //后移
        L->r[j+1]=temp;                     //将L->r[i]插入第j+1个位置
    }
}
```

上述算法中第 7 行的循环条件"j>=1 && temp. key<L->r[j].key)"中的"j>=1"用来控制下标越界。为了提高算法的效率，可对该算法进行如下改进：首先将待排序的 n 个记录从下标为 1 的存储单元开始依次存放在数组 r 中，再将顺序表的第 0 个存储单元设置为一个"监视哨"，即在查找之前把 r[i]赋给 r[0]，这样每循环一次只需要进行记录的比较，不需要比较下标是否越界，当比较到第 0 个位置时，由于 r[0]. key==r[i]. key 必然成立，将自动退出循环，所以只需设置一个循环条件"temp. key<L->r[j]. key"。

改进后的算法描述如下。

【算法 8-2】带监视哨的直接插入排序算法。

```
void Sort_Insert(SqList *L)           //带监视哨的直接插入排序算法
{   int i,j;
    for(i=2;i<=L->length;i++)
        if(L->r[i].key<L->r[i-1].key)   //将L->r[i]插入它前面的有序子表
    {   L->r[0]=L->r[i];               //将待插入的第i条记录暂存在r[0]中
        L->r[i]=L->r[i-1];             //将前面的较大者L->r[i-1]后移
        for(j=i-2;L->.r[0].key<L->r[j].key;j--)
            L->r[j+1]=L->r[j];         //后移
        L->r[j+1]=L->r[0];             //将L->r[i]插入第j+1个位置
    }
}
```

上述算法中因为 r[0]用于充当监视哨，正常的记录只能存放在下标为 1~n-1 的存储单元中，即具有 n 个存储单元的顺序表只能存放 n-1 个记录。

【算法分析】

(1) 空间复杂度：排序过程中仅用了一个辅助单元 r[0]，因此空间复杂度为 O(1)。

(2) 时间复杂度：从时间性能上看，有序表中逐个插入记录的操作进行了 n-1 趟，每趟排序的关键字比较次数和移动记录的次数取决于待排序序列关键字的初始排列状况。最好情况是当待排序的记录序列的初始状况为"正序"时，每趟排序只需与记录的关键字进行 1 次比较，不需要移动记录，即总的比较次数达到最小值 n-1 次，总的移动次数也达到最小值 0 次。最坏情况是当待排序的记录序列的初始状况为"逆序"时，每趟排序都要将待插入的记录插入有序表的最前面。因此，第 $i(1 \leqslant i \leqslant n-1)$ 趟直接插入排序需要进行关键字比较的次数为 i 次，移动记录的次数为 i+2 次，总的比较次数为 $C = \sum_{i=2}^{n} i = \frac{(n+2)(n-1)}{2}$，

总的移动次数为 $M = \sum_{i=2}^{n} (i - 1 + 2) = \frac{(n - 1)(n + 4)}{2}$，则时间复杂度为 $O(n^2)$。

当待排序的记录是随机序列的情况下，即待排序的记录出现的概率相同，则第 i 趟排序所需的比较次数和移动次数可取上述最小值与最大值的平均值，约为 i/2，总的平均比较次数和移动次数分别约为 $n^2/4$。因此，平均时间复杂度仍为 $O(n^2)$。

（3）算法稳定性：直接插入排序是一种稳定的排序算法。

▶▶▶ 8.1.2 希尔排序 ▶▶▶

直接插入排序算法简单，当 n 较小时，或者当 n 很大时，若待排序序列的初始状态是按关键字值基本有序，则效率较高，其时间效率可提高到 O(n)。但是当 n 很大，数据随机排列时，直接插入排序并不理想。因此，数据规模小和待排序序列基本有序是我们希望的。

希尔排序（Shell Sort）正是有效利用了这两点，给出的基于直接插入排序的一种改进方法。希尔排序，是由唐纳德·希尔（D. L. Shell）在 1959 年首先提出的，所以以他的名字命名。它不像直接插入排序着眼于两个相邻记录之间的比较，而是将待排序序列分成若干个子序列，然后分别进行插入排序。

希尔排序的基本思路：假设待排序的记录序列存储在数组 $r[1..n]$ 中，先选取一个小于 n 的整数 d_i（称为增量），然后把排序表中的 n 个记录分为 d_i 个子表，从下标为 1 的第一个记录开始，间隔为 d_i 的记录组成一个子表，在各个子表内进行直接插入排序。在一趟排序之后，间隔为 d_i 的记录组成的子表已有序，随着有序性的改善，逐步减小增量 d_i，重复上述操作，直到 $d_i = 1$，使间隔为 1 的记录有序，也就是整个序列都达到有序。

由于希尔排序是按照不断缩小的增量来将待排序序列分成若干个子序列，所以也称希尔排序为缩小增量排序。

例如，设排序表的关键字序列为（45，38，67，95，72，18，25，<u>45</u>，56，9），增量分别取 5、3、1，则希尔排序过程如图 8-2 所示。

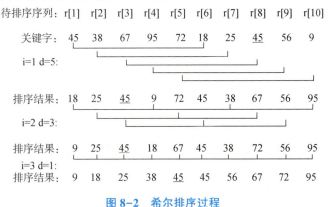

图 8-2 希尔排序过程

希尔排序算法的主要步骤归纳如下：

（1）选择一个增量序列（d_0，d_1，…，d_{k-1}）；

（2）根据当前增量 d_i 将 n 个记录分成 d_i 个子表，每个子表中记录的下标相隔为 d_i；

（3）对各个子表中的记录进行直接插入排序；

（4）令 i = 0，1，…，k-1，重复步骤（2）（3）。

【算法 8-3】 希尔排序算法。

```
void Sort_Shell(SqList *L,int dk)//对表 L 做一趟希尔排序,增量为 dk
{ int i, j;
    for(i=1+dk;i<=L->length;++i)
        if(L->r[i]. key<L->r[i- dk]. key)    //将 L->r[i]插入有序增量子表
        { L->r[0]=L->r[i];                   //将待插入的第 i 个记录暂存在 r[0]中,同时 r[0]作为监视哨
          L->r[i]=L->r[i- dk];
          for(j=i- 2*dk;L->r[0]. key<L->. r[j]. key;j- =dk)
              L->r[j+dk]=L->r[j];            //将前面的较大者 L->r[j+dk]后移
          L->r[j+dk]=L->r[0];                //将 L->r[i]插入第 j+dk 个位置
        }
}
void Sort_Shell(SqList *L,int dlta[],int t)   //按照增量 dlta[0.. t- 1]对 L 做希尔排序
{
    for(int k=0;k<t;++k)
        Sort_Shell(L,dlta[k]);                //完成一趟增量为 dlta[k]的希尔排序
}
```

【算法分析】

(1) 空间复杂度:由于希尔排序中用到了直接插入排序,而直接插入排序的空间复杂度为 O(1),所以希尔排序的空间复杂度也为 O(1)。

(2) 时间复杂度:分析希尔排序的时间效率很困难,因关键字的比较次数与记录的移动次数依赖于增量序列的选取,但在特定情况下可以准确估算出关键字的比较次数和记录的移动次数。目前还没有一种最好的增量序列可供选取,但经过大量研究,已得出一些局部结论。例如,希伯德(Hibbard)提出了一种增量序列($2^{k-1}-1$, $2^{k-2}-1$, …, 7, 3, 1),推理证明采用这种增量序列的希尔排序的时间复杂度可达到 $O(n^{3/2})$;事实上,选取其他增量序列还可以更进一步减少算法的时间代价,甚至有的增量序列可以令时间复杂度达到 $O(n^{7/6})$,这就很接近 $O(n\log_2 n)$ 了。增量序列可以有各种取法,但需要注意的是,增量序列中应没有除 1 之外的公因子,并且最后一个增量值必须为 1。

(3) 算法稳定性:从图 8-2 所示的排序结果可以看出,希尔排序是一种不稳定的排序算法。其实,它的不稳定性是由于子序列的元素之间的跨度较大,所以移动时就会引起跳跃性的移动。一般来说,若排序过程中的移动是跳跃性的移动,则这种排序就是不稳定的排序。

任务 8.2　交换排序

任务描述: 交换排序的基本思想:两两比较待排序记录的关键字,若前者大于(或小于)后者,则交换这两个记录,直到没有逆序的记录为止。本任务只介绍应用交换排序基本思想的两种排序:冒泡排序和快速排序。

任务实施: 知识解析。

▶▶│8.2.1 冒泡排序 ▶▶▶

冒泡排序(Bubble Sort)的基本思想：将待排序的数组看作从上到下摆放的数组，把关键字值较小的记录看作"较轻的"记录，记录的关键字值大小看作"比重"的大小。较小关键字值的记录像水中的气泡一样向上浮；较大关键字值的记录像水中的石块一样向下沉。当所有的气泡都浮到了相应的位置，并且所有的石块都沉到了水中时，排序就结束了。

假设具有 n 个待排序的记录的序列为(r[1], r[2], …, r[n])，对含有 n 个记录的排序表进行冒泡排序的过程如下：在第一趟排序中，从第 1 个记录开始到第 n 个记录，对两两相邻的两个记录的关键字值进行比较，若前者大于后者，则交换。这样在一趟排序之后，具有最大关键字值的记录交换到了 r[n]的位置上；在第二趟排序中，从第 1 个记录开始到第 n-1 个记录继续进行冒泡排序。这样在两趟排序之后，具有次大关键字的记录交换到了 r[n-1]的位置上。依次类推，在第 i 趟排序中，从第 1 个记录开始到第 n-i+1 个记录，对两两相邻的两个记录的关键字值进行比较，当关键字值逆序排列时，交换位置。在第 i 趟排序之后，这 n-i+1 个记录中关键字值最大的记录就交换到了 r[n-i+1]的位置上。因此，整个冒泡排序最多进行 n-1 趟，在某趟的两两比较中，若一次交换都未发生，则表明排序表已经有序，排序结束。

例如，待排序的关键字序列为(52, 39, 67, 95, 70, 8, 25, 52)，冒泡排序过程如图 8-3 所示，其中上下括符指示的范围为已排序完成的有序区。

待排序序列:	关键字	第一趟排序	第二趟排序	第三趟排序	第四趟排序	第五趟排序	交换结束
r[1]	52	39	39	39	39	8	8
r[2]	39	52	52	52	8	25	25
r[3]	67	67	67	8	25	39	39
r[4]	95	70	8	25	52	52	52
r[5]	70	8	25	52	52	52	52
r[6]	8	25	52	67	67	67	67
r[7]	25	52	70	70	70	70	70
r[8]	52	95	95	95	95	95	95

图 8-3　冒泡排序过程

假设记录存放在顺序表 L 的数组 r[1..n]中，开始时，有序序列为空，无序序列为(r[1], r[2], …, r[n])，则冒泡排序算法的主要步骤归纳如下：

(1)置初值 i=L.length;

(2)在无序序列(r[1], r[2], …, r[i])中，从头至尾依次比较相邻的两个记录 r[j]与 r[j+1]($1 \leqslant j \leqslant i-1$)，若 r[j].key > r[j+1].key，则交换位置；

(3)i=i-1;

(4)重复步骤(2)(3)，直到在步骤(2)中未发生记录交换或 i=1 为止。

要实现上述步骤，需要引入交换标志变量 flag，用来标记相邻记录是否发生交换。

【算法 8-4】冒泡排序算法。

```
void Sort_Bubble(SqList *L)              //对顺序表 L 做冒泡排序
{   int i,j,flag;
    DataType temp;
    flag=1;                              //设置交换标志变量,初值为真
    for(i=L->length;i>1&&flag;i--)       //控制进行 n-1 趟排序
    {   flag=0;                          //每趟排序开始时,设置交换标志变量值为假
        for(j=1;j<i;j++)
            if(L->r[j].key>L->r[j+1].key)
            {
                temp=L->r[j];
                L->r[j]=L->r[j+1];
                L->r[j+1]=temp;
                flag=1;                  //交换发生后,置交换标志变量值为真
            }
    }
}
```

【算法分析】

(1)空间复杂度:由于冒泡排序算法中有交换操作,需要用到一个辅助记录,所以算法的空间复杂度为 $O(1)$。

(2)时间复杂度:对于冒泡排序算法的时间开销,最好情况是初始待排序序列为"正序"时,在第一趟排序的比较过程中,进行了 n-1 次比较后发现一次交换都未发生,算法在执行一次循环后就结束,因此最小时间复杂度为 $O(n)$;最坏情况是初始待排序序列为"逆序"时,总共要进行 n-1 趟排序。在第 $i(1 \leqslant i \leqslant n-1)$ 趟排序中,比较次数为 n-i,移动次数为 3(n-i),总的比较次数为 $C = \sum_{i=n}^{2}(i-1) = n(n-1) \approx n^2/2$;总的移动次数为 $M = 3\sum_{i=n}^{2}(i-1) = 3n(n-1) \approx 3n^2/2$。因此,冒泡排序算法的时间复杂度为 $O(n^2)$。

(3)算法稳定性:冒泡排序是一种稳定的排序算法。

▶▶▶ 8.2.2 快速排序 ▶▶▶

快速排序(Quick Sort)是冒泡排序的一种改进算法。快速排序采用了分治策略,即将原问题划分成若干个规模更小但与原问题相似的子问题,然后用递归方法解决这些子问题,最后将它们组合成原问题的解。

快速排序的基本思想:通过一趟排序将待排序的记录分割成独立的两个部分,其中一部分的所有记录的关键字值都比另外一部分的所有记录的关键字值小,然后按此方法对这两部分记录分别进行快速排序。整个排序过程可以递归进行,以此达到整个记录序列变成有序。

因此,快速排序是一种基于"分治法"的排序方法。假设待排序表 L 中的记录序列为 (r[low], r[low+1], …, r[high]),首先在该序列中任意选取一个记录(该记录被称为枢轴或分界点,通常选第一个记录 r[low] 作为枢轴),然后将所有关键字值比枢轴关键字值小的记录都移到它的前面,所有关键字值比枢轴关键字值大的记录都移到它的后面,因此可以将该枢轴最后所落的位置 i 作为分界点,将记录序列(r[low], r[low+1], …, r

［high］)分割成两个子序列(r［low］, r［low+1］, …, r［i-1］)和(r［i+1］, r［i+2］, …, r［high］)。这个过程被称为一趟快速排序(或一次划分)。通过一趟快速排序，枢轴就落在了最终排序结果的位置上。

一趟快速排序算法的主要步骤归纳如下：

(1)设置两个变量 i、j，初值为 low 和 high，分别表示待排序序列的起始下标和终止下标。

(2)选择下标为 i 的记录作为枢轴，并将枢轴暂存于 0 号存储单元，枢轴的关键字暂存于变量 pivotkey，即 L. r［0］=L. r［i］; pivotkey=L. r［i］. key。

(3)从下标为 j 的位置开始由后向前依次搜索(j 同时完成相应自减)，当找到第一个比 pivotkey 小的记录时，则将该记录向前移动到下标为 i 的位置上，然后 i=i+1。

(4)从下标为 i 的位置开始由前向后依次搜索(i 同时完成相应自增)，当找到第一个比 pivotkey 大的记录时，将该记录向后移动到下标为 j 的位置上，然后 j=j-1。

(5)重复步骤(3)(4)步，直到 i=j 为止。

(6)最后将枢轴移动到下标为 i 的位置上，即 L. r［i］=L. r［0］。

例如，待排序的初始关键字序列为(52, 39, 67, 95, 70, 8, 25, 52)，一趟快速排序的过程如图 8-4 所示。整个快速排序过程可递归进行。若待排序序列中只有一个记录，显然排序表已有序，否则进行一趟快速排序后，再分别对分割所得的两个子序列进行快速排序。

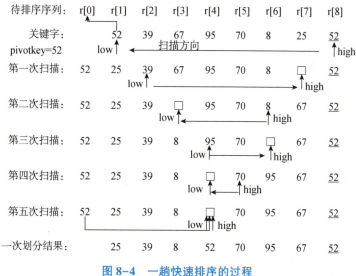

图 8-4 一趟快速排序的过程

【算法 8-5】一趟快速排序算法。

```
int Partition(SqList *L,int i,int j)   //对 L 中的子表 L->r[low..high]做一趟快速排序
{
    L->r[0]=L->r[i];   //设置枢轴,并暂存在 r[0]中
    KeyType pivotkey=L->r[i]. key;   //将枢轴的关键字暂存在变量 pivotkey 中
    while(i<j)   //当 low==high 时,结束本趟排序
    {
        while(i<j&&L->r[j]. key>=pivotkey)   //向前搜索
            --j;
        if(i<j)
```

```
                L->r[i++]=L->r[j];        //将比枢轴小的记录移至 low 的位置上,然后 low 后移一位
            while(i<j&&L->r[i]. key<=pivotkey)   //向后搜索
                ++i;
            if(i<j)
                L->r[j- -]=L->r[i];       //将比枢轴小的记录移至 high 的位置上,然后 high 前移一位
        }
        L->r[i]=L->r[0];   //枢轴移至最后位置
        return i;   //返回枢轴所在的位置
    }
```

【算法 8-6】递归形式的快速排序算法。

```
void Sort_Quick(SqList &L,int i,int j){       //对表 r[low.. high]采用递归形式的快速排序算法
    if(i<j){                                  //如果无序表的表长大于 1
        int pivotloc=Partition(L,i,j);        //完成一次划分,确定枢轴的位置
        Sort_Quick(L,i,pivotloc- 1);          //递归调用,完成左子表的排序
        Sort_Quick(L,pivotloc+1,j);           //递归调用,完成右子表的排序
    }
}
```

【算法分析】

（1）空间复杂度：快速排序在系统内部需要用一个栈来实现递归，每层递归调用时的指针和参数均需要用栈来存放。快速排序的递归过程可用一棵二叉树来表示，若每次划分较为均匀，则其递归树的深度为 $O(\log_2 n)$，故所需栈空间为 $O(\log_2 n)$，如图 8-5 所示。最坏情况下，即递归树是一棵单支树，树的深度为 $O(n)$ 时，所需的栈空间也为 $O(n)$。

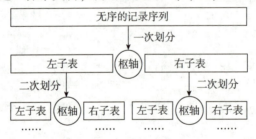

图 8-5　快速排序划分过程

（2）时间复杂度：从时间复杂度上看，在含有 n 个记录的待排序序列中，一次划分需要约 n 次关键字比较，时间复杂度为 $O(n)$。若设 $T(n)$ 为对含有 n 个记录的待排序序列进行快速排序所需的时间，则最好情况下，每次划分正好将记录序列分成两个等长的子序列，则

$$T(n) \leqslant cn+2T(n/2)（其中 c 是一个常数）$$
$$\leqslant cn+2[cn/2+2T(n/4)]=2cn+4T(n/4)$$
$$\leqslant 2cn+4[cn/4+2T(n/8)]=3cn+8T(n/8)$$
$$\vdots$$
$$\leqslant cn\log_2 n+nT(1)=O(n\log_2 n)$$

最坏情况是当初始关键字序列为"正序"或基本"正序"时，在快速排序过程中每次划分只能得到一个子序列，这样快速排序反而蜕化为冒泡排序，时间复杂度为 $O(n^2)$。尽管

快速排序的最坏时间复杂度为 $O(n^2)$，但就平均性能而言，它是基于关键字比较的内部排序算法中速度最快的，平均时间复杂度为 $O(nlog_2n)$。

（3）算法稳定性：从图8-4所示的排序过程容易看出，快速排序是一种不稳定的排序算法。

 ## 任务8.3 选择排序

任务描述：选择排序的基本思想：不断地从待排序的元素序列中选择关键字值最小（或最大）的元素，将其放在已排序元素序列的最前面（或最后面），直到排序完成。

任务实施：知识解析。

8.3.1 直接选择排序 ▶▶▶

直接选择排序也被称为简单选择排序（Simple Selection Sort），基本思想如下：假设待排序序列的元素有 n 个，第一趟排序经过 n-1 次比较，从 n 个元素序列中选择关键字值最小的元素，并将其放在最前面即第一个位置。第二趟排序从剩余的 n-1 个元素中，经过 n-2 次比较选择关键字值最小的元素，将其放在元素序列的第二个位置。依次类推，直到没有待比较的元素算法结束。

直接选择排序算法的主要步骤归纳如下：

（1）设临时整型变量 i=1，j=i，k=i+1，分别代表排序趟数、每趟比较最小元素位置、每趟比较动态位置。

（2）依次取 i 的下一个元素与 j 所在位置元素比较，使 j 始终指向最小的元素。

（3）一趟比较结束判断 i、j 是否相等，若不相等，则交换相应位置元素，程序继续；否则序列已排序完成，程序结束。

例如，给定一组元素序列，其元素的关键字序列为（56，22，67，32，56，12，89，26），直接选择排序过程如图8-6所示，图中 i、j 分别为待排序序列中首个元素和最小关键值元素在整个序列中的下标。

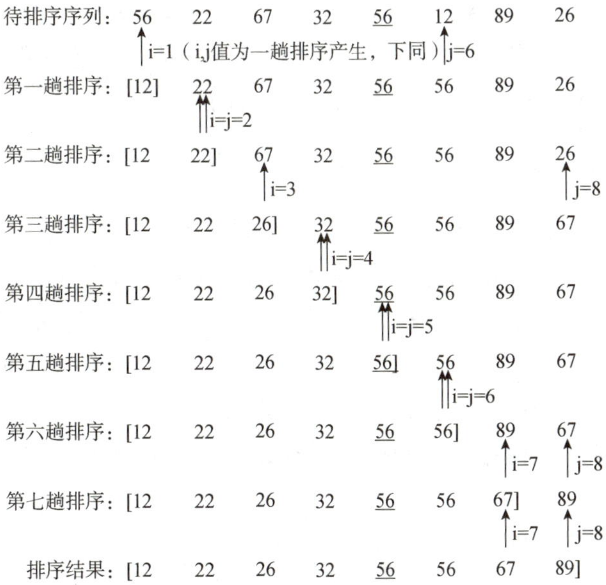

图 8-6 直接选择排序过程

【算法 8-7】直接选择排序算法。

```
void SelectSort(Sqlist *L,int n){
    int i,j,k;
    DataType t;
    for(i=1;i<=n-1;i++){                //i 控制剩余待排序序列的第一个位置
        j=i;
        for(k=i+1;k<=n;k++)
                if(L->data[k]. key<L->data[j]. key)
                j=k;                    //j 保存关键字值最小的元素下标
        if(j!=i){                       //若 i 不等于 j,则交换对应位置上的元素
                t=L->data[i];
                L->data[i]=L->data[j];
                L->data[j]=t;
        }
    }
}
```

【算法分析】

(1) 空间复杂度：直接选择排序的空间复杂度为 O(1)。

(2) 时间复杂度：直接选择排序在最好的情况下，其元素序列已经是非递减有序序列，则不需要移动元素。在最坏的情况下，其元素序列是按照递减排列的，则在每一趟排序的过程中都需要移动元素，因此需要移动元素的次数为 3(n-1)。直接选择排序的比较次数与元素的关键字排列无关，在任何情况下，都需要进行 n(n-1)/2 次比较。因此，综合以上考虑，直接选择排序的时间复杂度为 O(n^2)。

(3) 算法稳定性：在本任务给出的算法中，直接选择排序算法是不稳定的。这主要是因为采用了元素直接交换位置的方式而带来的不稳定。实际上完全可以通过依次向后移动最小元素前的其他元素方式来调整次序，保证算法的稳定性。

▶▶▶ 8.3.2 堆排序 ▶▶▶

树形选择排序又称锦标赛排序，其基本思想如下：首先针对 n 个记录进行两两比较，比较的结果是把关键字值较小者作为优胜者上升到父结点，得到⌈n/2⌉个比较的优胜者（关键字值较小者），作为第一步比较的结果保留下来；然后对这⌈n/2⌉个记录进行关键字值的两两比较，如此重复，直到选出一个关键字值最小的记录为止。但树形选择排序存在需要的辅助空间较多，"最大值"进行多余的比较等缺点。

堆排序是针对树形选择排序的缺点改进得到的，由威洛姆斯(J. Williams)在 1964 年提出。

首先要了解什么是堆？堆的定义：堆有两种，一种是小顶堆；另一种是大顶堆。假设有 n 个记录的关键字序列(k_1, k_2, …, k_n)，当且仅当满足式(8-1)或式(8-2)时，被称为堆(Heap)。前者被称为小顶堆或小根堆，后者被称为大顶堆或大根堆。

$$\begin{cases} k_i \leqslant k_{2i}, & 2i \leqslant n \\ k_i \leqslant k_{2i+1}, & 2i+1 \leqslant n \end{cases} \tag{8-1}$$

$$\begin{cases} k_i \geqslant k_{2i}, & 2i \leqslant n \\ k_i \geqslant k_{2i+1}, & 2i+1 \leqslant n \end{cases} \tag{8-2}$$

例如，关键字序列(91，85，47，30，53，36，24，16)是一个大顶堆；(12，36，24，85，47，30，53，91)是一个小顶堆。现采用一个数组 r［1..n］(数组的 0 号存储单元闲置)存储待排序的记录的关键字序列(k_1，k_2，…，k_n)，则该序列可以看作一棵顺序存储的完全二叉树，那么 k_i 和 k_{2i}、k_{2i+1} 的关系就是双亲与其左、右孩子之间的关系。因此，通常用完全二叉树的形式来直观地描述一个堆。上述两个堆的完全二叉树的表示形式和它们的存储结构如图 8-7 所示。

通过以上堆的定义可以知道，堆是一棵完全二叉树，使用顺序结构可以利用数组的下标方便地进行堆的相关操作，本小节即以顺序结构进行堆排序的介绍。以小顶堆为例，虽然序列中的记录无序，但在小顶堆中，堆顶记录的关键字值是最小的。因此，堆排序的基本思想如下：首先将 n 个记录按关键字值的大小建成堆(称为初始堆)，再将堆顶记录r［1］与 r［n］交换(或输出)；然后，将剩下的 r［1］，…，r［n-1］序列调整成小顶堆，再将 r［1］与 r［n-1］交换，又将剩下的 r［1］，…，r［n-2］序列调整成小顶堆，如此反复，便可得到一个按关键字值有序的记录序列，这个过程被称为堆排序。由此可知，要实现堆排序需解决以下两个主要问题：

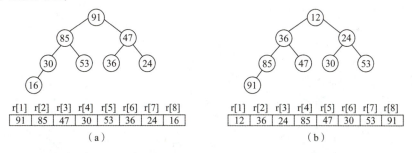

图 8-7 大顶堆和小顶堆
(a)一个大顶堆的完全二叉树及其存储结构示意；(b)一个小顶堆的完全二叉树及其存储结构示意

(1)如何将待排序的 n 个记录序列按关键字值的大小建成初始堆；

(2)将堆顶记录 r［1］与 r［i］交换后，如何将序列 r［1］，…，r［i-1］按其关键字值的大小调整成一个新堆。

初始堆的创建也需要一棵树的调整过程，所以上述两个问题的关键都是堆的调整。

1. 调整堆

由堆的定义分析可知，堆中任意非终端结点开始的分支也是堆，即该非终端结点是所在分支关键值最大或最小的结点。那么在两个分支中选择关键值最大的分支根结点，如果用它作为两个分支的父结点，可以满足新的父结点可以成为合并分支的堆顶。被选作合并分支的结点的原位置可由其原父结点(假定不符合作为堆顶条件)替换，即两个结点互换位置，互换后合并分支的堆顶满足堆的要求，原来的另一分支未变化也符合堆的要求。但被互换了原分支堆顶的分支可能由于分支根的变化，不再是堆，也仅仅是分支所在的局部堆的堆顶不满足条件，因为其他并未改变，所以继续向下重复上述的互换过程，直到不符合要求的非终端结点向下互换过程符合作为更小的分支堆顶要求或到达叶子结点，互换过程结束后合并的分支即一个堆，图8-8所示不符合大顶堆堆顶条件的非终端结点调整过程。

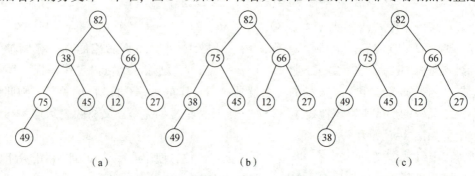

图8-8　堆的非终端结点调整过程

(a)38不符合；(b)38、75互换；(c)38、49互换

这个调整过程很像一个现实生活中的逐层过筛子的过程，所以通常也称为"筛选法"。它假定某数据序列（r[1]…r[m]）中从数据元素 r[s+1] 到 r[m] 已经是堆的情况，那么把 r[s] 调整为以其为根的分支成为堆的算法如下。

【算法8-8】堆的筛选法调整。

```
void HeapAdjust(SqList *L,int s,int m){
    /*筛选法:从上往下,调整 L->r[s],使 L->r[s..m]成为一个大顶堆,并已知 L->r[s..m]中记录的关键字除 L->r[s]. key 之外均满足堆的定义*/
    DataType rc=L->r[s]
    for(int j=2*s;j<=m;j*=2){
        if(j<m&&L->r[j]. key<L->r[j+1]. key)
            ++j;                          //j 记下左、右孩子中 key 的较大者的下标
        if(rc. key>L->r[j]. key)
            break;
        L->r[s]=L->r[j];                  //将 key 的较大者移至其双亲的位置上
    s=j;    }
L->r[s]=rc;  }                            //rc 移到 s 的位置上
```

2. 创建堆

创建堆也就是把任意给定的结点序列，调整为堆的过程。我们把这个序列看作一棵完全二叉树，其叶子结点无须和孩子比较，也即具有一个结点的树必然是堆，所以我们只需关注各非终端结点。上述的调整过程假定，下级分支已经是堆，那么我们按二叉树编号的相反顺序，从最后的非终端结点开始自下向上、自右向左逐个调整非终端结点，即可完成整个堆的调整。又设编号从1开始，那么对于具有 n 个结点的序列，最后一个非终端结点为 $\lfloor n/2 \rfloor$。

例如，已知无序序列为（38，45，66，45，82，75，27，12），使用筛选法将其创建为大顶堆，创建过程如图8-9所示。

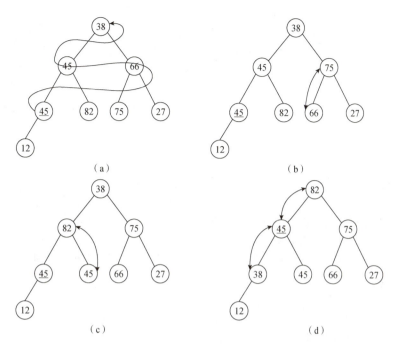

图 8-9　创建大顶堆过程

（a）非终端结点的调整路径；（b）调整 3 号结点；（c）调整 2 号结点；（d）调整 1 号结点

　　本例中 5 号结点的关键值为 82，大于其孩子 8 号结点的关键值 12，无须调整。3 号结点的关键值 66 小于 6 号结点的关键值 75，需要调整互换。2 号结点的关键值 45 小于 5 号结点的关键值 82，需要调整互换。1 号结点的关键值 38 小于之前调整完成的 2、3 号结点的关键值 82、75，此时选择其中最大的 2 号结点调整互换，但要追踪关键值 38 这个结点每次调整时在新的位置上是否符合堆的要求，若不符合，则按相同的调整方法进行调整。本例中当达到 4 号结点时就满足了堆的要求，整个创建堆的过程结束。

【算法 8-9】创建堆。

```
void CreatHeap(SqList *L){
    int n;
    n=L->length;
    for(i=n/2;i>0;i++)              //逐个非终端结点调用 HeapAdjust()函数进行调整
        HeapAdjust(L,I,n);
}
```

3. 堆排序的实现

　　以上例中的无序序列（38，45，66，45，82，75，27，12）为例，完成建堆后的序列为（82，45，75，38，45，66，27，12），初始状态时令 i 等于序列元素个数：①交换堆顶与 r[i]，②调整 r[1..i-1] 为堆，反复执行①②直至完成堆顶与 r[2] 的交换。

【算法 8-10】堆排序的实现。

```
void Sort_Heap(SqList *L){         //对表 L 进行堆排序
    CreatHeap(L);
    for(int i=L.length;i>1;--i){
        DataType temp=L.r[1];      //根结点与当前堆中的最后一个结点交换
```

```
        L. r[1]=L. r[i];
        L. r[i]=temp;
        HeapAdjust(L,1,i- 1);              //无序区元素重建堆
    }
}
```

【算法分析】

（1）空间复杂度：堆排序需要一个记录的辅助空间用于结点之间的交换，因此空间复杂度为 $O(1)$。

（2）时间复杂度：假设堆排序过程中产生的二叉树的深度为 h，则由 n 个结点构成的完全二叉树的深度 $h=\lfloor \log_2 n \rfloor +1$。筛选法 HeapAdjust( ) 是从树的根结点到叶子结点的筛选，筛选过程中关键字的比较次数至多为 $2(h-1)$ 次，交换记录至多为 h 次。因此，在建好堆后，排序过程中的筛选次数不超过 $2(\lfloor \log_2 n-1 \rfloor +\lfloor \log_2 n-2 \rfloor +\cdots+\lfloor \log_2 2 \rfloor)<2n\log_2 n$ 次；又由于创建初始堆时的比较次数不超过 4n 次，所以在最坏情况下，堆排序算法的时间复杂度为 $O(n\log_2 n)$。

（3）算法稳定性：堆排序算法具有较好的时间复杂度，是一种效率非常高的排序算法，但从堆排序的过程可知，它不满足稳定性要求，是一种不稳定的排序算法，不适合求解对稳定性有严格要求的排序问题。

任务8.4 其他排序

任务描述：归并排序、基数排序。
任务实施：知识解析。

▶▶▶ 8.4.1 归并排序 ▶▶▶

归并排序将两个或两个以上的有序表合并成一个新的有序表。其中，将两个有序表合并成一个新的有序表的归并排序被称为2-路归并排序；否则称为多路归并排序。归并排序既可用于内部排序，也可以用于外部排序。本任务主要介绍内部排序中的2-路归并排序。

2-路归并排序的基本思想：将待排序记录 r[1] 到 r[n] 看作含有 n 个记录的有序子表，每个子表的表长为 1，把这些有序子表依次进行两两归并，得到 $\lceil n/2 \rceil$ 个有序子表；然后，继续把这 $\lceil n/2 \rceil$ 个有序子表进行两两归并，重复上述过程，直到得到一个长度为 n 的有序表为止。其核心操作就是将两个相邻的有序表归并为一个新的有序表。

1. 两个相邻有序序列的归并

假设前、后两个有序序列（或称为有序子表）分别存放在一维数组 SR[i..m] 和 SR[m+1..k] 中，首先在两个有序子表中，依次从第1个记录开始进行对应关键字值的比较，将关键字值较小的记录放入另一个有序数组 TR；其次，继续对两个有序子表中的剩余记录进行相同处理，直到两个有序子表中的所有记录都加入有序数组 TR 为止；最后，这个有序数组 TR 中存放的记录序列就是归并排序后的结果。例如，有两个有序表（1，3，5，7）和（2，4，6，8），归并后得到的有序表为（1，2，3，4，5，6，7，8）。其具体实现算法描述如下。

【算法 8-11】 两个有序序列的归并排序算法。

```
/*将两个相邻有序子表 SR[i..m]与 SR[m+1..k]归并为一个有序表 TR[i..k]*/
void Merge(DataType SR[],DataType TR[],int i,int m,int k){
```

```
        int j1=m+1,j0=i;
        while(i<=m&&j1<=k){
            if(SR[i]. key<=SR[j1]. key)
                TR[ j0++]=SR[i++];
            else
                TR[ j0++]=SR[j1++];
        }
        while(i<=m)                    //将前一有序子表的剩余部分复制到 TR
            R[ j0++]=SR[i++];
        while(j1<=k)                   //将后一有序子表的剩余部分复制到 TR
            TR[ j0++]=SR[j1++];
    }
```

2. 归并排序过程

假设 n 为待排序序列的长度，t 为待归并的有序子表的长度，一趟归并排序的结果存放在数组 TR1 中，则只需调用$\lceil n/(2t)\rceil$次两两归并排序算法即可完成一趟归并排序；得到前后相邻、长度为 2t 的有序子表，整个归并排序需进行$\lceil \log_2 n\rceil$趟。2-路归并排序利用递归实现算法的逻辑更为清晰。图 8-10 所示是一个无序序列(52，39，67，95，70，8，25，52，56)的 2-路归并排序过程，整个归并排序过程中共进行了 4 趟归并排序。

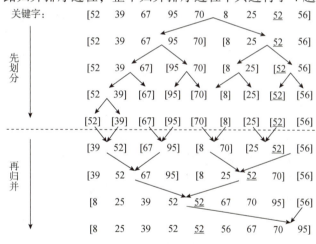

图 8-10　2-路归并排序过程

归并排序算法的主要步骤可归纳如下：

(1)将待排序序列划分为两个子序列 SR[d..m]和 SR[m+1..u]，其中 m=(d+u)/2；

(2)分别对 SR[d..m]和 SR[m+1..u]递归进行归并排序；

(3)将 SR[d..m]和 SR[m+1..u]已排好序的子序列再归并成一个有序序列。归并排序也是一种基于"分治法"的排序。

【算法 8-12】将 SR[d..u]归并排序为 TR1[d..u]的算法。

```
/*将 SR[s..t]归并排序为 TR[d..u]*/
void M_Sort(DataType SR[],DataType TR1[],int d,int u){
    DataType TR2[MAXSIZE+1];
    if(d==u)TR1[d]=SR[d];
```

```
        else {                        //待排序的记录序列只含一条记录
            int m=(d+u)/2;            //以 m 为分界点,将无序序列分成前、后两部分
            M_Sort(SR,TR2,d,m);       //对前部分递归并为有序序列 TR2[l . m]
            M_Sort(SR,TR2,m+1,u);
            Merge(TR2,TR1,d,m,u);
        }
}
```

【算法 8-13】2-路归并排序算法。

```
void Sort_Merge(SqList *L)
{
    M_Sort(L->r,L->r,1,L->length);
}
```

【算法分析】

(1)时间复杂度：2-路归并排序的时间复杂度等于归并趟数与每一趟时间复杂度的乘积。归并趟数为$\lceil \log_2 n \rceil$。由于每一趟归并就是将两两有序序列归并，而每一对有序序列归并时，记录的比较次数均不大于记录的移动次数，而记录的移动次数等于这一对有序序列的长度之和，所以每一趟归并的移动次数等于数组中记录的个数 n，即每一趟归并的时间复杂度为 O(n)。因此，2-路归并排序的时间复杂度为 O($n\log_2 n$)。

(2)空间复杂度：2-路归并排序需要一个与待排序的记录序列等长的辅助数组来存放排序过程中的中间结果，所以空间复杂度为 O(n)。

(3)算法稳定性：2-路归并排序是一种稳定的排序算法。

▶▶▶ 8.4.2　基数排序 ▶▶▶

前面介绍的各种排序算法都是建立在关键字值比较的基础之上的，而基数排序(Radix Sort)却无须进行关键字值之间的比较，但它需要将关键字拆分成各个位，然后根据关键字中各位的值，通过对待排序记录进行若干趟"分配"与"收集"来实现排序。基数排序是一种借助多关键字进行的排序，也就是一种将单关键字按基数分成"多关键字"进行排序的方法。

1. 多关键字排序

例如，不含大、小王的扑克牌有 52 张牌，可按花色和面值分成两个属性，设定大小关系如下，花色——梅花<方块<红心<黑桃；牌值——2<3<4<5<6<7<8<9<10<J<Q<K<A。若对扑克牌按花色、牌值进行升序排列，则得到如下序列：梅花 2，3，…，A，方块 2，3，…，A，红心 2，3，…，A，黑桃 2，3，…，A。也就是说，若两张牌的花色不同，无论牌值怎样，花色低的那张牌小于花色高的牌，只有在同花色的情况下，大小关系才由牌值的大小确定，这就是多关键字排序。为得到排序结果，我们讨论以下两种排序方法。

方法 1：先对花色排序，将其分为 4 个组，即梅花组、方块组、红心组和黑桃组；再对每个组分别按牌值进行排序；最后，将 4 个组连接起来即可。

方法 2：先按 13 个牌值给出 13 个编号组(2 号，3 号，…，A 号)，将牌按牌值依次放入对应的编号组，分成 13 堆；再按花色给出 4 个编号组(梅花，方块，红心，黑桃)，将牌值 2 号组中的牌取出分别放入对应花色组，然后将牌值 3 号组中的牌取出分别放入对应花色组……，这样分发 13 个牌值组，得到 4 个花色组中均按牌值有序；最后，将 4 个花

色组依次连接起来即可。

假设含有 n 个记录的排列表中的每个记录包含 d 个关键字 k_1，k_2，…，k_d，并且不同的关键字按重要度有序，即 $d(k_1)>d(k_2)>…>d(k_d)$，则 k_1 被称为最高位关键字，k_d 被称为最低位关键字。规定在高位上关键值大的记录大于对应关键字值小的记录。进而，多关键字排序可以按照从最高位关键字到最低位关键字，或者从最低位关键字到最高位关键字的顺序逐次排列，可分为以下两种方法。

（1）最高位优先（Most Significant Digit First）法，简称 MSD 法：先按 k_1 排序分组，同一组中的记录，若关键字 k_1 相等，再对各组按 k_2 排序分成子组；之后，对后面的关键字继续按这样的方法排序分组，直到按最低位关键字 k_d 对各子表排序后，再将各组连接起来，便得到一个有序序列。扑克牌按花色、牌值排序中介绍的方法 1 即 MSD 法。

（2）最低位优先（Least Significant Digit First）法，简称 LSD 法：先从 k_d 开始排序，再对 k_{d-1} 进行排序，依次重复，直到对 k_1 排序后得到一个有序序列。扑克牌按花色、牌值排序中介绍的方法 2 即 LSD 法。

计算机常用 LSD 法进行分配排序，因为它速度较快，便于统一处理。因 MSD 法在分配之后还需处理各子组的排序问题，所以通常需要借助递归来完成，计算机处理起来比较复杂。下面讨论的基数排序使用的就是 LSD 法。

2. 基数排序过程

当关键字值域较大时，可以将关键字值拆分为若干项，每项作为一个"关键字"，则对单关键字的排序可按多关键字排序方法进行。例如，如果要对 1~999 99 的整数进行排序，可以先按万、千、百、十、个位拆分，每一位对应一项，即（k_1，k_2，k_3，k_4，k_5）。又如，关键字由 5 个字符组成的字符串，可以将每个序号对应的字符作为一个关键字。由于这样拆分后，每个关键字都在相同的范围内（数字是 0~9，字符是 a~z），所以称这样的关键字可能出现的符号个数为"基"，记作 Radix。上述取数字作为关键字的"基"为 10；取字符作为关键字的"基"为 26。基于这一特性，采用 LSD 法排序较为方便。在基数排序中，常使用 d 表示关键字的位数，用 rd 表示关键字可取值范围（基）。

基数排序的基本思想：将一个序列中的逻辑关键字看作由 d 个关键字复合而成，并采用 LSD 法对该序列进行多关键字排序。也就是从最低位关键字开始，将整个序列中的元素"分配"到 rd 个队列中，再依次"收集"成一个新的序列，如此重复进行 d 次，即完成排序过程。

执行基数排序可采用顺序存储结构，也可以采用链式存储结构，由于在"分配"和"收集"过程中需要移动所有记录，所以采用链式存储的效率会较高。假设用一个长度为 n 的单链表 r 存放待排序的 n 个记录，再使用两个长度为 rd 的一维数组 f 和 e，分别存放 rd 个链队列中指向队首结点和队尾结点的指针。其处理过程如下。

（1）将待排序的记录构成一个单链表。

（2）将最低位关键字作为当前关键字，即 i=d。

（3）执行第 i 趟分配：按当前关键字所取的值，将记录分配到不同的链队列中，每个队列中记录的"关键字位"相同。分配时只要改变序列中各个记录结点的指针，使当前的处理序列按该关键字分成 rd 个子序列，链头和链尾分别由 f[0..rd-1] 和 e[0..rd-1] 指向。

（4）执行第 i 趟收集：按当前关键字的取值从小到大将各队列的首、尾连成一个链表，形成一个新的当前处理序列。

（5）将当前关键字向高位推进一位，即 i=i-1；重复执行步骤（3）和（4），直至 d 位关键字都处理完毕。

例如，初始的记录的关键字序列为（323，107，317，941，585，285，518，168，006，079），则对其进行基数排序的执行过程如图 8-11 所示。

图 8-11(a)表示由初始关键字序列所构成的单链表。第一趟分配对最低位关键字(个位数)进行，改变结点的指针值，将链表中的各个结点分配到 10 个链队列中，每个队列中的结点的关键字的个位数相等，如图 8-11(b)所示，其中 f[i]和 e[i]分别为第 i 个队列的队首指针和队尾指针。第一趟收集是改变所有非空队列的队尾结点的指针域，令其指向下一个非空队列的队首结点，重新将 10 个队列中的结点连成一条链，如图 8-11(c)所示。第二趟分配与收集及第三趟分配与收集分别是对十位数和百位数进行的，其过程和个位数相同，如图 8-11(d)~图 8-11(g)所示，至此排序完毕。

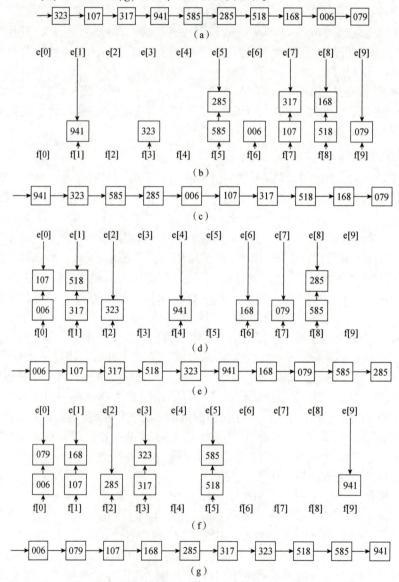

图 8-11　基数排序过程

(a)初始状态；(b)第一趟分配之后；(c)第一趟收集之后；(d)第二趟分配之后
(e)第二趟收集之后；(f)第三趟分配之后；(g)第三趟收集之后

【算法分析】

(1)时间复杂度：假设待排序序列含有 n 个记录，共 d 位关键字，每位关键字的取值范围为 0~rd-1，则一趟分配的时间复杂度为 O(n)，一趟收集的时间复杂度为 O(rd)，共进行了 d 趟分配和收集。因此，进行基数排序的时间复杂度为 O(d(n+rd))。

(2)空间复杂度：需要 2rd 个队首指针和队尾指针辅助空间，以及用于链表的 n 个指针，因此进行基数排序的空间复杂度为 O(n+rd)。

(3)算法稳定性：基数排序是一种稳定的排序算法。

项目总结

本项目只介绍了典型的内部排序，内部排序是外部排序的前提，只有完成内部排序产生初始归并段之后，才能进行外部排序。本项目侧重介绍基本排序算法思想与实现，不对外部排序进行介绍。对于内部排序，总计介绍了 4 类共 8 种较常用的排序算法，表 8-1 从时间复杂度、空间复杂度和算法稳定性几个方面对这些内部排序算法做比较。

表 8-1　内部排序算法性能的比较

内部排序算法	时间复杂度			空间复杂度	算法稳定性
	平均情况	最坏情况	最好情况		
直接插入排序	$O(n^2)$	$O(n^2)$	$O(n)$	$O(1)$	稳定
希尔排序			$O(n^{3/2})$	$O(1)$	不稳定
冒泡排序	$O(n^2)$	$O(n^2)$	$O(n)$	$O(1)$	稳定
快速排序	$O(n\log_2 n)$	$O(n^2)$	$O(n\log_2 n)$	$O(\log_2 n)$	不稳定
直接选择排序	$O(n^2)$	$O(n^2)$	$O(n^2)$	$O(1)$	稳定
堆排序	$O(n\log_2 n)$	$O(n\log_2 n)$	$O(n\log_2 n)$	$O(1)$	不稳定
归并排序	$O(n\log_2 n)$	$O(n\log_2 n)$	$O(n\log_2 n)$	$O(n)$	稳定
基数排序	$O(d(n+rd))$	$O(d(n+rd))$	$O(d(n+rd))$	$O(n+rd)$	稳定

总地来看，各种排序算法各有优缺点，没有哪一种是绝对最优的，在使用时需根据不同情况进行适当选用，甚至可将多种算法结合起来使用。一般综合考虑以下因素：

(1)待排序的记录个数；

(2)记录本身的大小；

(3)关键字的结构及初始状态；

(4)对排序稳定性的要求；

(5)存储结构。

排序算法的选择是一个需要综合考虑的问题，需考虑以下几种情况。

(1)当待排序的记录个数 n 很小时，n^2 和 $n\log_2 n$ 的差别不大，可选用简单的排序算法。当关键字基本有序时，可选用直接插入排序或冒泡排序，排序速度很快，其中直接插入排序最为简单常用。

(2)当待排序的记录个数 n 较大时，应该选用先进的排序算法。从平均时间性能而言，快速排序最佳，它是目前基于比较的排序算法中最好的。但在最坏情况下，即当关键字基本有序时，快速排序的递归深度为 n，时间复杂度为 $O(n^2)$，空间复杂度为 $O(n)$。堆排序和归并排序不会出现快速排序的最坏情况，但归并排序的辅助空间较大。这样，当 n 较大时，具体选用的原则如下：当关键字分布随机，稳定性不做要求时，可采用快速排序；当关键字基本有序，稳定性不做要求时，可采用堆排序；当关键字基本有序，内存允许且要求排序稳定时，可采用归并排序。

（3）可以将简单的排序算法和先进的排序算法结合使用。例如，当 n 较大时，可以先将待排序序列划分成若干个子序列，分别进行直接插入排序，然后利用归并排序，将有序子序列合并成一个完整的有序序列。或者，在快速排序中，当划分子区间的长度小于某个值时，可以转而调用直接插入排序算法。

（4）基数排序的时间复杂度也可写成 $O(dn)$。因此，它最适用于 n 值很大而关键字值较小的序列。若关键字值也很大，而序列中大多数记录的"最高位关键字"均不同，则可先按"最高位关键字"不同将序列分成若干个"小"的子序列，而后进行直接插入排序。基数排序的使用条件有严格的要求：需要知道各级关键字的主次关系和取值范围，即只适用于像整数和字符这类有明显结构特征的关键字，当关键字的取值范围为无穷集合时，无法使用基数排序。

（5）从算法稳定性方面来看，可根据实际应用情况进行选择。

在本项目所讨论的排序算法中，多数是采用顺序表实现的。若记录本身的信息量较大，为避免大量移动记录，可考虑采用支持链式存储结构的排序算法，并使用链式存储结构。

立德铸魂

管梅谷，1934 年 10 月出生于上海，1952 年从上海市南洋模范中学毕业后考入华东师范大学数学系，1957 年毕业后在山东师范学院数学系任教，1980 年评聘为教授，1981 年被批准为运筹学与控制论专业博士生导师，1984 年 12 月任山东师范大学校长，1985 年加入中国共产党，1988 年被评为山东省专业技术拔尖人才，是第六届、第七届全国政协委员，曾兼任中国运筹学会副理事长等职。1990 年 9 月，他调入复旦大学工作，1990—1995 年任复旦大学运筹学系主任。1995 年后，曾在澳大利亚皇家墨尔本理工大学工作 6 年。

管梅谷主要从事运筹学、组合优化与图论方面的课程教学和科研工作，先后发表了《线性规划》《图论中的几个极值问题》等代表性论著，在国内外享有极高威望。他擅长调查研究，注重运用数学知识和理论解决各类实际问题；致力于城市交通规划的研究，在我国最早引进加拿大的交通规划软件 EMME Ⅱ，取得一系列重要研究成果。

1960 年，年仅 26 岁的他在本科毕业后的第三年，在《奇偶点图上作业法》一文中提出了被称为"中国投递员问题"的最短投递路线问题，引发海内外关注；1984 年，他出任山东师范大学校长，首次将科研工作提升为学校发展战略，引领学校成为创新发展的沃土。

管梅谷教授认为，他这一辈子，与其说是在大学学习，不如说是在自学。管梅谷教授在大学期间认为课本的学习太容易，于是在老师的推荐下自学纯英文教材，从图书馆里借来了英文字典，开始了两年的自学生活，并始终保持着专业第一的水平。管梅谷教授同时认为，如果学校里的老师都是很喜欢创新的，那么他们会影响学生，而学生将来又会是老师，他们又会进行研究，影响外面的学生。管梅谷教授对创新的强调，最终使学校发生着一点一滴的变化。

参考文献

[1]严蔚敏. 数据结构(C语言版)[M]. 北京：清华大学出版社，2021.

[2]严蔚敏，李冬梅，吴伟民. 数据结构(C语言版)[M]. 2版. 北京：人民邮电出版社，2021.

[3]王海艳. 数据结构(C语言)慕课版[M]. 2版. 北京：人民邮电出版社，2020.

[4]霍利，董靓瑜，郑巍，等. 数据结构与算法(C语言版)[M]. 北京：清华大学出版社，2022.

[5]耿国华. 数据结构——C语言描述[M]. 3版. 西安：西安电子科技大学出版社，2020.

[6]张琨，张宏，朱保平. 数据结构与算法分析(C++语言版)[M]. 北京：人民邮电出版社，2016.

数据结构项目化教程 小册子

姓　名_____

目　录

项目 1 绪 论

任务 1.1 数据结构的概念和数据类型

【任务评价】

课程名称		授课地点			
学习任务		授课教师			
综合评分					
知识考核（30分）					
序号	知识点内容	分数	教师评价		
1	数据结构的类型	15			
2	数据类型和抽象数据类型	15			
任务考核（50分）					
序号	任务点内容	分数	教师评价	小组互评	企业评价
1	数据、数据元素、数据项和数据对象的概念	10			
2	四类基本逻辑结构	10			
3	两类基本存储结构	10			
4	数据类型和抽象数据类型	10			
5	专业自信、工匠精神、职业素养	10			
课堂表现考核（10分）					
序号	课堂表现内容	分数	教师评价		
1	课堂表现（出勤、互动、讨论）	10			
任务完成情况反思总结（10分）					

1. 在数据结构中，从逻辑上可以把数据结构分成(   )。

A. 初等结构和构造性结构　　　　　　　B. 动态结构和静态结构

C. 线性结构和非线性结构　　　　　　　D. 顺序结构和链式结构

2. 通常要求同一逻辑结构中的所有数据元素具有相同的特性，这意味着(   )。

A. 数据具有同一特点

B. 不仅数据元素所包含的数据项的个数要相等，而且对应数据项的类型要一致

C. 每个数据元素都一样

D. 数据元素所包含的数据项的个数要相等

3. 计算机所处理的数据一般具有某种内在联系，这里指(   )。

A. 数据和数据之间存在某种关系　　　　B. 元素和元素之间存在某种关系

C. 数据项和数据项之间存在某种关系　　D. 元素内部存在某种结构

4. 在数据的存储结构中，一个结点通常存储一个(   )。

A. 数据项　　　　　B. 数据元素　　　　C. 数据结构　　　　D. 数据类型

5. 以下说法正确的是(   )。

A. 数据元素是数据的最小单位

B. 数据项是数据的基本单位

C. 数据结构是带有结构的各数据项的集合

D. 一些表面上很不相同的数据可以有相同的逻辑结构

6. 以下数据结构中，(   )是非线性结构。

A. 树　　　　　　　B. 字符串　　　　　C. 队列　　　　　　D. 栈

7 与数据元素本身的形式、内容、相对位置、个数无关的是数据的(   )。

A. 存储结构　　　　B. 存储实现　　　　C. 逻辑结构　　　　D. 运算实现

1. 数据结构是指(   )。

A. 存储数据的方式　　　　　　　　　　B. 数据的逻辑结构和物理结构

C. 数据的存储结构和存储方式　　　　　D. 数据的逻辑结构、存储结构和存储方式

2. 在计算机存储器内表示时，物理地址和逻辑地址相同并且是连续的，称为(   )。

A. 逻辑结构　　　　　　　　　　　　　B. 顺序存储结构

C. 链表存储结构　　　　　　　　　　　D. 以上都不正确

3. 以下属于顺序存储结构优点的是(   )。

A. 存储密度大　　　　　　　　　　　　B. 插入运算方便

C. 删除运算方便　　　　　　　　　　　D. 可方便地用于各种逻辑结构的存储表示

任务 1.2 算法和算法分析

【任务评价】

课程名称			授课地点		
学习任务			授课教师		
综合评分					
知识考核(30分)					
序号	知识点内容		分数	教师评价	
1	算法的评价标准		15		
2	算法的复杂度		15		

任务考核(50分)					
序号	任务点内容	分数	教师评价	小组互评	企业评价
1	算法的5个特性	10			
2	算法的评价标准	10			
3	算法的时间复杂度	10			
4	算法的空间复杂度	10			
5	专业自信、工匠精神、职业素养	10			

课堂表现考核(10分)			
序号	课堂表现内容	分数	教师评价
1	课堂表现(出勤、互动、讨论)	10	

任务完成情况反思总结(10分)

[技能训练]

1. 以下说法正确的是(　　)。

A. 健壮的算法不会因非法的输入数据而出现莫名其妙的状态

B. 算法的优劣与算法描述语言无关，但与所用计算机环境因素有关

C. 数据的逻辑结构依赖于数据的存储结构

D. 以上几个都是错误的

2. 算法主要分析的两个方面是(　　)。

A. 正确性与简单性 　　　　　　　　B. 空间复杂度与时间复杂度

C. 可读性与有穷性 　　　　　　　　D. 数据复杂性与程序复杂性

3. 算法必须具备输入、输出、(　　)5个特性。

A. 可行性、可移植性、可扩充性 　　B. 可行性、有穷性、确定性

C. 易读性、简单性、稳定性 　　　　D. 易读性、确定性、稳定性

4. 算法的设计要求不包括以下选项中的(　　)。

A. 正确性 　　　　B. 可读性 　　　　C. 健壮性 　　　　D. 有穷性

5. 某算法的语句执行次数为 $3n+\log_2n+n^2+1$，其时间复杂度表示为(　　)。

A. $O(n)$ 　　　　B. $O(\log_2n)$ 　　　　C. $O(n^2)$ 　　　　D. $O(1)$

6. 以下程序段的时间复杂度为(　　)

```
for(i=0;i<n;i++)
    for(j=0;j<n;j++)
x=x+1;
```

A. $O(2n)$ 　　　　B. $O(n)$ 　　　　C. $O(n^2)$ 　　　　D. $O(\log_2n)$

[真题演练]

1. 使用 C 语言编写算法程序，要求算法的时间复杂度为 $O(n)$ (写出核心算法代码即可)。

2. 用递归方法计算 n!，并计算其时间频度函数和时间复杂度。

3. 编程计算 $S=1-2+3-4+5-6+\cdots+N$，$N>0$，要求分别用 $O(n)$、$O(1)$ 时间复杂度来实现。

项目 2　线性表

任务 2.1　线性表的顺序存储

【任务评价】

课程名称		授课地点		
学习任务		授课教师		
综合评分				
知识考核（30 分）				
序号	知识点内容	分数	教师评价	
1	线性表的顺序存储结构	15		
2	线性表顺序存储结构的基本操作	15		
任务考核（50 分）				
序号	任务点内容	分数	教师评价	小组互评	企业评价
1	根据指定的 ISBN 或书名查找相应图书的有关信息，并返回该图书在表中的位序	10			
2	插入一本新的图书信息	10			
3	删除一本图书信息	10			
4	根据指定的 ISBN，修改该图书的价格	5			
5	将图书按照价格由低到高进行排序	5			
6	统计图书表中的图书数	5			
7	专业自信、工匠精神、职业素养	5			
课堂表现考核（10 分）				
序号	课堂表现内容	分数	教师评价	
1	课堂表现（出勤、互动、讨论）	10		
任务完成情况反思总结（10 分）				

1. 顺序表中第一个数据元素的存储地址是 100，每个数据元素的长度为 2，则第 5 个数据元素的地址是（   ）。

A. 110   B. 108   C. 100   D. 120

2. 在长度为 n 的顺序表中向第 i 个数据元素（$1 \leq i \leq n+1$）之前插入一个新元素，需要依次后移（   ）个数据元素。

A. n–i   B. n–i+1   C. n–i–1   D. i

3. 在长度为 n 的顺序表中删除第 i 个数据元素（$1 \leq i \leq n$）时，需要依次前移（   ）个数据元素。

A. n–i   B. n–i+1   C. n–i–1   D. i

4. 在一个长度为 n 的线性表中顺序查找值为 x 的元素，查找成功时的平均查找长度为（   ）。

A. n   B. n/2   C. (n+1)/2   D. (n–1)/2

5. 在含 n 个结点的顺序表中，算法的时间复杂度是 O(1) 的操作是（   ）。

A. 访问第 i 个结点（$1 \leq i \leq n$）和求第 i 个结点的直接前驱（$2 \leq i \leq n$）

B. 在第 i 个结点后插入一个新结点（$1 \leq i \leq n$）

C. 删除第 i 个结点（$1 \leq i \leq n$）

D. 将 n 个结点从小到大排序

6. 在一个有 127 个数据元素的顺序表中插入一个新元素并保持原来顺序不变，平均要移动的数据元素个数为（   ）。

A. 8   B. 63.5   C. 63   D. 7

7. 线性表 L=（a_1，a_2，…，a_n），下列描述正确的是（   ）。

A. 每个数据元素都有一个直接前驱和一个直接后继

B. 线性表中至少有一个数据元素

C. 表中各数据元素的排列必须是由小到大或由大到小

D. 除第一个和最后一个数据元素外，其余每个数据元素都有且仅有一个直接前驱和直接后继

1. 设计算法，实现从顺序表中删除自第 i 个数据元素开始的 k 个数据元素，若数据元素不足 k 个，则删除自第 i 个数据元素开始的所有元素。

2. 设线性表 L 中的数据元素按元素值递增有序排列。设计算法，实现当 L 是顺序表时，将 e 插入 L 的适当位置上，并保持线性表的有序性。

3. 已知一线性表中的数据元素按元素值非递减排列，设计算法，删除顺序表中多余的元素值相同的数据元素。

任务 2.2　线性表的链式存储

【任务评价】

课程名称		授课地点		
学习任务		授课教师		
综合评分				
知识考核(30分)				

序号	知识点内容	分数	教师评价	
1	线性表的链式存储结构	15		
2	线性表链式存储结构的基本操作	15		

任务考核(50分)				

序号	任务点内容	分数	教师评价	小组互评	企业评价
1	根据指定的 ISBN 或书名查找相应图书的有关信息，并返回该图书在表中的位序	10			
2	插入一本新的图书信息	10			
3	删除一本图书信息	10			
4	根据指定的 ISBN，修改该图书的价格	5			
5	将图书按照价格由低到高进行排序	5			
6	统计图书表中的图书数	5			
7	专业自信、工匠精神、职业素养	5			

课堂表现考核(10分)			

序号	课堂表现内容	分数	教师评价
1	课堂表现(出勤、互动、讨论)	10	

任务完成情况反思总结(10分)

[技能训练]

1. 链式存储结构所占存储空间( )。

A. 分为两部分，一部分存放结点值，另一部分存放表示结点间关系的指针

B. 只有一部分，存放结点值

C. 只有一部分，存储表示结点间关系的指针

D. 分为两部分，一部分存放结点值，另一部分存放结点所占单元数

2. 线性表若采用链式存储结构，要求内存中可用存储单元的地址( )。

A. 必须是连续的　　　　　　　　B. 部分必须是连续的

C. 一定是不连续的　　　　　　　D. 连续或不连续都可以

3. 线性表 L 在( )情况下适用于使用链式存储结构实现。

A. 需经常修改 L 中的结点值　　　B. 需不断对 L 进行删除、插入

C. L 中含有大量的结点　　　　　D. L 中的结点结构复杂

4. 单链表的存储密度( )。

A. 大于 1　　　　B. 等于 1　　　　C. 小于 1　　　　D. 不能确定

5. 将两个各有 n 个元素的有序表归并成一个有序表，其最少的比较次数是( )。

A. n　　　　　　B. 2n-1　　　　C. 2n　　　　　D. n

6. 创建一个包括 n 个结点的有序单链表的时间复杂度是( )。

A. O(1)　　　　B. O(n)　　　　C. O(n)　　　　D. O(nlog$_2$n)

7. 以下描述错误的是( )。

A. 求表长、定位这两种运算在采用顺序存储结构时实现的效率不比采用链式存储结构时实现的效率低

B. 顺序存储的线性表可以随机存取

C. 由于顺序存储要求有连续的存储区域，所以在存储管理上不够灵活

D. 线性表的链式存储结构优于顺序存储结构

8. 在一个单链表 L 中，若要向表头插入一个由指针 p 指向的结点，则应执行( )。

A. L=p; p->next=L;　　　　　　B. p->next=L; L=p;

C. p->next=L; p=L;　　　　　　D. p->next=L->next; L->next=p;

9. 在一个单链表 L 中，若要删除由指针 q 指向的结点的后继结点，则应执行( )。

A. p=q->next; p->next=q->next;　　　B. p=q->next; q->next=p;

C. p=q->next; q->next=p->next;　　　D. q->next=q->next->next; q->next=q;

10. 在单链表中，要将 s 指针指向的结点插入 p 指针指向的结点之后，应执行( )。

A. s->next=p+1; p->next=s;

B. (*p).next=s; (*s).next=(*p).next;

C. s->next=p->next; p->next=s->next;

D. s->next=p->next; p->next=s;

11. 在双向链表的存储结构中，删除 p 指针指向的结点时，修改指针的操作为( )。

A. p->next->prior=p->prior; p->prior->next=p->next;

B. p->next=p->next->next；p->next->prior=p；

C. p->prior->next=p；p->prior=p->prior->prior；

D. p->prior=p->next->next；p->next=p->prior->prior；

12. 在循环双链表中，在 p 指针指向的结点后插入 q 指针指向的新结点，其修改指针的操作是(　　)。

A. p->next=q；q->prior=p；p->next->prior=q；q->next=q；

B. p->next=q；p->next->prior=q；q->prior=p；q->next=p->next；

C. q->prior=p；q->next=p->next；p->next->prior=q；p->next=q；

D. q->prior=p；q->next=p->next；p->next=q；p->next->prior=q；

[真题演练]

1. 设计算法，将两个递增的有序链表合并为一个递增的有序链表。要求结果链表仍使用原来两个链表的存储空间，不另外占用其他的存储空间，且表中不允许有重复的数据元素。

2. 设计算法，将一个带头结点的单链表 A 分解为两个具有相同结构的链表 B 和 C，其中链表 B 的结点为链表 A 中元素值小于零的结点，而链表 C 的结点为链表 A 中元素值大于零的结点(链表 A 中的元素为非零整数，要求链表 B、C 利用链表 A 的结点)。

3. 已知两个链表 A 和 B 分别表示两个集合，其元素递增排列。设计一个算法，用于求出链表 A 与 B 的交集，并存放在链表 A 中。

项目 3　栈和队列

任务 3.1　栈

【任务评价】

课程名称		授课地点		
学习任务		授课教师		
综合评分				
知识考核（30分）				
序号	知识点内容	分数	教师评价	
1	顺序栈的基本操作	15		
2	链栈的基本操作	15		
任务考核（50分）				
序号	任务点内容	分数	教师评价	小组互评	企业评价
1	设计算法，实现顺序栈的基本操作	15			
2	设计算法，实现链栈的基本操作	15			
3	输入"5＊[b-(c+d)]#"待匹配括号的算术表达式，利用链栈判断匹配结果	15			
4	专业自信、工匠精神、职业素养	5			
课堂表现考核（10分）				
序号	课堂表现内容	分数	教师评价	
1	课堂表现（出勤、互动、讨论）	10		
任务完成情况反思总结（10分）				

[技能训练]

1. 栈中元素的进出原则是(　　)。

A. 先进先出　　　　B. 后进先出　　　　C. 栈空则进　　　　D. 栈满则出

2. 若已知一个栈的入栈序列是 1，2，3，…，n，其输出序列为 p_1，p_2，p_3，…，p_n，若 $p_1 = n$，则 p_i 是(　　)。

A. i　　　　　　　　B. n−i　　　　　　　C. n−i+1　　　　　D. 不确定

3. 链栈结点为(data，link)，top 指向栈顶，若想删除栈顶结点，并将删除结点的值保存到 x 中，则应执行操作(　　)。

A. x = top->data；top = top->link；　　　　B. top = top->link；x = top->link；

C. x = top；top = top->link；　　　　　　　D. x = top->link；

4. 设有一个递归算法如下：

```
int fact(int n)
{
    if(n<=0)
    return 1;
    else
    return n*fact(n- 1);
}
```

则计算 fact(n)需要调用该函数的次数为(　　)。

A. n+1　　　　　　　B. n−1　　　　　　　C. n　　　　　　　　D. n+2

5. 若一个栈以向量 V[1..n]存储，初始栈顶指针 top 设为 n+1，则元素 x 入栈的正确操作是(　　)。

A. top++；V[top] = x；　　　　　　B. V[top] = x；top++；

C. top−−；V[top] = x；　　　　　　D. V[top] = x；top−−；

6. 设计一个判别表达式中左、右括号是否配对出现的算法，采用(　　)数据结构最佳。

A. 线性表的顺序存储结构　　　　　B. 队列

C. 线性表的链式存储结构　　　　　D. 栈

7. 栈在(　　)中有所应用。

A. 递归调用　　　B. 函数调用　　　C. 表达式求值　　　D. 前 3 个选项都有

[真题演练]

1. 回文是指正读、反读均相同的字符序列，如"abba"和"abdba"均是回文，但"good"不是回文。试设计一个算法，判定给定的字符序列是否为回文(提示：将一半字符入栈)。

2. 从键盘上输入一个后缀表达式，试设计算法计算该表达式的值。规定：后缀表达式的长度不超过一行，以"$"作为输入结束标识符，操作数之间用空格分隔，操作符只可能有+、−、＊、∕这 4 种。例如：23434+2＊$。

任务 3.2　队列

【任务评价】

课程名称			授课地点		
学习任务			授课教师		
综合评分					
知识考核(30分)					
序号	知识点内容		分数	教师评价	
1	顺序队列的基本操作		15		
2	链队列的基本操作		15		
任务考核(50分)					
序号	任务点内容	分数	教师评价	小组互评	企业评价
1	设计算法,实现顺序队列的基本操作	15			
2	设计算法,实现链队列的基本操作	15			
3	设计算法,实现学生舞会舞伴配对系统设计	15			
4	专业自信、工匠精神、职业素养	5			
课堂表现考核(10分)					
序号	课堂表现内容		分数	教师评价	
1	课堂表现(出勤、互动、讨论)		10		
任务完成情况反思总结(10分)					

1. 数组 Q[n]用来表示一个循环队列，f 为当前队头元素的前一位置，r 为队尾元素的位置，假定队列中元素的个数小于 n，计算队列中元素个数的公式为（　　）。

A. r-f　　　　　　　B. (n+f-r)%n　　　　C. n+r-f　　　　　　D. (n+r-f)%n

2. 为解决计算机主机与打印机间速度不匹配问题，通常设一个打印数据缓冲区。主机将要输出的数据依次写入该缓冲区，而打印机则依次从该缓冲区中取出数据。该缓冲区的逻辑结构应该是（　　）。

A. 队列　　　　　　B. 栈　　　　　　C. 线性表　　　　　D. 有序表

3. 设栈 S 和队列 Q 的初始状态为空，元素 e_1、e_2、e_3、e_4、e_5 和 e_6 依次进入栈 S，一个元素出栈后即进入 Q，若 6 个元素出队的序列是 e_2、e_4、e_3、e_6、e_5 和 e_1，则栈 S 的容量至少应该是（　　）。

A. 2　　　　　　　　B. 3　　　　　　　C. 4　　　　　　　D. 6

4. 用链式结构存储的队列，在进行删除操作时（　　）。

A. 仅修改头指针　　　　　　　　　　B. 仅修改尾指针

C. 头、尾指针都要修改　　　　　　　D. 头、尾指针可能都要修改

5. 循环队列存储在数组 A[0..m]中，则入队时的操作为（　　）。

A. rear＝rear+1;　　　　　　　　　　B. rear＝(rear+1)% (m- 1);

C. rear＝(rear+1)% m;　　　　　　　D. rear＝(rear+1)% (m+1);

6. 最大容量为 n 的循环队列，尾指针是 rear，头指针是 front，则队空的条件是（　　）。

A. (rear+1)% n＝front;　　　　　　　B. rear＝＝front;

C. rear+1＝front;　　　　　　　　　　D. (rear- 1)% n＝front;

7. 栈和队列的共同点是（　　）。

A. 都是先进先出　　　　　　　　　　B. 都是先进后出

C. 只允许在端点处插入和删除元素　　D. 没有共同点

1. 假设以带头结点的循环链表表示队列，并且只设一个指针指向队尾元素(注意：不设头指针)，试设计相应的置空队列、判断队列是否为空、入队和出队等算法。

2. 如果允许在循环队列的两端都可以进行插入和删除操作。要求：

(1)写出循环队列的类型定义；

(2)写出"从队尾删除"和"从队头插入"的算法。

项目 4 串、数组和广义表

任务 4.1 串

【任务评价】

课程名称			授课地点		
学习任务			授课教师		
综合评分					
知识考核(30分)					
序号	知识点内容		分数	教师评价	
1	串的定义、存储结构		10		
2	串的基本操作		10		
3	模式匹配算法		10		
任务考核(50分)					
序号	任务点内容	分数	教师评价	小组互评	企业评价
1	设计算法,实现串的定义及基本操作	20			
2	设计算法,实现信息的加密与解密	25			
3	专业自信、工匠精神、职业素养	5			
课堂表现考核(10分)					
序号	课堂表现内容		分数	教师评价	
1	课堂表现(出勤、互动、讨论)		10		
任务完成情况反思总结(10分)					

[技能训练]

1. 以下关于串的描述中，哪一个是错误的？（　　　）

A. 串是字符的有限序列

B. 空串是由空格构成的串

C. 模式匹配是串的一种重要运算

D. 串既可以采用顺序存储，也可以采用链式存储

2. 若串 S = "software"，其子串的数目是（　　　）。

A. 8　　　　　　　　　B. 37　　　　　　　C. 36　　　　　　　　D. 9

3. 串的长度是指（　　　）。

A. 串中所含不同字母的个数　　　　B. 串中所含字符的个数

C. 串中所含不同字符的个数　　　　D. 串中所含非空格字符的个数

4. 串是一种特殊的线性表，其特殊性体现在（　　　）。

A. 可以顺序存储　　　　　　　　　B. 数据元素是单个字符

C. 可以链式存储　　　　　　　　　D. 数据元素可以是多个字符

5. 串"ababaaababaa" 的 next 数组为（　　　）。

A. 012345678999　　　　　　　　B. 012121111212

C. 011234223456　　　　　　　　D. 0123012322345

[真题演练]

1. 已知模式 t = "abcaabbabcab"，写出用 KMP 算法求得的每个字符对应的 next 和 nextval 函数值。

2. 设目标为 t = "abcaabbabcabaacbacba"，模式为 p = "abcabaa"。

(1)计算模式 p 的 nextval 函数值。

(2)画出利用 KMP 算法进行模式匹配时每一次的匹配过程。

【任务评价】

课程名称			授课地点		
学习任务			授课教师		
综合评分					
知识考核(30分)					
序号	知识点内容		分数	教师评价	
1	数组的定义及基本操作		15		
2	广义表的定义及存储结构		15		
任务考核(50分)					
序号	任务点内容	分数	教师评价	小组互评	企业评价
1	设计算法，实现数组的定义及基本操作	15			
2	设计算法，实现数组的转置及基本运算	30			
3	专业自信、工匠精神、职业素养	5			
课堂表现考核(10分)					
序号	课堂表现内容		分数	教师评价	
1	课堂表现(出勤、互动、讨论)		10		
任务完成情况反思总结(10分)					

【拓展训练】

[技能训练]

1. 设有数组 A[i, j]，数组的每个元素长度为 3，i 的值为 1~8，j 的值为 1~10，数组从内存首地址 BA 开始顺序存放，当按列存放时，元素 A[5, 8] 的存储首地址为（   ）。

　A. BA+141　　　　　B. BA+180　　　　　C. BA+222　　　　　D. BA+225

2. 假设按行存储的二维数组 A＝array[1...100，1...100]，设每个数据元素占 2 个存储单元，基地址为 10，则 Loc[5, 5]＝（   ）。

　A. 808　　　　　　　B. 818　　　　　　　C. 1 010　　　　　　D. 1 020

3. 数组 A[0...4，－3...－1，5...7] 中含有的元素个数是（   ）。

　A. 55　　　　　　　　B. 45　　　　　　　　C. 36　　　　　　　　D. 16

4. 设有一个 10 阶的对称矩阵 A，采用压缩存储方式，按行存储，a_{11} 为第一个元素，其存储地址为 1，每个元素占一个地址空间，则 a_{85} 的地址为（   ）。

　A. 13　　　　　　　　B. 32　　　　　　　　C. 33　　　　　　　　D. 40

5. 若对 n 阶对称矩阵 A，以行序为主序方式将其下三角形的元素（包括主对角线上的所有元素）依次存放于一维数组 B[1..(n(n+1))/2] 中，则在数组 B 中确定 a_{ij}(i<j) 的位置 k 的关系为（   ）。

　A. i(i–1)/2+j　　　　　　　　　　B. j(j–1)/2+i

　C. i(i+1)/2+j　　　　　　　　　　D. j(j+l)/2+i

6. 设广义表 L=((a, b, c))，则 L 的长度和深度分别为（   ）。

　A. 1 和 1　　　　　B. 1 和 3　　　　　C. 1 和 2　　　　　D. 2 和 3

7. 下面说法错误的是（   ）。

　A. 广义表的表头总是一个广义表　　　B. 广义表的表尾总是一个广义表

　C. 广义表难以采用顺序存储结构　　　D. 广义表可以是一个多层次的结构

8. 广义表((a, b, c, d)) 的表头是（   ），表尾是（   ）。

　A. a　　　　　　　B. ( )　　　　　　　C. (a, b, c, d)　　　D. (b, c, d)

[真题演练]

1. 设二维数组 a[1...m，1...n] 含有 mn 个整数。

（1）设计一个算法判断 a 中所有元素是否互不相同，并输出相关信息（yes/no）。

（2）试分析算法的时间复杂度。

2. 设任意 n 个整数存放于数组 A[1..n] 中，试设计算法，将所有正数排在所有负数前面（要求：算法时间复杂度为 O(n)）。

项目5　树和二叉树

任务5.1　树的定义和基本术语

【任务评价】

课程名称		授课地点		
学习任务		授课教师		
综合评分				
知识考核（30分）				
序号	知识点内容	分数	教师评价	
1	树的定义	15		
2	树的基本术语	15		
任务考核（50分）				
序号	任务点内容	分数	教师评价	小组互评	企业评价
1	树的递归定义	15		
2	结点的层次和树的深度	15		
3	结点的度与树的度	15		
4	专业自信、工匠精神、职业素养	5		
课堂表现考核（10分）				
序号	课堂表现内容	分数	教师评价	
1	课堂表现（出勤、互动、讨论）	10		
任务完成情况反思总结（10分）				

[技能训练]

以下说法错误的是( )。

A. 树结构的特点是一个结点可以有多个直接前驱

B. 树结构可以表达(组织)更复杂的数据

C. 树(及一切树结构)是一种"分支层次"结构

D. 任何只含一个结点的集合是一棵树

[真题演练]

1. 描述结点、树的属性。

2. 描述有序树和无序树。

任务 5.2　二叉树

【任务评价】

课程名称		授课地点		
学习任务		授课教师		
综合评分				
知识考核(30分)				
序号	知识点内容	分数	教师评价	
1	二叉树的定义、性质、存储结构	15		
2	二叉树的应用	15		
任务考核(50分)				
序号	任务点内容	分数	教师评价	小组互评	企业评价
1	二叉树的顺序存储表示	10			
2	二叉树的链式存储表示	10			
3	建立二叉链表	10			
4	二叉树的先序遍历	5			
5	二叉树的中序遍历	5			
6	二叉树的后序遍历	5			
7	专业自信、工匠精神、职业素养	5			
课堂表现考核(10分)				
序号	课堂表现内容	分数	教师评价	
1	课堂表现(出勤、互动、讨论)	10		
任务完成情况反思总结(10分)				

[技能训练]

1. 由 3 个结点可以构造出多少种不同的二叉树？（　　）

A. 2　　　　　　　　B. 3　　　　　　　　C. 4　　　　　　　　D. 5

2. 一个具有 1 025 个结点的二叉树的高 h 为（　　）。

A. 11　　　　　　　B. 10　　　　　　　C. 11～1 025　　　　D. 10～1 024

3. 利用二叉链表存储树，则根结点的右指针（　　）。

A. 指向最左孩子　　B. 指向最右孩子　　C. 空　　　　　　　D. 非空

4. 对二叉树的结点从 1 开始进行连续编号，要求每个结点的编号大于其左、右孩子的编号，同一结点的左、右孩子中，其左孩子的编号小于其右孩子的编号，可采用（　　）遍历实现编号。

A. 先序

B. 中序

C. 后序

D. 从根开始按层次遍历

5. 设森林 F 中有 3 棵树，第一、第二、第三棵树的结点个数分别为 M_1、M_2 和 M_3。与森林 F 对应的二叉树根结点的右子树上的结点个数是（　　）。

A. M　　　　　　　B. M_1+M_2　　　　C. M_3　　　　　　D. M_2+M_3

6. 若 x 是中序线索二叉树中一个有左孩子的结点，且 x 不为根，则 x 的前驱为（　　）。

A. x 的双亲　　　　　　　　　　　B. x 的右子树中最左的结点

C. x 的左子树中最右的结点　　　　D. x 的左子树中最右的叶子结点

7. 在一棵高度为 k 的满二叉树中，结点总数为（　　）。

A. 2k−1　　　　　　B. 2k　　　　　　　C. 2^{k-1}　　　　　D. $\log_2 k+1$

85. 一棵完全二叉树上有 1 001 个结点，其中叶子结点的个数是（　　）。

A. 250　　　　　　　B. 254　　　　　　　C. 500　　　　　　　D. 501

[真题演练]

1. 已知一棵二叉树的中序和后序序列如下。

中序：GLDHBEIACJFK

后序：LGHDIEBJKFCA

(1) 画出这棵二叉树。

(2) 将其转换为对应的森林。

2. 有 n 个结点的完全二叉树存放在一维数组 A[1..n] 中，试据此建立一棵用二叉链表表示的二叉树，根由 tree 指向。

3. 设计递归算法，在二叉树中求位于先序序列中第 k 个位置的结点的值。

4. 已知一棵高度为 k、具有 n 个结点的二叉树，按顺序方式存储。

(1) 设计用先序遍历二叉树中每个结点的递归算法。

(2) 设计将树中序号最大的叶子结点的祖先结点全部打印输出的算法。

任务 5.3 树和森林

【任务评价】

课程名称		授课地点		
学习任务		授课教师		
综合评分				
知识考核(30分)				

序号	知识点内容	分数	教师评价	
1	树的表示及其遍历操作	15		
2	建立森林与二叉树的对应关系	15		

任务考核(50分)				
序号	任务点内容	分数	教师评价	小组互评	企业评价
---	---	---	---	---	---
1	树的存储结构的3种表示方法	10			
2	树与二叉树的转换	10			
3	森林与二叉树的转换	10			
4	建立二叉树的二叉链表(孩子-兄弟)存储表示	15			
5	专业自信、工匠精神、职业素养	5			

课堂表现考核(10分)			
序号	课堂表现内容	分数	教师评价
1	课堂表现(出勤、互动、讨论)	10	

任务完成情况反思总结(10分)

[技能训练]

1. 在下列存储形式中，(　　)不是树的存储形式。

A. 双亲表示法 　　　　　　　　　B. 孩子表示法

C. 孩子兄弟表示法 　　　　　　　D. 顺序存储表示法

2. 引入二叉线索树的目的是(　　)。

A. 加快查找结点的前驱或后继的速度

B. 为了能在二叉树中方便地进行插入与删除

C. 为了能方便地找到双亲

D. 使二叉树的遍历结果唯一

[真题演练]

以二叉链表作为二叉树的存储结构，设计以下算法：

(1)统计二叉树的叶子结点个数；

(2)判别两棵树是否相等；

(3)交换二叉树每个结点的左孩子和右孩子。

任务 5.4　哈夫曼树

【任务评价】

课程名称			授课地点		
学习任务			授课教师		
综合评分					
知识考核（30分）					
序号	知识点内容		分数	教师评价	
1	哈夫曼树的定义		10		
2	哈夫曼树的构造		10		
3	哈夫曼编码		10		
任务考核（50分）					
序号	任务点内容	分数	教师评价	小组互评	企业评价
1	求树的带权路径长度	10			
2	哈夫曼树的构造过程	10			
3	哈夫曼树的存储表示	10			
4	哈夫曼编码的实现	15			
5	专业自信、工匠精神、职业素养	5			
课堂表现考核（10分）					
序号	课堂表现内容		分数	教师评价	
1	课堂表现（出勤、互动、讨论）		10		
任务完成情况反思总结（10分）					

[技能训练]

1. 设哈夫曼树中有 199 个结点，则该哈夫曼树中有(　　)个叶子结点。

A. 99　　　　　　　B. 100　　　　　　　C. 101　　　　　　　D. 102

2. n(n≥2)个权值均不相同的字符构成哈夫曼树，以下关于该树的描述中，错误的是(　　)。

A. 该树一定是一棵完全二叉树

B. 树中一定没有度为 1 的结点

C. 树中两个权值最小的结点一定是兄弟结点

D. 树中任一非终端结点的权值一定不小于下一层任一结点的权值

3. 有 n 个叶子结点的哈夫曼树的结点总数为(　　)。

A. 不确定　　　　　B. 2n　　　　　　　C. 2n+1　　　　　　D. 2n−1

[真题演练]

1. 假设用于通信的电文仅由 8 个字符组成，字符在电文中出现的频率分别为 0.07，0.19，0.02，0.06，0.32，0.03，0.21，0.10。

(1)试为这 8 个字符设计哈夫曼编码。

(2)试设计另一种由二进制表示的等长编码方案。

(3)比较上述两种方案的优缺点。

2. 已知下列字符 A、B、C、D、E、F、G 的权值分别为 3、12、7、4、2、8，11，试填写出其对应哈夫曼树 HT 的存储结构的初始状态和终结状态。

项目 6　图

任务 6.1　图的定义和基本术语

【任务评价】

课程名称		授课地点		
学习任务		授课教师		
综合评分				
知识考核(30分)				
序号	知识点内容	分数	教师评价	
1	图的定义	15		
2	图的基本术语	15		
任务考核(50分)				
序号	任务点内容	分数	教师评价	小组互评	企业评价
1	熟练掌握图的定义	20			
2	熟练掌握图的基本术语	25			
3	专业自信、工匠精神、职业素养	5			
课堂表现考核(10分)				
序号	课堂表现内容	分数	教师评价	
1	课堂表现(出勤、互动、讨论)	10		
任务完成情况反思总结(10分)				

[技能训练]

1. 具有 n 个顶点的有向图最多有( )条边。

A. n   B. n(n−1)   C. n(n+1)   D. n^2

2. 若从无向图的任意一个顶点出发进行一次深度优先遍历可以访问图中所有的顶点，则该图一定是( )图。

A. 非连通   B. 连通   C. 强连通   D. 有向

3. 有向图中一个顶点的度是该顶点的( )。

A. 入度   B. 出度

C. 入度与出度之和   D. (入度+出度)/2

4. 在一个有向图中，所有顶点的入度之和等于出度之和的( )倍。

A. 1/2   B. 1   C. 2   D. 4

5. 具有 10 个顶点的无向图至少有多少条边才能保证连通？( )

A. 9   B. 10   C. 11   D. 12

[真题演练]

1. 设有一有向图 G = (V，E)。其中，V = { v_1，v_2，v_3，v_4，v_5}，E = { <v_2，v_1>，<v_3，v_2>，<v_4，v_3>，<v_4，v_2>，<v_1，v_4>，< v_4，v_5>，< v_5，v_1>}，画出该有向图并判断其是否是强连通图。

(1)边集 E 中<v_i，v_j>表示一条以 v_i 为弧尾、v_j 为弧头的有向弧。

(2)强连通图是任意两顶点间都存在路径的有向图。

2. 分别画出含有 1 个顶点、2 个顶点、3 个顶点、4 个顶点和 5 个顶点的完全无向图，并说明在 n 个顶点的完全无向图中，边的条数为 n(n−1)/2。

任务 6.2　图的存储结构

【任务评价】

课程名称		授课地点		
学习任务		授课教师		
综合评分				
知识考核(30分)				
序号	知识点内容	分数	教师评价	
1	邻接矩阵	15		
2	邻接表	15		
任务考核(50分)				
序号	任务点内容	分数	教师评价	小组互评	企业评价
1	掌握邻接矩阵表示法及算法思想	15			
2	掌握邻接表表示法及算法思想	30			
3	专业自信、工匠精神、职业素养	5			
课堂表现考核(10分)				
序号	课堂表现内容	分数	教师评价	
1	课堂表现(出勤、互动、讨论)	10		
任务完成情况反思总结(10分)				

[技能训练]

1. n 个顶点的连通图用邻接矩阵表示时, 该矩阵至少有(　　)个非零元素。

A. n   B. 2(n-1)   C. n/2   D. n^2

2. G 是一个非连通无向图, 共有 28 条边, 则该图至少有(　　)个顶点。

A. 7   B. 8   C. 9   D. 10

3. 已知图的邻接表如下图所示, 则从顶点 v_0 出发按广度优先遍历的结果是(　　), 按深度优先遍历的结果是(　　)。

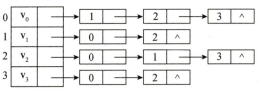

A. 0 1 3 2   B. 0 2 3 1   C. 0 3 2 1   D. 0 1 2 3

[真题演练]

1. 设计一个算法, 删除无向图邻接矩阵中的某个顶点。

2. 设计一个算法, 求图 G 中距离顶点 v 的最短路径长度最大的一个顶点, 设 v 可达其余顶点。

任务 6.3 图的遍历

【任务评价】

课程名称		授课地点		
学习任务		授课教师		
综合评分				
知识考核(30分)				
序号	知识点内容	分数	教师评价	
1	深度优先遍历	15		
2	广度优先遍历	15		
任务考核(50分)				
序号	任务点内容	分数	教师评价	小组互评	企业评价
1	掌握深度优先遍历及其算法思想	15			
2	掌握广度优先遍历及其算法思想	30			
3	专业自信、工匠精神、职业素养	5			
课堂表现考核(10分)				
序号	课堂表现内容	分数	教师评价	
1	课堂表现(出勤、互动、讨论)	10		
任务完成情况反思总结(10分)				

［技能训练］

1. 用邻接表表示图进行深度优先遍历时，通常借助(　　)来实现算法。

A. 栈　　　　　　　　B. 队列　　　　　　　　C. 树　　　　　　　　D. 图

2. 广度优先遍历类似于二叉树的(　　)。

A. 先序遍历　　　　　B. 中序遍历　　　　　　C. 后序遍历　　　　　D. 层次遍历

3. 图的广度优先生成树的树高比深度优先生成树的树高(　　)。

A. 小　　　　　　　　B. 相等　　　　　　　　C. 小或相等　　　　　　D. 大或相等

4. 已知图的邻接表如下图所示，则从顶点 v_0 出发按深度优先遍历的结果是(　　)。

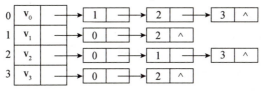

A. 0 1 3 2　　　　　B. 0 2 3 1　　　　　C. 0 3 2 1　　　　　D. 0 1 2 3

［真题演练］

1. 已知图 G 如下图所示，画出从顶点 A 开始的广度优先生成树和深度优先生成树(假设邻接点中字母顺序靠前的优先遍历)。

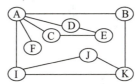

2. 若图用邻接矩阵存储，试设计一个深度优先遍历图的非递归算法。

任务 6.4　图的应用

【任务评价】

课程名称		授课地点			
学习任务		授课教师			
综合评分					
知识考核(30分)					
序号	知识点内容	分数	教师评价		
1	最小生成树	8			
2	最短路径	8			
3	拓扑排序	6			
4	关键路径	8			
任务考核(50分)					
序号	任务点内容	分数	教师评价	小组互评	企业评价
1	掌握普里姆(Prim)算法思想	10			
2	掌握克鲁斯卡尔(Kruskal)算法思想	10			
3	掌握迪杰斯特拉(Dijkstra)算法思想	5			
4	掌握弗洛伊德(Floyd)算法思想	5			
5	掌握拓扑排序算法思想	5			
6	掌握寻找关键路径方法	10			
7	专业自信、工匠精神、职业素养	5			
课堂表现考核(10分)					
序号	课堂表现内容	分数	教师评价		
1	课堂表现(出勤、互动、讨论)	10			
任务完成情况反思总结(10分)					

[技能训练]

1. 下列( )适合构造一个稠密图 G 的最小生成树。

A. 普里姆算法   B. 克鲁斯卡尔算法

C. Floyd 算法   D. 迪杰斯特拉算法

1. 对于一个具有 n 个顶点和 e 条边的有向图,在用邻接表表示时,拓扑排序算法的时间复杂度为( )。

A. O(n)   B. O(n+e)   C. O(n)   D. O(n^3)

2. 下面关于求关键路径的说法中,错误的是( )。

A. 求关键路径是以拓扑排序为基础的

B. 一个事件的最早开始时间同以该事件为尾的弧的活动的最早开始时间相同

C. 一个事件的最迟开始时间为以该事件为尾的弧的活动的最迟开始时间与该活动的持续时间的差

D. 关键活动一定位于关键路径上

3. 有向图中一个顶点的度是该顶点的( )。

A. 入度   B. 出度

C. 入度与出度之和   D. (入度+出度)/2

4. 有 e 条边的无向图,若用邻接表表示,则表中有( )个边结点。

A. e   B. 2e   C. e-1   D. 2(e-1)

5. 下列关于 AOE-网的描述中,错误的是( )。

A. 关键活动不按期完成就会影响整个工程的工期

B. 任何一个关键活动提前完成,那么整个工程将会提前完成

C. 所有的关键活动提前完成,那么整个工程将会提前完成

D. 某些关键活动提前完成,那么整个工程将会提前完成

[真题演练]

1. 已知带权无向图如下图所示,用图示给出用普里姆算法从顶点 v_2 出发构造最小生成树的详细过程。

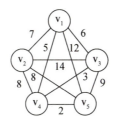

2. 试对下图所示的 AOE-网:

(1)求这个工程最早可能在什么时间结束;

(2)求每个活动的最早开始时间和最迟开始时间;

(3)确定哪些活动是关键活动。

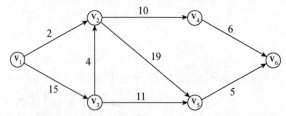

3. 采用邻接表存储结构，设计一个算法，判别无向图中任意给定的两个顶点之间是否存在一条长度为 k 的简单路径。

4. 设计一个算法，用深度优先遍历对 AOV-网进行拓扑排序，检测其中是否存在环。

5. 已知某有向图用邻接表表示，设计一个算法，求出给定两顶点间的简单路径。

6. 设有向图含有 n 个顶点，分别设计算法实现以下功能：

（1）根据有向图的邻接表，构造相应的逆邻接表；

（2）根据有向图的邻接表，构造相应的邻接矩阵；

（3）根据有向图的邻接矩阵，构造相应的邻接表。

项目 7 查 找

任务 7.1 线性表的查找

【任务评价】

课程名称		授课地点	
学习任务		授课教师	
综合评分			

知识考核（30 分）			
序号	知识点内容	分数	教师评价
1	顺序查找	10	
2	折半查找	10	
3	分块查找	10	

任务考核（50 分）					
序号	任务点内容	分数	教师评价	小组互评	企业评价
1	算法 7-1 顺序查找	15			
2	算法 7-2 设置监视哨的顺序查找	10			
3	算法 7-3 折半查找	15			
4	3 种算法对比分析	5			
5	专业自信、工匠精神、职业素养	5			

课堂表现考核（10 分）			
序号	课堂表现内容	分数	教师评价
1	课堂表现（出勤、互动、讨论）	10	

任务完成情况反思总结（10 分）

1. 对 n 个元素的表进行顺序查找时，若查找每个元素的概率相同，则平均查找长度为（　　）。

A.（n−1）/2　　　　　　B. n/2　　　　　　C.（n+1）/2　　　　　　D. n

2. 适用于折半查找的表的存储方式及元素排列要求为（　　）。

A. 链式方式存储，元素无序　　　　　　B. 链式方式存储，元素有序

C. 顺序方式存储，元素无序　　　　　　D. 顺序方式存储，元素有序

3. 如果要求一个线性表既能较快地查找，又能适应动态变化的要求，最好采用（　　）法。

A. 顺序查找　　　　B. 折半查找　　　　C. 分块查找　　　　D. 散列查找

4. 折半查找有序表（4，6，10，12，20，30，50，70，88，100）。若查找表中元素 58，则它将依次与表中（　　）比较大小，查找结果是失败。

A. 20，70，30，50　B. 30，88，70，50　C. 20，50　　　　D. 30，88，50

5. 对 22 个记录的有序表进行折半查找，当查找失败时，至少需要进行（　　）次关键字比较。

A. 3　　　　　　B. 4　　　　　　C. 5　　　　　　D. 6

6. 设集合中有 n（n>1）个元素，分别存放在两个表中，表 A 按元素关键字从小到大存放，表 B 则无序存放。假设每个元素的查找概率相等，若对表 A 按有序表的顺序查找算法进行查找，对表 B 按一般表的顺序查找算法从表的前端进行顺序查找，则查找成功时，对于两个表的平均查找长度来说，（　　）。

A. 表 A 大于表 B　　　　　　　　B. 表 A 小于表 B

C. 相同　　　　　　　　　　　　D. 无法确定

[算法设计与应用]

1. 假定对有序表（3，4，5，7，24，30，42，54，63，72，87，95）进行折半查找，试回答下列问题。

（1）画出描述折半查找过程的判定树。

（2）若查找元素 54，需依次与哪些元素比较？

（3）若查找元素 90，需依次与哪些元素比较？

（4）假定每个元素的查找概率相等，求查找成功时的平均查找长度。

2. 试写出折半查找的递归算法。

[真题演练]

已知一个长度为 16 的顺序表 L，其元素按关键字有序排列，若采用折半查找法查找一个不存在的元素，则比较次数最多的是（　　）。

A. 4　　　　　　B. 5　　　　　　C. 6　　　　　　D. 7

任务 7.2　树表的查找

【任务评价】

课程名称		授课地点	
学习任务		授课教师	
综合评分			

知识考核（30分）			
序号	知识点内容	分数	教师评价
1	二叉排序树	10	
2	平衡二叉树	10	
3	B-树	5	
4	B+树	5	

任务考核（50分）					
序号	任务点内容	分数	教师评价	小组互评	企业评价
1	算法7-4 二叉排序树的递归查找	10			
2	算法7-5 二叉排序树的插入	5			
3	算法7-6 二叉排序树的创建	5			
4	算法7-7 二叉排序树的删除	5			
5	算法7-8 B-树的查找	5			
6	算法7-9 B-树的插入	10			
7	折半查找和二叉排序树查找的比较	5			
8	专业自信、工匠精神、职业素养	5			

课堂表现考核（10分）			
序号	课堂表现内容	分数	教师评价
1	课堂表现（出勤、互动、讨论）	10	

任务完成情况反思总结（10分）

[技能训练]

1. 折半查找与二叉排序树的时间性能(   )。

A. 相同   B. 完全不同

C. 有时不相同   D. 数量级都是 $O(\log_2 n)$

2. 分别以下列序列构造二叉排序树，与用其他 3 个序列所构造的结果不同的是(   )。

A. 100，80，90，60，120110，130   B. 100，120，110，130，80，60，90

C. 100，60，80，90，120，110，130   D. 100，80，60，90，120，130，110

3. 在平衡二叉树中插入一个结点后造成了该树的不平衡，设最低的不平衡结点为 4，并已知 A 的左孩子的平衡因子为 0，右孩子的平衡因子为 1，则应做(   )型调整以使其平衡。

A. LL   B. LR   C. RL   D. RR

4. 下列关于 m 阶 B-树的说法中，错误的是(   )。

A. 根结点至多有 m 棵子树

B. 所有叶子结点都在同一层次上

C. 非终端结点至少有 m/2(m 为偶数)或 m/2+1(m 为奇数)棵子树

D. 根结点中的数据是有序的

5. 下面关于 B-和 B+树的描述中，错误的是(   )。

A. B-树和 B+树都是平衡的多叉树   B. B-树和 B+树都可用于文件的索引结构

C. B-树和 B+树都能有效地支持顺序查找   D. B-树和 B+树都能有效地支持随机查找

6. m 阶的 B-树是一棵(   )。

A. m 叉排序树   B. m 叉平衡排序树

C. m-1 叉平衡排序树   D. m+1 叉平衡排序树

7. 二叉树为二叉排序树的(   )条件：其任一结点的值均大于其左孩子的值、小于其右孩子的值。

A. 充分必要   B. 充分不必要

C. 必要不充分   D. 既不充分也不必要

8. 构造一棵具有 n 个结点的二叉排序树，在理想情况下树的深度为(   )。

A. n/2   B. n   C. $\lfloor \log_2(n+1) \rfloor$ D. $\lceil \log_2(n+1) \rceil$

9. 含有 n 个非终端结点的 m 阶 B-树的关键字的个数最少是(   )。

A. n   B. $(m-1)n$ C. $n(m/2-1)$ D. $(n-1)(m/2-1)+1$

10. 已知一棵 5 阶的 B-树，它有 53 个关键字，并且每个结点的关键字个数都达到最少，则该树的深度是(   )。

A. 3   B. 4   C. 5   D. 6

[算法设计与应用]

1. 试设计一个判别给定二叉树是否为二叉排序树的算法。

2. 已知二叉排序树采用二叉链表存储结构，根结点的指针为 T，链结点的结构为 (lchild，data，rchild)，其中 lchild、rchild 分别指向该结点左、右孩子的指针，data 域存放结点的数据信息。设计一个递归算法，从小到大输出二叉排序树中所有数据值大于或等于 x 的结点的数据。要求先找到第一个满足条件的结点后，再依次输出其他满足条件的结点。

3. 已知二叉树 T 的结点结构为 (llink，data，count，rlink)，在树中查找值为 X 的结点，若找到，则记数 (count) 加 1；否则，作为一个新结点插入树，插入后仍为二叉排序树，设计其非递归算法。

4. 假设一棵平衡二叉树的每个结点都表明了平衡因子 b，试设计一个算法，求平衡二叉树的深度。

[真题演练]

1. 在下列选项所示的二叉排序树中，满足平衡二叉树定义的是(   )。

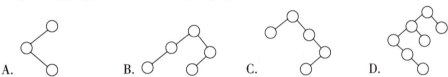

A.　　　　　　B.　　　　　　C.　　　　　　D.

2. 下列描述中，不符合 m 阶 B-树的定义要求的是(   )。

A. 根结点最多有 m 棵子树

B. 所有的叶子结点都在同一层上

C. 各结点中的关键字均升序或降序排列

D. 叶子结点之间通过指针连接

3. 在下图所示的平衡二叉树中插入关键字 48 后得到一棵新的平衡二叉树，在新的平衡二叉树中，关键字 37 所在结点的左、右子结点中保存的关键字分别是(   )。

A. 13，48　　　　B. 24，48　　　　C. 24，53　　　　D. 24，90

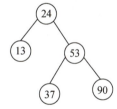

4. 有一棵 3 阶的 B-树，如下图所示。删除关键字 78 后得到一棵新的 B-树，其最右的叶子结点中所含的关键字是(   )。

A. 60　　　　　　B. 60，62　　　　C. 62，65　　　　D. 65

5. 在一棵深度为 2 的 5 阶 B-树中，所含关键字的个数最少是(   )。

A. 5　　　　　　B. 7　　　　　　C. 8　　　　　　D. 14

6. 在一棵具有 15 个关键字的 4 阶 B-树中，含关键字的结点个数最多是(   )。

A. 5   B. 6   C. 10   D. 15

7. B+树不同于 B-树的特点之一是(   )。

A. 能支持顺序查找   B. 结点中含有关键字

C. 根结点至少有两个分支   D. 所有叶子结点都在同一层上

8. 下列应用中，适合使用 B+树的是(   )。

A. 编译器中的词法分析   B. 关系数据库系统中的索引

C. 网络中的路由表的快速查找   D. 操作系统的磁盘空闲块管理

任务 7.3　散列表的查找

【任务评价】

课程名称		授课地点		
学习任务		授课教师		
综合评分				

<table>
<tr><td colspan="5" align="center">知识考核(30分)</td></tr>
<tr><td>序号</td><td>知识点内容</td><td>分数</td><td colspan="2">教师评价</td></tr>
<tr><td>1</td><td>开放地址法</td><td>15</td><td colspan="2"></td></tr>
<tr><td>2</td><td>链地址法</td><td>15</td><td colspan="2"></td></tr>
</table>

<table>
<tr><td colspan="6" align="center">任务考核(50分)</td></tr>
<tr><td>序号</td><td>任务点内容</td><td>分数</td><td>教师评价</td><td>小组互评</td><td>企业评价</td></tr>
<tr><td>1</td><td>数字分析法</td><td>5</td><td></td><td></td><td></td></tr>
<tr><td>2</td><td>平方取中法</td><td>5</td><td></td><td></td><td></td></tr>
<tr><td>3</td><td>折叠法</td><td>5</td><td></td><td></td><td></td></tr>
<tr><td>4</td><td>除留余数法</td><td>5</td><td></td><td></td><td></td></tr>
<tr><td>5</td><td>开放地址法</td><td>10</td><td></td><td></td><td></td></tr>
<tr><td>6</td><td>链地址法</td><td>5</td><td></td><td></td><td></td></tr>
<tr><td>7</td><td>算法 7-10 散列表的查找</td><td>10</td><td></td><td></td><td></td></tr>
<tr><td>8</td><td>专业自信、工匠精神、职业素养</td><td>5</td><td></td><td></td><td></td></tr>
</table>

<table>
<tr><td colspan="4" align="center">课堂表现考核(10分)</td></tr>
<tr><td>序号</td><td>课堂表现内容</td><td>分数</td><td>教师评价</td></tr>
<tr><td>1</td><td>课堂表现(出勤、互动、讨论)</td><td>10</td><td></td></tr>
</table>

任务完成情况反思总结(10分)

[技能训练]

1. 下面关于散列查找的说法中，正确的是(   )。

A. 散列函数构造得越复杂越好，因为这样随机性好、冲突小

B. 除留余数法是所有散列函数中最好的

C. 不存在特别好与特别坏的散列函数，要视情况而定

D. 散列表的平均查找长度有时也和记录总数有关

2. 下面关于散列查找的说法中，错误的是(   )。

A. 采用链地址法处理冲突时，查找一个元素的时间是相同的

B. 采用链地址法处理冲突时，若规定插入操作总是在链首，则插入任意一个元素的时间是相同的

C. 用链地址法处理冲突，不会引起二次聚集现象

D. 用链地址法处理冲突，适合表长不确定的情况

3. 设散列表的表长为 14，散列函数是 $H(key) = key\%11$，表中已有数据的关键字为 15、38、61、84，现要将关键字为 49 的元素存储到表中，用二次探测法解决冲突，则放入的位置是(   )。

A. 8   B. 3   C. 5   D. 9

4. 采用线性探测法处理冲突，可能要探测多个位置，在查找成功的情况下，所探测的这些位置上的关键字(   )。

A. 不一定都是同义词   B. 一定都是同义词

C. 一定都不是同义词   D. 都相同

5. 从 19 个元素中查找其中任意一个元素，若最多进行 4 次元素之间的比较，则采用的查找方法只可能是(   )。

A. 折半查找   B. 分块查找   C. 散列查找   D. 二叉排序树

6. 下列关于散列表的说法中，正确的是(   )。

①散列查找中不需要任何关键字的比较

②若数列表的装填因子 $\alpha < 1$，则可避免冲突的产生

③散列表在查找成功时的平均查找长度与表长有关

④若在散列表中删除一个元素，不能简单地将该元素删除

A. ②④   B. ①③   C. ③   D. ④

[算法设计与应用]

1. 分别设计在散列表中插入和删除关键字为 K 的一个记录的算法，设散列函数为 H，解决冲突的方法为链地址法。

2. 设散列表的地址范围为 0～17，散列函数为 $H(key) = key\%16$。用线性探测法处理冲突，输入关键字序列(10，24，32，17，31，30，46，47，40，63，49)，构造散列表，试回答下列问题。

(1)画出散列表的示意图。

(2)若查找关键字 63，则需要依次与哪些关键字进行比较?

(3)若查找关键字 60，则需要依次与哪些关键字进行比较?

(4)假定每个关键字的查找概率相等，求查找成功时的平均查找长度。

3. 设有一个关键字序列(9，1，23，14，55，20，84，27)，采用散列函数：H(key) = key%7，表长为 10，用开放地址法的二次探测法处理冲突。要求：对该关键字序列构造散列表，并计算查找成功时的平均查找长度。

4. 设散列函数 H(K) = 3K%11，散列地址范围为 0~10，对关键字序列(32，13，49，24，38，21，4，12)，按下述两种解决冲突的方法构造散列表，并分别求出等概率下查找成功时和查找失败时的平均查找长度 ASL_{succ} 和 ASL_{unsucc}。

[真题演练]

1. 为提高散列表的查找效率，可以采取的正确措施是(　　)。

①增大装填(载)因子

②设计冲突(碰撞)少的散列函数

③处理冲突(碰撞)时避免产生聚集(堆积)现象

A. 仅①　　　　　　　B. 仅②　　　　　　　C. 仅①②　　　　　　　D. 仅②③

2. 用散列方法处理冲突(碰撞)时可能出现聚集(堆积)现象，下列选项中，会受堆积现象直接影响的是(　　)。

A. 存储效率　　　　　　　　　　B. 散列函数

C. 装填(载)因子　　　　　　　　D. 平均查找长度

项目 8　排　序

任务 8.1　插入排序

【任务评价】

课程名称			授课地点		
学习任务			授课教师		
综合评分					
知识考核（30分）					
序号	知识点内容		分数	教师评价	
1	直接插入排序、希尔排序的思想和性能		15		
2	插入排序、希尔排序的代码实现		15		
任务考核（50分）					
序号	任务点内容	分数	教师评价	小组互评	企业评价
1	对本班任意一次考试成绩进行降序直接插入排序	20			
2	对本班任意一次考试成绩进行升序希尔排序	20			
3	对排序结果按分数段统计分布情况	10			
课堂表现考核（10分）					
序号	课堂表现内容		分数	教师评价	
1	课堂表现（出勤、互动、讨论）		10		
任务完成情况反思总结（10分）					

[技能训练]

1. 某内部排序算法的稳定性是指(   )。

A. 该排序算法不允许有相同的关键字记录

B. 该排序算法允许有相同的关键字记录

C. 平均时间为 $O(n\log_2 n)$ 的排序算法

D. 以上都不正确

2. 用直接插入排序算法对下面 4 个序列进行排序(由小到大),元素比较次数最少的是(   )。

A. (94, 32, 40, 90, 80, 46, 21, 69)

B. (32, 40, 21, 46, 69, 94, 90, 80)

C. (21, 32, 46, 40, 80, 69, 90, 94)

D. (90, 69, 80, 46, 21, 32, 94, 40)

3. 直接插入排序在最好情况下的时间复杂度为(   )。

A. $O(\log_2 n)$ B. $O(n)$ C. $O(n\log_2 n)$ D. $O(n^2)$

4. 希尔排序的最后一个增量值可以是(   )。

A. 1   B. 2   C. 2^i D. 不确定

[真题演练]

设待排序的表有 10 个元素,其关键字分别为 9,8,7,6,5,4,3,2,1,0。说明采用希尔排序算法进行排序的过程。

任务 8.2 交换排序

【任务评价】

课程名称		授课地点		
学习任务		授课教师		
综合评分				

<table>
<tr><td colspan="5" align="center">知识考核（30分）</td></tr>
<tr><td>序号</td><td>知识点内容</td><td>分数</td><td colspan="2">教师评价</td></tr>
<tr><td>1</td><td>直接冒泡排序、快速排序的思想和性能</td><td>15</td><td colspan="2"></td></tr>
<tr><td>2</td><td>冒泡排序、快速排序的代码实现</td><td>15</td><td colspan="2"></td></tr>
<tr><td colspan="5" align="center">任务考核（50分）</td></tr>
<tr><td>序号</td><td>任务点内容</td><td>分数</td><td>教师评价</td><td>小组互评</td><td>企业评价</td></tr>
</table>

序号	任务点内容	分数	教师评价	小组互评	企业评价
1	对本班上一次期末考试的总成绩进行降序快速排序	20			
2	对上一步排序结果中相同总成绩同学的某单科成绩进一步降序冒泡排序	20			
3	对排序结果按分数段统计的分布情况进行分析	10			

<table>
<tr><td colspan="4" align="center">课堂表现考核（10分）</td></tr>
<tr><td>序号</td><td>课堂表现内容</td><td>分数</td><td>教师评价</td></tr>
<tr><td>1</td><td>课堂表现（出勤、互动、讨论）</td><td>10</td><td></td></tr>
<tr><td colspan="4" align="center">任务完成情况反思总结（10分）</td></tr>
</table>

1. 对排序算法的时间效率使用时间复杂度进行衡量，它的主要影响因素有(   )。

A. 元素比较次数　　　　　　　　　B. 元素移动次数

C. 所需内存空间　　　　　　　　　D. A 和 B

2. 对 n 个不同的排序码进行冒泡排序，在元素无序的情况下比较次数最多为(   )。

A. n+1　　　　　　B. n　　　　　　C. n−1　　　　　　D. n(n−1)/2

3. 在冒泡排序的最好情况下，需要的元素比较次数和移动次数分别是(   )。

A. 0，0　　　　　　B. 0，n　　　　　　C. n−1，0　　　　　　D. n(n−1)，n(n−1)

4. 快速排序是递归的，需要有一个(   )存放每层递归调用时的参数。

A. 栈　　　　　　B. 队列　　　　　　C. 二叉树　　　　　　D. 堆

5. 快速排序实际上形成 5 棵递归树，那么最坏情况下，这棵递归树的形态是(   )。

A. 二叉排序树　　　B. 单支树　　　　C. 完全二叉树　　　D. 不确定

1. 采用链表作为存储结构，请设计冒泡排序算法，对元素的关键字序列(25，67，21，53，60，103，12，76)进行排序。

2. 试证明：当输入序列已经呈现为有序状态时，快速排序的时间复杂度为 $O(n^2)$。

任务 8.3 选择排序

【任务评价】

课程名称			授课地点	
学习任务			授课教师	
综合评分				

知识考核（30 分）				
序号	知识点内容		分数	教师评价
1	直接选择排序、堆排序的思想和性能		15	
2	直接选择排序、堆排序的代码实现		15	

任务考核（50 分）				
序号	任务点内容	分数	教师评价	小组互评	企业评价
1	统计本班同学的家庭住址，并自拟排序依据，完成以家庭住址为关键字的直接选择排序	20			
2	记录本人近十天每日的步数，并完成大顶堆的建堆和堆排序	20			
3	基于堆排序结果，分析本人近期的运动情况	10			

课堂表现考核（10 分）			
序号	课堂表现内容	分数	教师评价
1	课堂表现（出勤、互动、讨论）	10	

任务完成情况反思总结（10 分）

【拓展训练】

[技能训练]

1. 下列关键字序列中，（   ）是堆。

A. (16，72，31，23，94，53)　　　　B. (94，23，31，72，16，53)

C. (16，53，23，94，31，72)　　　　D. (16，23，53，31，94，72)

2. 堆的形状是一棵（   ）。

A. 二叉排序树　　　B. 满二叉树　　　C. 完全二叉树　　　D. 平衡二叉树

3. 若一组记录的排序码为(46，79，56，38，40，84)，则利用堆排序的方法建立的初始堆为（   ）。

A. (79，46，56，38，40，84)　　　　B. (84，79，56，38，40，46)

C. (84，79，56，46，40，38)　　　　D. (84，56，79，40，46，38)

4. 已知关键字序列(5，8，12，19，28，20，15，22)是小顶堆，插入关键字 3，调整后得到的小顶堆是（   ）。

A. (3，5，12，8，28，20，15，22，19)

B. (3，5，12，19，20，15，22，8，28)

C. (3，8，12，5，20，15，22，28，19)

D. (3，12，5，8，28，20，15，22，19)

[真题演练]

1. 判别以下序列是否为堆(小顶堆或大顶堆)，若不是，则把它调整为堆(要求记录交换的次数最少)。

(1)(100，86，48，73，35，39，42，57，66，21)；

(2)(12，70，33，65，24，56，48，92，86，33)；

(3)(103，97，56，38，66，23，42，12，30，52，6，20)；

(4)(5，56，20，23，40，38，29，61，35，76，28，100)。

2. 试以单链表为存储结构，实现直接选择排序算法。

任务 8.4　其他排序

【任务评价】

课程名称			授课地点		
学习任务			授课教师		
综合评分					

知识考核(30分)					
序号	知识点内容	分数	教师评价		
1	归并排序、基数排序的思想和性能	15			
2	归并排序、基数排序的代码实现	15			

任务考核(50分)					
序号	任务点内容	分数	教师评价	小组互评	企业评价
1	调查本专业同级各班同学某课程上学期的考试成绩,并完成所有班级同学该成绩的归并排序	20			
2	对上一步结果设计一个利用随机数打乱程序,然后使用基数排序一次性完成不同班级的班内成绩排序	20			
3	对排序结果进行总体和分班成绩分布情况分析	10			

课堂表现考核(10分)				
序号	课堂表现内容	分数	教师评价	
1	课堂表现(出勤、互动、讨论)	10		

任务完成情况反思总结(10分)

[技能训练]

1. 下列排序算法中，哪一个是稳定的排序算法？（　　）

A. 直接选择排序 　　　　　　　　　B. 二分法插入排序

C. 希尔排序 　　　　　　　　　　　D. 快速排序

2. 数据序列(2，1，4，9，8，10，6，20)只能是下列排序算法中的(　　)的两趟排序后的结果。

A. 快速排序 　　　　B. 冒泡排序 　　　　C. 选择排序 　　　　D. 插入排序

3. 下列排序算法中，(　　)不能保证每趟排序至少能将一个元素放到其最终的位置上。

A. 快速排序 　　　　B. 希尔排序 　　　　C. 堆排序 　　　　D. 冒泡排序

4. 从未排序序列中依次取出元素与已排序序列中的元素进行比较，将其放入已排序序列的正确位置上的方法，这种排序方法被称为(　　)。

A. 归并排序 　　　　B. 冒泡排序 　　　　C. 插入排序 　　　　D. 选择排序

5. 从未排序序列中挑选元素，并将其依次放入已排序序列(初始时为空)的一端的方法，称为(　　)。

A. 归并排序 　　　　B. 冒泡排序 　　　　C. 插入排序 　　　　D. 选择排序

6. 下列哪种情况最适合使用快速排序？（　　）

A. 被排序的数据中含有多个相同排序码

B. 被排序的数据已基本有序

C. 被排序的数据完全无序

D. 被排序的数据中的最大值和最小值相差悬殊

7. 在下面的排序算法中，辅助空间为 O(n)的是(　　)。

A. 希尔排序 　　　　B. 堆排序 　　　　C. 选择排序 　　　　D. 归并排序

8. 下列排序算法中，占用辅助空间最多的是(　　)。

A. 归并排序 　　　　B. 快速排序 　　　　C. 希尔排序 　　　　D. 堆排序

9. 在排序算法中，每次从未排序的记录中挑出最小(或最大)关键字的记录，加入已排序记录的末尾，该排序算法是(　　)。

A. 选择排序 　　　　B. 冒泡排序 　　　　C. 插入排序 　　　　D. 堆排序

[真题演练]

1. 设待排序的记录共 7 个，排序码分别为 8，3，2，5，9，1，6。

(1)用直接插入排序。试以排序码序列的变化描述形式说明排序全过程(动态过程)，要求按递减顺序排序。

(2)用直接选择排序。试以排序码序列的变化描述形式说明排序全过程(动态过程)，要求按递减顺序排序。

(3)直接插入排序算法和直接选择排序算法的稳定性如何？

2. 对下列数据表，写出采用希尔排序算法排序的每一趟的结果，并标出数据移动情况。

(125，11，22，34，44，76，66，100，8，14，20，5)

3. 已知某文件的记录关键字集为{50，10，50，40，45，85，80}，选择一种从平均性能而言是最佳的排序算法进行排序，且说明其稳定性。

4. 对给定文件(28，7，39，10，65，14，61，17，50，21)选择第一个元素 28 进行划分，写出其快速排序第一趟的排序过程。

5. 已知一关键字序列为(3，87，12，61，70，97，26，45)，试根据堆排序原理，在横线处填写下列各步骤的结果。

建立堆结构：_____。

交换与调整：

(1)87 70 26 61 45 12 3 97；   (2)_____；

(3)61 45 26 3 12 70 87 97；   (4)_____；

(5)26 12 3 45 61 70 87 97；   (6)_____；

(7)3 12 26 45 61 70 87 97。